高等职业教育制冷与空调技术专业系列教材

空调工程施工与组织管理

主编　周　皞

参编　陈俊华　殷少有

主审　郑兆志

机 械 工 业 出 版 社

本书根据空调工程安装施工岗位需要和完成职业岗位实际工作任务所需要的知识、能力、素质要求编写，具有明显的浅理论、重实践特征。全书介绍了空调工程施工图识读的基本规律与方法；通过多联机系统的施工、风机盘管系统的施工、中央空调风管系统的施工、中央空调水系统的施工四个典型的空调工程施工项目，系统叙述了空调工程常用的施工方法与调试内容；介绍了空调工程施工组织设计、空调工程施工成本管理等相关内容。

全书内容丰富、图文并茂、深入浅出，适用于高等职业技术学院师生学习和使用，也可供制冷空调工程施工、安装维修、运行管理等领域的工程技术人员和管理人员学习参考。

本书配有电子课件，凡使用本书作为教材的教师可登录机械工业出版社教材服务网 www.cmpedu.com 下载。咨询邮箱：cmpgaozhi@sina.com。咨询电话：010-88379375。

图书在版编目（CIP）数据

空调工程施工与组织管理/周皞主编 .—北京：机械工业出版社，2013.8
（2023.8 重印）
高等职业教育制冷与空调技术专业系列教材
ISBN 978-7-111-42548-9

Ⅰ.①空… Ⅱ.①周… Ⅲ.①空气调节设备—建筑安装—组织管理 Ⅳ.①TU831.4

中国版本图书馆 CIP 数据核字（2013）第 102201 号

机械工业出版社（北京市百万庄大街22号 邮政编码100037）
策划编辑：王海峰 张双国 责任编辑：张双国 孙 阳
版式设计：霍永明 责任校对：刘雅娜
封面设计：马精明 责任印制：邓 博
北京盛通商印快线网络科技有限公司印刷
2023 年 8 月第 1 版第 4 次印刷
184mm×260mm · 15.75 印张 · 390 千字
标准书号：ISBN 978-7-111-42548-9
定价：47.00 元

电话服务 网络服务
客服电话：010-88361066 机 工 官 网：www.cmpbook.com
　　　　　010-88379833 机 工 官 博：weibo.com/cmp1952
　　　　　010-68326294 金 书 网：www.golden-book.com
封底无防伪标均为盗版 机工教育服务网：www.cmpedu.com

前　言

  高等职业技术教育旨在培养在生产、服务、管理第一线工作的高素质高级技能型专门人才，其显著特征是具有应用多种知识和技能解决现场实际问题的能力。随着中央空调装置在工农业生产以及人们日常生活中的广泛应用，空调工程施工成为专业性很强的技术门类。通过制冷空调专业毕业生实地就业岗位的调查发现，空调工程施工是制冷空调专业学生就业的主要岗位之一，也是学生在专业技术领域得以继续发展的重要途径。为此，编者根据多年从事制冷与空调装置安装与维护的经验，校企合作编写了本书。

  本书是根据制冷空调工程安装施工岗位需要和完成职业岗位实际工作任务所需要的知识、能力、素质要求，按项目教学进行编写的。全书共有三篇，项目开篇为空调工程施工图的识读，介绍了空调工程施工图的构成、图例和线型，以及空调工程施工图的识读；项目迎战为空调工程典型施工项目，包括多联机系统的施工、风机盘管系统的施工、中央空调风管系统的施工、中央空调水系统的施工四个项目任务；项目进阶为空调工程施工管理简介，介绍了空调工程施工组织设计、空调工程施工成本管理、空调工程施工技术管理与质量管理。本书体现了"以学生为主体、能力培养为目标、职业活动为导向、工作任务为驱动、项目训练为载体、素质教育渗透教学过程，理论与实践相结合，教学做一体化"的职业教育课程改革特色。

  本书由常州工程职业技术学院周暐、陈俊华和顺德职业技术学院殷少有共同编写，周暐任主编，负责编写大纲的起草及全书的统稿工作。陈俊华编写了第一篇和第二篇的项目三内容，周暐编写了第二篇的项目一与项目四内容，殷少有编写了第二篇的项目二和第三篇内容。顺德职业技术学院郑兆志担任本书主审，常州工程职业技术学院潘书才、蒋月定、傅璞参加了审稿。

  在教材编写过程中得到了新科商用空调等行业企业的大力支持，全国家用电器标准化技术委员会委员、常州新科商用空调有限公司总经理费跃等参加了大纲编写与审稿的讨论，并提出了不少编写意见，在此表示感谢。

  本书内容丰富、图文并茂、深入浅出，具有明显的"浅理论、重实践"特征，适用于高等职业技术学院师生学习和使用，也可供制冷空调工程施工、安装维修、运行管理等领域的工程技术人员和管理人员学习参考。

  限于作者的水平，书中难免有不妥之处，恳请广大读者批评指正。

编　者

目　　录

第一篇（项目开篇）
空调工程施工图的识读

空调工程施工图是设计师把设计意图表达出来的主要语言，也是工程得以实现、得以施工的主要指导文件和依据。空调工程施工的整个过程，从施工预算到施工组织、进场施工，直到工程竣工，都离不开施工图样。所以，全面而准确地读懂施工图、理解施工图、理解设计意图与施工要求，是空调工程施工的首要环节。

识读空调工程施工图有两个层次要求，第一个层次是了解施工图表达的规律，即空调工程制图的基本规律与要求；第二个层次是了解空调系统和空调工程施工规律与要求。如果不懂图形要素所代表的基本含义，那么读图将寸步难行；如果不懂基本的专业知识，那么读图将变得漫无目的，不知所以。本篇的项目一是对第一个层次的介绍，项目二则是第二层次的基本要求，项目三是全面阅读施工图的方法与步骤。本书的后续篇章是从施工的角度，对第二个层次进行了阐述。而要想对空气调节原理及空调系统原理有更多更深的了解，则应学习相关原理方面的书籍，如《空气调节》《空调工程》等。

项目一　空调工程施工图的图形要素和图例

学习目标

1）识别空调施工图的图形要素，理解各要素所表示的含义。

2）识别空调施工图的相关图例，理解各图例所表达的含义。

工作任务

1）认知空调工程施工图的图形要素。

阅读空调工程施工图，列出施工图的图形要素，并理解各要素所表示的含义。

2）认知空调工程施工图的图例。

找出施工图中的相关图例，并列出各图例所表达的含义或实物。

相关知识

一、房屋建筑图样与机械图样的区别

二、空调工程施工图的图形要素

三、空调工程施工图的图例

图形要素和图例是理解图样语言的基础，空调工程施工图作为制图在根本上与机械图样有着共同的规律，但因其专业对象上的明显差别，空调工程施工图与机械图样也存在众多的差别。本项目将从房屋建筑图样与机械图样的区别、施工图图形要素、施工图图例，对空调工程施工图的制图规律进行介绍。

一、房屋建筑图样与机械图样的区别

空调工程施工图属于房屋建筑图的一种，因此它有着房屋建筑图样的特点，与机械类图样相比有着明显的区别。

1. 执行的标准不同

机械图样是按照技术制图和机械制图国家标准绘制的，而建筑图样是按照技术制图国家标准和 GB 50001—2010《房屋建筑制图统一标准》、GB/T 50103—2010《总图制图标准》、GB/T 50104—2010《建筑制图标准》、GB/T 50105—2010《建筑结构制图标准》、GB/T 50106—2010《建筑给水排水制图标准》、GB/T 50114—2010《暖通空调制图标准》六个建筑制图国家标准绘制的。

空调工程施工图首先应遵守 GB 50001—2010《房屋建筑制图统一标准》所规定的基本要求，其次必须遵守 GB/T 50114—2010《暖通空调制图标准》的规定。

2. 图样的名称与配置不同

建筑施工图样与机械图样都是按正投影法绘制的，但建筑施工图样与机械图样的图名与视图配置（排列方式）不同。

机械图样中的六个基本视图是主视、俯视、左视、右视、后视、仰视。建筑图样是把主视、左视、右视、后视统称为立面，如东立面、南立面、西立面、北立面；若建筑与方向不对齐时，用轴号表示立面方向，如Ⓐ-Ⓚ轴立面、①-⑨轴立面、Ⓚ-Ⓐ轴立面、⑨-①轴立面；机械图样中的局部视图、局部放大图，在建筑图样中一般为详图或大样图。建筑图样的每个视图都必须标注图名，图名标注在视图的下方，并在图名下方用粗实线绘一横线。

机械图样通常是把主视、俯视、左视放在同一张图上，而且主要信息在主视图上，即以主视图为主进行表达。而建筑图样中，因每一个视图都很大，所以平面图与立面图一般分开放置于不同的图样上，详图也常集中放在专门详图图样上；主要信息在平面图上，并且平面图按不同的楼层布局分别绘制不同层的平面图；同一个方向的立面图，一般只绘制一张，立面上只表达建筑立面的外观和标高信息，并不是主要信息表达的视图。

3. 线宽比不同

绘制机械图样有 9 种规格的图线，绘制建筑图样有 16 种规格的图线。机械图样的线宽比为"粗线：细线 = 2：1"，而建筑图样的线宽比为"粗线：中粗线：细线 = 4：2：1"。

4. 绘图比例不同

机械图样的比例一般都不太小，除了放大比例外，缩小比例常常也大于 1：10，常用的为 1：5 ~ 1：1。由于建筑物的形体庞大，所以建筑图样的平面图、立面图、剖面图一般都采用较小的比例绘制，基本上都小于 1：50，常用的为 1：100、1：150、1：200；且建筑物的内部构造比较复杂，在小比例的平面图、立面图、剖面图中无法表达清楚，因此详图选用的比例要大一些，如 1：20 和 1：50。

5. 尺寸标注不同

1）建筑图样中的起止符号一般不用箭头，而用与尺寸界线成顺时针旋转 45° 角、长度为 2 ~ 3mm 的中粗斜短线表示。直径、半径、角度与弧长的尺寸起止符号，用箭头表示。

2）机械图样中尺寸界线与轮廓线之间没有间隙。而建筑图样中规定：尺寸界线离开图样轮廓线不小于 2mm，并且图样轮廓线以外的尺寸界线，与图样最外轮廓线之间的距离不宜小于 10mm。另外，在连续封闭的尺寸标注后，仍可以标注总尺寸，但机械图样却不能，否则会约束过度。

3）建筑图样中的尺寸单位，除标高及总平面图以 m 为单位外，其他以 mm 为单位。

6. 其他

1）机械图样表达内容十分精确，只要实物上存在的零件，哪怕很小（如螺栓、螺母、垫片等），在图样上均有表达。而建筑图样往往只表达主材，辅助材料基本不体现；很多表达只是示意（所以会有很多的图例），而并不十分精确。

2）在图样的审批上，机械图样一般是产品的总图及其主要零部件图需经与该产品有关的审核部门审核批准并盖章，其他零部件图则不需要盖章，但不是所有的产品都需要审核部门审核批准。建筑图样则根据工程情况需盖有设计师设计资质章、单位设计资质章、主管部门的审图章。

3）标题栏与明细栏。两者标题栏的签字区有着明显的区别，机械图样一般是设计、校对、审核、批准；而建筑图样则有工程的性质，往往有项目负责人等的签字，有时还需要其他专业的会签。除了表头（即表格项目内容）不一样之外，机械图样的明细栏一般与视图在同一张图中，并且是列出本图中所有的零部件；而建筑图样的明细栏是主要设备与材料表，并且单独绘制或编制，罗列整套专业图样的主要设备与主要材料。

4）设计说明。机械图样的总设计说明一般在总装配图上；而建筑图样一般会用独立的图纸写设计说明，与图例、主要设备材料表一起构成图样的文字说明部分，放在整套图的前面。

5）图例与图样的引用。机械图样的图例比较少，因为机械图样基本是精确表达，图样的借用也不多。建筑图样的示意性较多，所以图例多，并且引用标准详图的情况也很多。

以上是比较明显的区别，实际建筑图样与机械图样的区别还有很多，在此不再赘述。

二、空调工程施工图的图形要素

（一）图幅

1. 图样幅面

1）图样幅面及图框尺寸，见表1-1。图样的短边一般不应加长，长边可加长。加长量A1和A3以近似210mm（210mm或211mm）为倍数，A0和A2以近似148mm（148mm或149mm或150mm）为倍数，A0的第一个加长量为297mm。

表 1-1　图幅与图框尺寸　　　　　　　　　　　　　　　（单位：mm）

图幅	长 l	宽 b	长边加长后尺寸										c	a
A0	1189	841	1486	1635	1783	1932	2080	2230	2378				10	
A1	841	594	1051	1261	1471	1682	1892	2102						
A2	594	420	743	891	1041	1189	1338	1486	1635	1783	1932	2080		25
A3	420	297	630	841	1051	1261	1471	1682	1892				5	
A4	210	297												

注：1. 有特殊需要的图样，可采用 $l \times b$ 为841mm×891mm与1189mm×1261mm的幅面。

　　2. c 为图框距图幅的距离，a 为装订边尺寸。

2）需要缩微复制的图样，其一个边上应附有一段准确米制尺度，并在4个边上附有对中标志。

3）图样以短边作为垂直边称为横式，以短边作为水平边称为立式。一般A0～A3图样宜横式使用；必要时，也可立式使用。

4）一个工程施工图中，每个专业所使用的图样，一般不多于两种幅面，其中不含目录及表格所采用的A4幅面。

2. 标题栏与会签栏

1）图样的标题栏。各设计单位的标题栏可能都有各自的特色，但其位置与内容基本相似。标题栏一般位于右下角、整个右侧或是整个下侧。其内容一般包括设计单位名称、建设单位、项目名称、设计签字区以及图样名称、编号、专业、比例、日期等。图样标题栏附近一般会盖设计章和审核章。

2）图样的会签栏。根据是否需要会签设置会签栏，会签栏体现了各个专业间的相互协作，一般设置于装订边内。

3. 图样编排顺序

1）工程图样应按专业顺序编排，一般为图样目录、总图、建筑图、结构图、给水排水图、暖通空调图、电气图等。

2）各专业的图样应按图样内容的主次关系和逻辑关系有序排列。

3）空调工程施工图编排顺序一般为：图样目录、设计施工说明、设备及主要材料表、空调风系统平面图与剖面图、空调水系统平面图与轴测图、机房布置图、原理图、各种详图或大样图、留洞图等。

（二）图线

1）图线的宽度 b 宜从下列线宽系列中选取：1.4mm、1.0mm、0.7mm、0.5mm、0.35mm、0.25mm、0.18mm、0.13mm。图线宽度不应小于 0.1mm。每个图样应根据复杂程度与比例大小先选定基本线宽 b，再选用表 1-2 中相应的线宽组。

表1-2 线宽组 （单位：mm）

线 宽 比	线 宽 组			
b	1.4	1.0	0.7	0.5
$0.7b$	1.0	0.7	0.5	0.35
$0.5b$	0.7	0.5	0.35	0.25
$0.25b$	0.35	0.25	0.18	0.13

注：1. 需要缩微的图样不宜采用 0.18mm 及更细的线宽。

2. 同一张图样内，各不同线宽中的细线可统一采用较细的线宽组的细线。

2）线型的一般规定见表 1-3，暖通空调制图的线型及含义见表 1-4。

表1-3 线型的一般规定

名 称		线 型	线 宽	一 般 用 途
实线	粗		b	主要可见轮廓线
	中粗		$0.7b$	可见轮廓线
	中		$0.5b$	可见轮廓线、尺寸线、变更云线
	细		$0.25b$	图例填充线、家具线
虚线	粗		b	见各有关专业制图标准
	中粗		$0.7b$	不可见轮廓线
	中		$0.5b$	不可见轮廓线、图例线
	细		$0.25b$	图例填充线、家具线
单点长画线	粗		b	见各有关专业制图标准
	中		$0.5b$	见各有关专业制图标准
	细		$0.25b$	中心线、对称线、轴线等
双点长画线	粗		b	见各有关专业制图标准
	中		$0.5b$	见各有关专业制图标准
	细		$0.25b$	假想轮廓线、成型的原始轮廓线
折断线			$0.25b$	断开界线
波浪线			$0.25b$	断开界线

表1-4　暖通空调制图的线型及含义

名　称		线　型	线　宽	一　般　用　途
实线	粗		b	单线表示的供水管线
	中粗		$0.7b$	本专业设备轮廓、双线表示的管道轮廓
	中		$0.5b$	尺寸、标高、角度等标注线及引出线；建筑物轮廓
	细		$0.25b$	建筑布置的家具、绿化等；非本专业设备轮廓
虚线	粗		b	回水管线及单根表示的管道被遮挡的部分
	中粗		$0.7b$	本专业设备及双线表示的管道被遮挡的轮廓
	中		$0.5b$	地下管沟、改造前风管的轮廓线；示意性连线
	细		$0.25b$	非本专业虚线表示的设备轮廓等
波浪线	中		$0.5b$	单线表示的软管
	细		$0.25b$	断开界线
单点长画线			$0.25b$	轴线、中心线
双点长画线			$0.25b$	假想或工艺设备轮廓线
折断线			$0.25b$	断开界线

（三）比例

1）比例宜注写在图名的右侧，字的基准线应取平；比例的字高宜比图名的字高小1号或2号。

2）房屋建筑图样的一般比例见表1-5，应优先用表中常用比例。

表1-5　房屋建筑图样的一般比例

常用比例	1∶1、1∶2、1∶5、1∶10、1∶20、1∶30、1∶50、1∶100、1∶150、1∶200、1∶500、1∶1000、1∶2000
可用比例	1∶3、1∶4、1∶6、1∶15、1∶25、1∶40、1∶60、1∶80、1∶250、1∶300、1∶400、1∶600、1∶5000、1∶10000、1∶20000、1∶50000、1∶100000、1∶200000

3）一般情况下，一个图样应选用一种比例。根据专业制图需要，同一图样可选用两种比例。

4）特殊情况下也可自选比例，这时除应注出绘图比例外，还必须在适当位置绘制出相应的比例尺。

5）暖通空调制图选用的比例见表1-6。总平面图、平面图的比例宜与工程项目设计的主导专业一致，其余可按表1-6选用。

表1-6　暖通空调制图选用的比例

图　名	常用比例	可用比例
总平面图、平面图	宜与工程项目设计的主导专业采用的比例一致	
剖面图	1∶50、1∶100	1∶150、1∶200
局部放大图、管沟断面图	1∶20、1∶50、1∶100	1∶25、1∶30、1∶150、1∶200
详图、索引图	1∶1、1∶2、1∶5、1∶10、1∶20	1∶3、1∶4、1∶15

（四）符号

1. 剖切符号

1) 剖视的剖切符号应由剖切位置线及剖切方向线组成，均以粗实线绘制。剖切位置线的长度宜为 6～10mm；部切方向线应垂直于剖切位置线，长度应短于剖切位置线，宜为 4～6mm。绘制时，剖视的剖切符号不应与其他图线相接触。

剖视剖切符号的编号宜采用阿拉伯数字，按顺序由左至右、由下至上连续编排，并应注写在剖视方向线的端部。需要转折的剖切位置线应在转角的外侧加注与该符号相同的编号，如图 1-1a 所示。

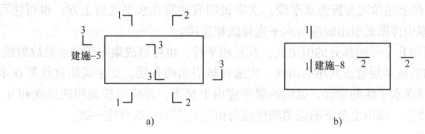

图 1-1 剖切符号

a) 剖视剖切符号 b) 断（截）面剖切符号

2) 断面的剖切符号应只用剖切位置线表示，并应以粗实线绘制，长度宜为 6～10mm。断面剖切符号的编号宜采用阿拉伯数字，按顺序连续编排，并应注写在剖切位置线的一侧。编号所在的一侧应为该断面的剖视方向，如图 1-1b 所示。

2. 索引符号与详图符号

1) 索引符号用于索引局部详图。图样中的某一局部或构件（如需另见详图）应以索引符号索引。索引符号由直径为 8～10mm 的圆和水平直径组成，圆及水平直径均应以细实线绘制，如图 1-2 所示。

5：被索引的详图编号。

－：被索引的详图在同一张图样内。

2：被索引的详图所在的图样编号（被索引的详图不在同一张图样内）。

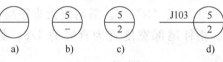

图 1-2 索引符号

J103：被索引的详图为标准图，J103 为标准图册号。

2) 索引符号用于索引剖视详图，应在被剖切的部位绘制剖切位置线，并以引出线引出索引符号，引出线所在的一侧应为剖视方向，如图 1-3 所示。

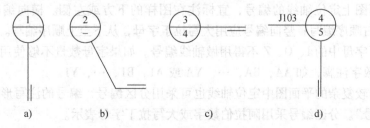

图 1-3 用于索引剖视详图的索引符号

3）零件、钢筋、杆件、设备等的编号，以直径为 5~6mm（同一图样应保持一致）的细实线圆表示，其编号应用阿拉伯数字按顺序编写。

4）详图的位置和编号应以详图符号表示。详图符号的圆应以直径为 14mm 的粗实线绘制。详图与被索引的图样同在一张图样内时，应在详图符号内用阿拉伯数字注明详图的编号；详图与被索引的图样不在同一张图样内时，应用细实线在详图符号内画一水平直径，在上半圆中注明详图编号，在下半圆中注明被索引的图样编号。

3. 引出线

1）引出线应以细实线绘制，宜采用水平方向的直线，与水平方向成 30°、45°、60°、90°的直线，或经上述角度再折为水平线。文字说明宜注写在水平线的上方；也可注写在水平线的端部。索引详图的引出线应与水平直径线相连接。

2）同时引出几个相同部分的引出线，宜互相平行，也可画成集中于一点的放射线。

3）多层构造或多层管道共用引出线，应通过被引出的各层。文字说明宜注写在水平线的上方，或注写在水平线的端部，说明的顺序应由上至下，并应与被说明的层次相互一致；如层次为横向排序，则由上至下的说明顺序应与由左至右的层次对应一致。

4. 其他符号

1）对称符号由对称线和两端的两对平行线组成。对称线用细单点长画线绘制；平行线用细实线绘制，其长度宜为 6~10mm，每对的间距宜为 2~3mm。对称线垂直平分于两对平行线，两端超出平行线宜为 2~3mm，如图 1-4a 所示。

2）连接符号应以折断线表示需连接的部位。两部位相距过远时，折断线两端靠图样一侧应标注大写拉丁字母表示连接编号。两个被连接的图样必须用相同的字母编号，如图 1-4b 所示。

3）指北针。其圆的直径宜为 24mm，用细实线绘制；指针尾部的宽度宜为 3mm，指针头部应注"北"或"N"字。需用较大直径绘制指北针时，指针尾部宽度宜为直径的 1/8，如图 1-4c 所示。

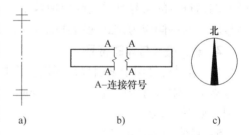

图 1-4　对称符号、连接符号、指北针
a）对称符号　b）连接符号　c）指北针

（五）定位轴线

1）定位轴线应用细单长点画线绘制。定位轴线一般应编号，编号应注写在轴线端部的圆内。圆应用细实线绘制，直径为 8~10mm。定位轴线圆的圆心应在定位轴线的延长线上或延长线的折线上。

2）平面图上定位轴线的编号，宜标注在图样的下方或左侧。横向编号应用阿拉伯数字，从左至右顺序编写；竖向编号应用大写拉丁字母，从下至上顺序编写。

3）拉丁字母中的 I、O、Z 不得用做轴线编号。如果字母数量不够使用，可增用双字母或单字母加数字注脚，如 AA，BA，…，YA 或 A1，B1，…，Y1。

4）组合较复杂的平面图中定位轴线也可采用分区编号，编号的注写形式应为"分区号—该分区编号"。分区编号采用阿拉伯数字或大写拉丁字母表示。

5）附加定位轴线的编号应以分数形式表示，并应按下列规定编写：①两根轴线间的附加轴线应以分母表示前一轴线的编号，分子表示附加轴线的编号，编号宜用阿拉伯数字顺序

编写；②1 号轴线或 A 号轴线之前的附加轴线的分母
应以 01 或 0A 表示。图 1-5a 所示为 2 号轴线之后附加
的第 1 根轴线；图 1-5b 所示为 C 号轴线之后附加的第
3 根轴线；图 1-5c 所示为 1 号轴线之前附加的第 1 根
轴线；图 1-5d 所示为 A 号轴线之前附加的第 3 根
轴线。

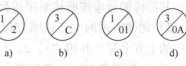

图 1-5　轴线的编号

6）通用详图中的定位轴线应只画圆，不注写轴线编号。

（六）图样画法

1. 投影法与设备配置的基本要求

1）房屋建筑的视图应按正投影法并用第一角画法绘制。当视图第
一角画法绘制不易表达时，可用镜像投影法绘制，但应在图名后注写
"镜像"二字，或画出镜像投影识别符号，如图 1-6 所示。

2）房屋建筑的视图有：正立面图、左侧立面图、右侧立面图、平
面图、底面图、背立面图（对应机械制图的主视图、左视图、右视图、
俯视图、仰视图、后视图）。每个视图一般均应标注图名，图名宜标注
在视图的下方或一侧，并在图名下用粗实线绘一条横线，其长度应以图
名所占长度为准。使用详图号作图名时，符号下不再画线。

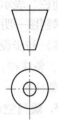

图 1-6　镜像投影
识别符号

3）分区绘制的建筑平面图应绘制组合示意图，指出该区在建筑平面图中的位置。

4）建（构）筑物的某些部分，如与投影面不平行（如圆形、折线形、曲线形等），在
画立面图时，可将该部分展至与投影面平行，再以正投影法绘制，并应在图名后注写"展
开"字样。

2. 剖面图与断面图的基本要求

1）剖面图除应画出剖切面切到部分的图形外，还应画出沿投射方向看到的部分（与机
械图样时相同），被剖切面切到部分的轮廓线用粗实线绘制，剖切面没有切到、但沿投射方
向可以看到的部分用中实线绘制（与机械图样不同）。

2）分层剖切的剖面图应按层次以波浪线将各层隔开，波浪线不应与任何图线重合。

3）断面图用粗实线画出剖切面切到部分的图形（与机械图样相同）。杆件的断面图可
绘制在靠近杆件的一侧或端部处并按顺序依次排列，也可绘制在杆件的中断处；结构梁板的
断面图可画在结构布置图上。

4）剖面图与断面图可以用 1 个剖切面剖切、2 个或 2 个以上平行的剖切面剖切、2 个相
交的剖切面剖切。用 2 个相交的剖切面剖切时，应在图名后注明"展开"字样。

3. 简化画法与轴测图

简化画法与轴测图的基本要求见 GB 50001—2010《房屋建筑制图统一标准》。

4. 暖通空调图画法的一般规定

1）各工程、各阶段的设计图样应满足相应的设计深度要求。

2）本专业设计图样编号应独立。

3）在同一套工程设计图样中，图样线宽组、图例、符号等应一致。

4）在工程设计中，宜依次表示图样目录、选用图集（纸）目录、设计施工说明、图
例、设备及主要材料表、总图、工艺图、系统图、平面图、剖面图、详图等。如果单独成

图，其图样编号应按所述顺序排列。

5）图样需用的文字说明宜以"注："、"附注："或"说明："的形式在图样右下方、标题栏的上方书写，并用"1、2、3、…"进行编号。

6）一张图幅内绘制平面图、剖面图等多种图样时，宜按平面图、剖面图、安装详图，从上至下、从左至右的顺序排列；当一张图幅绘有多层平面图时，宜按建筑层次由低至高、由下至上的顺序排列。

7）图样中的设备或部件不方便用文字标注时，可进行编号。图样中只注明编号，其名称宜以"注："、"附注："或"说明："表示。如果需表明其型号（规格）、性能等内容时，宜用"明细栏"表示。装配图的明细栏可按机械图样的规定（参见国家标准 GB/T 10609.2—2009《技术制图—明细栏》）画。

8）初步设计和施工图设计的设备表至少应包括序号（或编号）、设备名称、技术要求、数量、备注栏；材料表至少应包括序号（或编号）、材料名称、规格或物理性能、数量、单位、备注栏。

5. 暖通空调图中的管道和设备布置平面图、剖面图及详图的画法

1）管道和设备布置平面图、剖面图应以直接正投影法绘制。

2）用于暖通空调系统设计的建筑平面图、剖面图，应用细实线绘出建筑轮廓线和与暖通空调系统有关的门、窗、梁、柱、平台等建筑构配件，并标明相应定位轴线编号、房间名称、平面标高。

3）管道和设备布置平面图应按假想除去上层板后俯视规则绘制，其相应的垂直剖面图应在平面图中标明剖切符号。

4）建筑平面图采用分区绘制时，暖通空调平面图也可分区绘制。但分区部位应与建筑平面图一致，并应绘制分区组合示意图。

5）剖面图应在平面图上尽可能选择反映系统全貌的部位垂直剖切后绘制。当剖切的投射方向为向下和向右，且不致引起误解时，可省略剖切方向线。

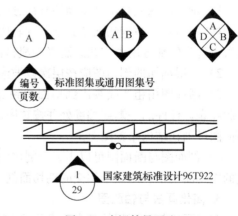

图 1-7　内视符号画法

6）平面图、剖面图中的水、汽管道可用单线绘制，风管不宜用单线绘制（方案设计和初步设计除外）。

7）平面图、剖面图中的局部需另绘详图时，应在平面图、剖面图上标注索引符号。为表示某一（些）室内立面及其在平面图上的位置关系时，应在平面图上标注内视符号。内视符号画法如图 1-7 所示。

6. 暖通空调图中的管道系统图、原理图

1）管道系统图应能确认管径、标高及末端设备，可按系统编号分别绘制。

2）管道系统图如果采用轴测投影法绘制，宜采用与相应的平面图一致的比例，按正等轴测或正面斜二轴测的投影规则绘制。在不会引起误解时，管道系统图可不按轴测投影法绘制。

3）管道系统图的基本要素应与平面图、剖面图相对应。水、汽管道及通风、空调管道系统图均可用单线绘制。系统图中的管线重叠、密集处可采用断开画法。断开处宜以相同的小写拉丁字母表示，也可用细虚线连接。

4）室外管网工程设计宜绘制管网总平面图和管网纵剖面图。

5）原理图可不按比例和投影规则绘制。原理图基本要素应与平面图、剖面图及管道系统图相对应。

7. 暖通空调图中的管道转向、分支、重叠及密集处的画法

1）单线管道转向、双线管道转向、单线管道分支、双线管道分支的画法如图 1-8 所示。

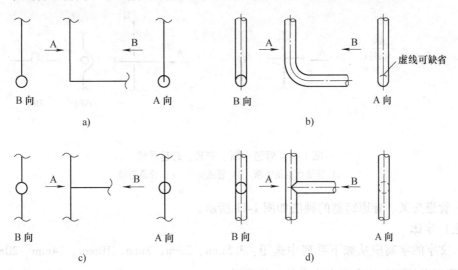

图 1-8　管道画法

a）单线管道转向的画法　b）双线管道转向的画法　c）单线管道分支的画法　d）双线管道分支的画法

2）送风管转弯、回风管转弯的画法如图 1-9 所示。

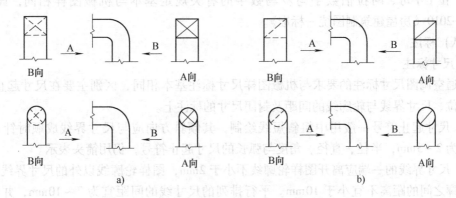

图 1-9　风管画法

a）送风管转弯的画法　b）回风管转弯的画法

3）平面图、剖视图中管道因重叠、密集需断开时，应采用断开画法，如图 1-10 所示。

4）管道在本图中断，转至其他图面表示（或由其他图面引来）时，应注明转至（或来自）的图样编号，如图 1-11 所示。

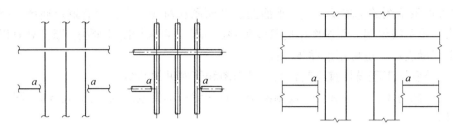

图 1-10 管道断开画法

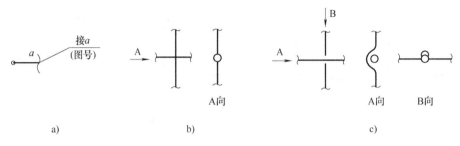

a)   b)   c)

图 1-11 管道中断、交叉、跨越画法
a）管道在本图中断 b）管道交叉 c）管道跨越

5）管道交叉、管道跨越的画法如图 1-11 所示。

（七）字体

1）文字的字高应从如下系列中选用：3.5mm、5mm、7mm、10mm、14mm、20mm。如果需书写更大的字，其高度应按$\sqrt{2}$的比值递增。

2）图样及说明中的汉字宜采用长仿宋体，宽度应是高度的$\sqrt{2}/2$，即高度是宽度的$\sqrt{2}$倍。大标题、图册封面、地形图等的汉字也可书写成其他字体，但应易于辨认。

3）拉丁字母、阿拉伯数字与罗马数字的有关规定基本与机械图样相同，详见 GB 50001—2010《房屋建筑制图统一标准》。

（八）标注

1. 尺寸标注

暖通空调图尺寸标注的要求与机械图样尺寸标注基本相同，区别主要在尺寸起止符号、尺寸单位、尺寸界线与轮廓线的间距及封闭尺寸的标注上。

1）尺寸起止符号一般用中粗斜短线绘制，其倾斜方向应与尺寸界线成顺时针 45°角，长度宜为 2~3mm，半径、直径、角度与弧长的尺寸起止符号，仍用箭头表示。

2）尺寸界线的一端应离开图样轮廓线不小于 2mm，图样轮廓线以外的尺寸界线距图样最外轮廓之间的距离不宜小于 10mm。平行排列的尺寸线的间距宜为 7~10mm，并应保持一致。

3）图样上的尺寸单位，除标高及总平面图以 m 为单位外（这与机械图样不同），其他必须以 mm 为单位。

4）尺寸的封闭上，除了连续标注的尺寸，在有需要时可标注总尺寸。

除此之外，还应注意以下要求与规定：

1）标注球的半径尺寸时，应在尺寸前加注符号"SR"；标注球的直径尺寸时，应在尺寸数字前加注符号"Sφ"。

2）标注圆弧的弧长时，尺寸线应以与该圆弧同心的圆弧线表示，尺寸界线应指向圆心，起止符号用箭头表示，弧长数字上方应加注符号"⌒"。

3）在薄板板面标注板厚尺寸时，应在厚度数字前加厚度符号"t"。

4）标注正方形的尺寸可用"边长×边长"的形式，也可在边长数字前加正方形符号"□"。

5）标注坡度时应加注坡度符号"∠"，该符号为单面箭头，箭头应指向下坡方向。坡度也可用直角三角形形式标注。

6）外形为非圆曲线的构件可用坐标形式标注尺寸。复杂的图形可用网格形式标注尺寸。

7）有关尺寸可进行简化标注，详见 GB 50001—2010《房屋建筑制图统一标准》。

2. 标高

标高符号应以直角等腰三角形表示，用细实线绘制。正常情况和标注位置不够的画法如图 1-12 所示。标高数字应以 m 为单位，注写到小数点以后第三位。在总平面图中，可注写到小数点以后第二位。零点标高应注写成 ±0.000，正数标高不注"+"，负数标高应注"−"，例如 3.000、−0.600。

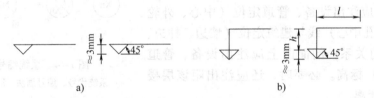

图 1-12 标高符号与画法
a）正常情况下的标高符号与画法 b）位置不够时的标高符号与画法

总平面图室外地坪标高符号宜用涂黑的三角形表示。标高符号的尖端应指至被注高度的位置。尖端一般应向下，也可向上。标高数字应注写在标高符号的上侧或下侧。在图样的同一位置需表示几个不同标高时，可在一个标高符号处标注多个标高。标高的几种标注方法如图 1-13 所示。

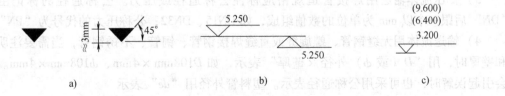

图 1-13 标高的几种标注方法
a）总平面图室外地坪标高 b）标高的指向 c）同一位置注写多个标高

3. 暖通空调图中的系统编号

一个工程设计中同时有供暖、通风、空调等两个及以上的不同系统时，应进行系统编号。暖通空调系统编号、入口编号应由系统代号和顺序号组成（见表 1-7）。系统代号由大写拉丁字母表示（见图1-14a中"X"，圆用中粗实线，直径为6~8mm），顺序号由阿拉伯数字表示（见图1-14a中"n"）。当一个系统出现分支时，表示方法如图1-14a所示，45°斜线为细实线，"i"表示分支系统编号。系统编号宜标注在系统总管处。

表1-7 暖通空调图中的系统编号

序　号	字母代号	系统名称	序　号	字母代号	系统名称
1	N	（室内）供暖系统	9	H	回风系统
2	L	制冷系统	10	P	排风系统
3	R	热力系统	11	XP	新风换气系统
4	K	空调系统	12	JY	加压送风系统
5	J	净化系统	13	PY	排烟系统
6	C	除尘系统	14	P（PY）	排风兼排烟系统
7	S	送风系统	15	RS	人防送风系统
8	X	新风系统	16	RP	人防排风系统

竖向布置的垂直管道系统，应标注立管号（圆用中粗实线，直径为6~8mm），如图1-14b所示。在不会引起误解时，可只标注序号，但应与建筑轴线编号有明显区别。

4. 暖通空调图中管道标高、管径（压力）等的标注

平面图上应注出设备、管道定位（中心、外轮廓、地脚螺栓孔中心）线与建筑定位（墙边、柱边、柱中）线间的关系；剖面图上应注出设备、管道（中、底或顶）标高。必要时，还应注出距该层楼（地）板面的距离。

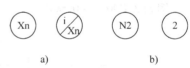

图1-14 系统编号画法
a）系统代号、编号画法　b）立管号画法

1）在无法标注垂直尺寸的图样中，应标注标高。标高以m为单位，并应精确到cm或mm。标高符号标注方法如前所述。当标准层较多时，可只标注与本层楼（地）板面的相对标高，如$h+2.20$。

2）水、汽管道所注标高未予说明时，表示管中心标高。水、汽管道标注管外底或顶标高时，应在数字前加"底"或"顶"字样。矩形风管所注标高未予说明时，表示管底标高；圆形风管所注标高未予说明时，表示管中心标高。

3）低压流体输送用焊接管道规格应标注公称通径或压力。公称通径的标记由字母"DN"后跟一个以mm为单位的数值组成，如DN15、DN32；公称压力的代号为"PN"。

4）输送流体用无缝钢管、螺旋缝或直缝焊接钢管、铜管、不锈钢管，当需要注明外径和壁厚时，用"D（或φ）外径×壁厚"表示，如$D108mm×4mm$、$\phi108mm×4mm$。在不会引起误解时，也可采用公称通径表示。塑料管外径用"de"表示。

5）圆形风管的截面定型尺寸应以直径符号"φ"后跟以mm为单位的数值表示。矩形风管（风道）的截面定型尺寸应以"$A×B$"表示。A为该视图投影面的边长尺寸，B为另一边尺寸，A、B单位均为mm。水平管道的规格宜标注在管道的上方；竖向管道的规格宜标注在管道的左侧。双线表示的管道，其规格可标注在管道轮廓线内。

6）平面图中无坡度要求的管道标高可以标注在管道截面尺寸后的括号内，如DN32

（2.50）、200×200（3.10）。必要时，应在标高数字前加"底"或"顶"的字样。

7）多条管线的规格标注方式如图 1-15 所示。管线密集时采用中间图画法，其中短斜线可统一用圆点。

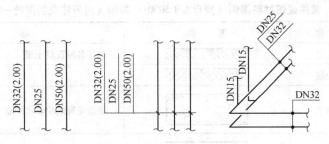

图 1-15　多规格管线的标注

8）风口、散流器的规格、数量及风量的标注方法可用图 1-16 所示的形式。

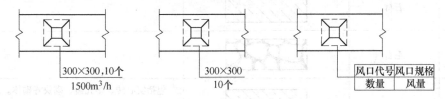

图 1-16　风口、散流器的规格、数量及风量标注方法

9）平面图、剖面图上如果需要标注连续排列的设备或管道的定位尺寸或标高时，应至少有一个误差自由段，如图 1-17 所示。

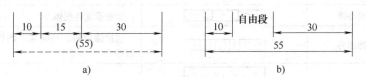

图 1-17　设备或管道的定位尺寸标注

注：a）图括号内数字应为不保证尺寸，不宜与上排尺寸同时标注。

三、空调工程施工图的图例

图例尺度比例没有具体的规定。图例的绘制一般根据图样大小而定，并遵循以下原则：

1）图例线应间隔均匀、疏密适度，做到图例正确、表示清楚。

2）不同品种的同类材料使用同一图例时（如某些特定部位的石膏板必须注明是防水石膏板时），应在图上附加必要的说明。

3）两个相同的图例相接时，图例线宜错开或使倾斜方向相反。

4）两个相邻的涂黑图例（如混凝土构件、金属件）间应留有空隙，其宽度不得小于 0.5mm。

当一张图样内的图样只用一种图例时，或图形较小无法画出建筑材料图例时，一般不使用图例，而使用文字说明。当需画出的建筑材料图例面积过大时，可在断面轮廓线内沿轮廓线作局部表示。

当国家标准无相关图例时，可采用自行编制的图例，但不得与标准所列的图例重复。绘图时，应在适当位置画出该材料图例，并配以说明。

（一）常用建筑材料图例（表1-8）

表1-8 常用建筑材料图例（摘自 GB 50001—2010《房屋建筑制图统一标准》）

序　号	名　称	图　例	备　注
1	自然土壤		包括各种自然土壤
2	夯实土壤		
3	砂、灰土		靠近轮廓线绘较密的点
4	砂砾石、碎砖三合土	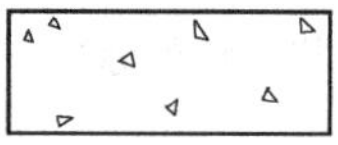	
5	石材	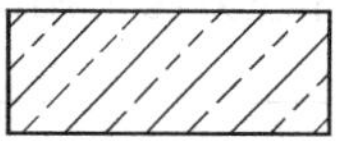	
6	毛石		
7	普通砖	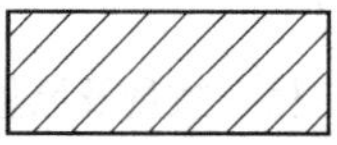	包括实心砖、多孔砖、砌块等砌体。断面较窄不易绘出图例线时，可涂红，并在图样备注中加注说明，画出该材料图例
8	耐火砖	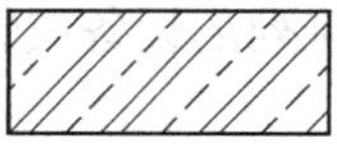	包括耐酸砖等砌体
9	空心砖	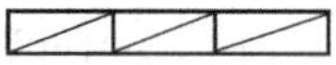	指非承重砖砌体
10	饰面砖	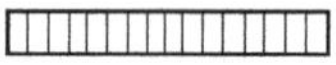	包括铺地砖、马赛克、陶瓷锦砖、人造大理石等
11	焦渣、矿渣	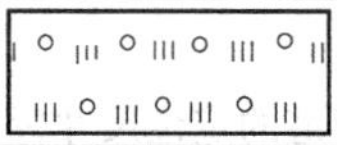	包括与水泥、石灰等混合而成的材料
12	混凝土	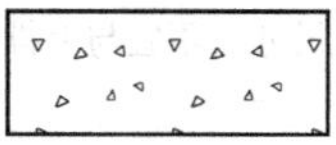	1. 本图例指能承重的混凝土及钢筋混凝土 2. 包括各种强度等级、骨料、添加剂的混凝土
13	钢筋混凝土	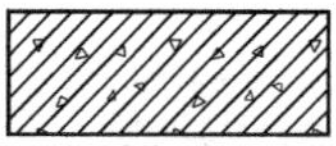	3. 在剖面图上画出钢筋时，不画图例线 4. 断面图形小，不易画出图例线时，可涂黑
14	多孔材料	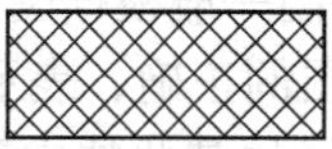	包括水泥珍珠岩、沥青珍珠岩、泡沫混凝土、非承重加气混凝土、软木、蛭石制品等
15	纤维材料	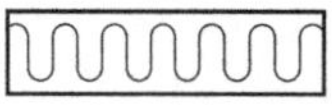	包括矿棉、岩棉、玻璃棉、麻丝、木丝板、纤维板等
16	泡沫塑料材料	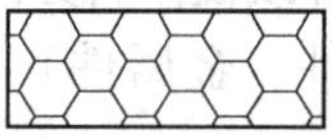	包括聚苯乙烯、聚乙烯、聚氨酯等多孔聚合物类材料
17	木材	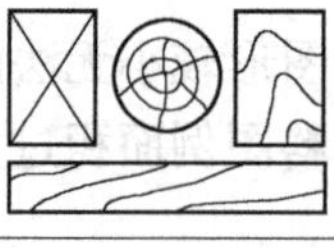	1. 上图为横断面，上左图为垫木、木砖或木龙骨 2. 下图为纵断面

（续）

序 号	名 称	图 例	备 注
18	胶合板		应注明为×层胶合板
19	石膏板		包括圆孔、方孔石膏板、防水石膏板等
20	金属		1. 包括各种金属 2. 图形小时，可涂黑
21	网状材料		1. 包括金属、塑料网状材料 2. 应注明具体材料名称
22	液体		应注明具体液体名称
23	玻璃		包括平板玻璃、磨砂玻璃、夹丝玻璃、钢化玻璃、中空玻璃、加层玻璃、镀膜玻璃等
24	橡胶		
25	塑料		包括各种软、硬塑料及有机玻璃等
26	防水材料		构造层次多或比例大时，采用上面图例
27	粉刷		本图例采用较稀的点

注：序号1、2、5、7、8、13、14、16、17、18、24、25 图例中的斜线、短斜线、交叉斜线等均为45°。

（二）暖通空调工程施工图常用图例

1. 水、汽管道代号

水、汽管道可用线型区分，也可用代号区分。水、汽管道代号一般按表1-9采用。

表1-9 水、汽管道代号

序 号	代 号	管道名称	序 号	代 号	管道名称
1	RG	采暖热水供水管①	14	X	循环管
2	RH	采暖热水回水管②	15	LM	冷媒管
3	LG	空调冷水供水管	16	YG	乙二醇供水管
4	LH	空调冷水回水管	17	YH	乙二醇回水管
5	KRG	空调热水供水管	18	BG	冷水供水管
6	KRH	空调热水回水管	19	BH	冷水回水管
7	LRG	空调冷、热水供水管	20	ZG	过热蒸汽管
8	LRH	空调冷、热水回水管	21	ZB	饱和蒸汽管①
9	LQG	冷却水供水管	22	Z2	二次蒸汽管
10	LQH	冷却水回水管	23	N	凝结水管
11	n	空调冷凝水管	24	J	给水管
12	PZ	膨胀水管	25	SR	软化水管
13	BS	补水管	26	CY	除氧水管

（续）

序　号	代　号	管道名称	序　号	代　号	管道名称
27	GG	锅炉进水管	35	R_1H	一次热水回水管
28	JY	加药管	36	F	放空管
29	YS	盐溶液管	37	FAQ	安全阀放空管
30	XI	连续排污管	38	O1	柴油供油管
31	XD	定期排污管	39	O2	柴油回油管
32	XS	泄水管	40	OZ1	重油供油管
33	YS	溢水（油）管	41	OZ2	重油回油管
34	R_1G	一次热水供水管	42	OP	排油管

注：自定义水、汽管道代号应避免与本表矛盾，并应在相应图面说明。

① 可附加 1、2、3……表示一个代号、不同参数的多种管道。

② 可通过实线、虚线表示供、回关系省略字母 G、H。

2. 水、汽管道阀门和附件的图例（见表1-10）

表1-10　水、汽管道阀门和附件的图例

序　号	名　称	图　例	附　注
1	截止阀		—
2	闸阀		—
3	球阀		—
4	柱塞阀		—
5	快开阀		—
6	蝶阀		
7	旋塞阀		—
8	止回阀		
9	浮球阀		—
10	三通阀		—
11	平衡阀		—
12	定流量阀		—
13	定压差阀		—
14	自动排气阀		—
15	集气罐、放气阀		—

（续）

序　号	名　　称	图　　例	附　注
16	节流阀		—
17	调节止回关断阀		水泵出口用
18	膨胀阀		
19	排入大气或室外		
20	安全阀		—
21	角阀		—
22	底阀		
23	漏斗		—
24	地漏		
25	明沟排水		—
26	向上弯头		
27	向下弯头		
28	法兰封头或管封		—
29	上出三通		—
30	下出三通		
31	变径管		
32	活接头或法兰连接		
33	固定支架		
34	导向支架		
35	活动支架		—
36	金属软管		—
37	可屈挠橡胶软接头		
38	Y 形过滤器		—
39	疏水器		—
40	减压阀		左高右低

（续）

序　号	名　　称	图　例	附　注
41	直通型（或反冲型）除污器		—
42	除垢仪		—
43	补偿器		—
44	矩形补偿器		—
45	套管补偿器		—
46	波纹管补偿器		—
47	弧形补偿器		—
48	球型补偿器		—
49	伴热管		—
50	保护套管		—
51	爆破膜		—
52	阻火器		—
53	节流孔板、减压孔板		—
54	快速接头		—
55	介质流向	→ 或 ⇨	在管道断开处时，流向符号宜标注在管道中心线上，其余可同管径标注位置
56	坡度及坡向	$i=0.003$ 或 $i=0.003$	坡度值不宜与管道起始、止点标高同时标注。标注位置同管径标注位置

3. 风道代号（见表1-11）

表1-11　风道代号

序　号	代　号	管道名称	序　号	代　　号	管道名称
1	SF	送风管	6	ZY	加压送风管
2	HF	回风道①	7	P（Y）	排风排烟兼用风管
3	PF	排风道	8	XB	消防补风风管
4	XF	新风管	9	S（B）	送风兼消防补风风管
5	PY	消防排烟风管			

注：自定义风道代号应避免与本表矛盾，并应在相应图面说明。

① 一、二次回风可附加1、2区别。

4. 风道、阀门和附件的图例（见表1-12）

表1-12　风道、阀门和附件图例

序　号	名　称	图　例	附　注
1	矩形风管	*** × ***	宽×高（mm）
2	圆形风管	ϕ***	φ 直径（mm）
3	风管向上		—
4	风管向下		—
5	风管上升摇手弯		—
6	风管下降摇手弯		—
7	天圆地方		左接矩形风管，右接圆形风管
8	软风管		—
9	圆弧形弯头		—
10	带导流片的矩形弯头		—
11	消声器		
12	消声弯头		
13	消声静压箱		
14	风管软接头		—
15	对开多叶调节风阀		—
16	蝶阀		—
17	插板阀		—
18	止回风阀		—
19	余压阀	DPV　　DPV	—
20	三通调节阀		

（续）

序　号	名　称	图　例	附　注
21	防烟、防火阀	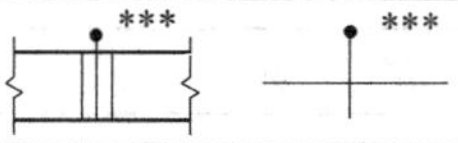	＊＊＊表示防烟、防火阀名称代号
22	方形风口	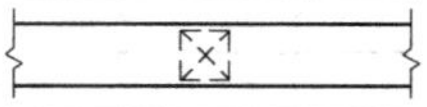	—
23	条缝形风口	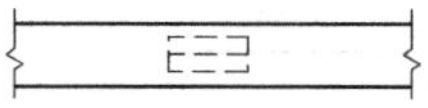	—
24	矩形风口	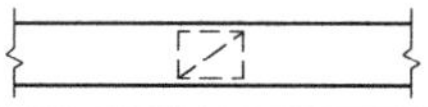	—
25	圆形风口	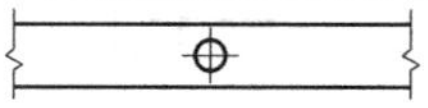	—
26	侧面风口	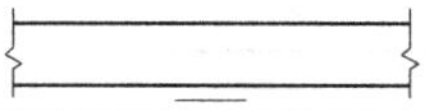	—
27	防雨百叶	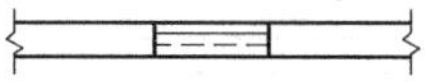	—
28	检修门	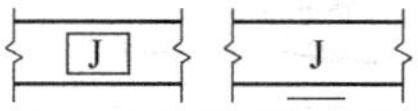	—
29	气流方向		左图为通用表示法，中图表示送风，右图表示回风
30	远程手控盒	B	防排烟用
31	防雨罩		—

5. 暖通空调设备的图例（见表1-13）

表1-13　暖通空调设备图例

序　号	名　称	图　例	附　注
1	散热器及手动放气阀	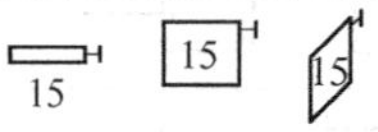	左图为平面图画法，中图为剖面图画法，右图为系统图（Y轴测）画法
2	散热器及温控阀	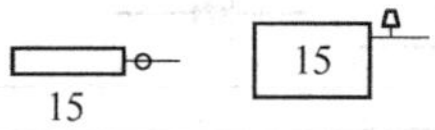	—
3	轴流风机	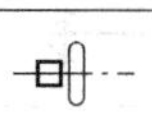	—
4	轴（混）流式管道风机	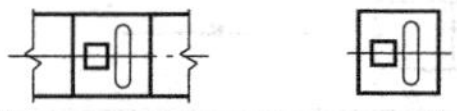	—
5	离心式管道风机	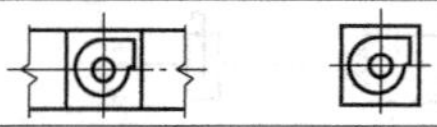	—
6	吊顶式排气扇		—
7	水泵		—
8	手摇泵		—
9	变风量末端	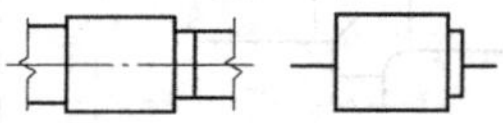	—

（续）

序 号	名 称	图 例	附 注
10	空调机组加热、冷却盘管		从左到右分别为单加热、单冷却及双功能盘管
11	空气过滤器	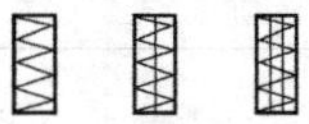	从左到右分别为粗效、中效及高效
12	挡水板	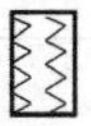	—
13	加湿器	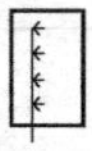	—
14	电加热器		—
15	板式换热器	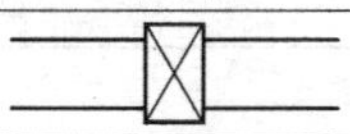	—
16	立式明装风机盘管		
17	立式暗装风机盘管		
18	卧式明装风机盘管	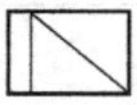	
19	卧式暗装风机盘管	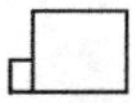	
20	窗式空调器	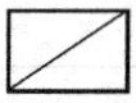	
21	分体式空调器	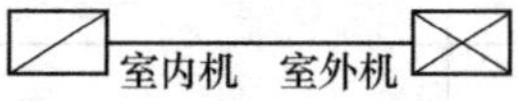 室内机 室外机	
22	射流诱导风机	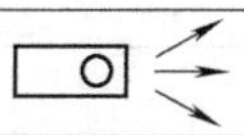	
23	减振器	⊙ △	左图为平面图画法，右图为剖面图画法

6. 调控装置及仪表的图例（见表1-14）

表1-14 调控装置及仪表的图例

序 号	名 称	图 例
1	温度传感器	T
2	湿度传感器	H
3	压力传感器	P
4	压差传感器	ΔP
5	流量传感器	F
6	烟感器	S
7	流量开关	FS

（续）

序　号	名　　称	图　例
8	控制器	C
9	吸顶式温度感应器	T
10	温度计	
11	压力表	
12	流量计	F.M
13	能量计	E.M
14	弹簧执行机构	
15	重力执行机构	
16	记录仪	
17	电磁（双位）执行机构	
18	电动（双位）执行机构	
19	电动（调节）执行机构	
20	气动执行机构	
21	浮力执行机构	
22	数字输入量	DI
23	数字输出量	DO
24	模拟输入量	AI
25	模拟输出量	AO

注：各种执行机构可与风阀、水阀组合表示相应功能的控制阀门。

项目二　空调工程施工图及空调系统的构成

1）理解空调施工图的图样构成，理解各施工图的作用以及各图所表达的信息。
2）理解典型空调系统的构成，理解各系统的功能与作用。

工作任务

1）认知空调工程施工图的图样构成。

阅读空调工程施工图，列出施工图的图样名称，并整理出各图的作用及其所表达的施工信息。

2）认知典型空调系统的构成。

阅读空调工程施工图，弄清空调系统的组成，画出系统原理图，并整理出各个系统和各个组成部分的功能。

相关知识

一、空调工程施工图的构成
二、空调系统的构成

图形要素是图样的表达单元和细部描述，而对图样构成的了解，则是从组织形式上对施工图进行把握。图样组织首先是整体文字说明、图例说明、主要设备材料清单，然后是图形表达。接下来就必须是对专业的掌握，如果制图的规律是形式，那么专业就是具体的内容。所以本项目在介绍空调工程施工图构成之后，对空调系统的基本组成也做了一个简要的阐述。

一、空调工程施工图的构成

空调工程施工图一般由文字与图样两部分组成，文字部分包括图样目录、设计施工说明、设备及主要材料表；图样部分包括基本图和详图。基本图主要是指空调通风系统的平面图、剖面图、轴测图、原理图等。详图主要是指系统中某局部或部件的放大图、加工图、施工图等。如果详图中采用了标准图或其他工程图样，那么在图样目录中应附有说明。

（一）空调工程施工图文字说明部分

空调工程施工图中的文字说明部分并不是以文稿的形式存在，而是以图样的形式作为空调工程施工图的一个部分。它也有图框和标题栏，只是图的内容是文字说明或以文字说明为主。文字说明部分均放在施工图的开始部分。

1. 图样目录

一般情况，暖通空调工程的施工图设计不单独完成，而是某个工程项目中的一个专业，通常它与建筑、结构、给排水、电气专业一起，构成一套完整的施工图；另外，也常常把空调工程与室内装饰工程放到一起，这时的相关专业就是装饰、给排水、电气。所以暖通专业的图样是被列在整个项目的图样目录当中的一个部分。在图样目录中一般包括图样的名称、图号、图幅大小、备注栏等。

2. 设计说明

设计说明一般包括以下内容：

1）工程概况。工程概况通常包括所设计工程项目的名称，所属的建设单位，空调工程所在建筑的基本情况（如建筑高度、层数、总面积、新建或是改建工程等），空调区域范围、面积及其他与空调专业有关的信息（如热源情况）。

2）设计依据。设计依据一般是指设计和施工所遵循的国家标准、规范，除此之外，有的单位把建筑专业提供的建筑图样、招投标文件、合同等也列为设计依据。

3）设计条件（设计参数）。设计条件包括室外参数和室内参数。

室外参数即所采用的气象数据，一般为夏季大气压、夏季室外空调计算干球温度、湿球温度，冬季大气压、冬季室外空调计算干球温度、冬季室外空调计算相对湿度。当然，根据空调工程内系统功能的需要，还可能有其他参数，比如采暖的相关参数、通风的相关参数。

室内参数包括夏季、冬季的室内干球温度、相对湿度、空调精度、新风量的指标、噪声等；洁净空调还有洁净度等级、静压、平均风速等参数。

4）设计说明。这里的设计说明是除上述三项以外的其他与设计相关的内容，包括空调系统的划分、空调系统形式、空调系统的主要参数、空调系统的组成、气流组织、空调水系统、空调系统的冷热源、空调系统的控制等方面的说明。设计说明常采用列表形式，如将系统编号、系统所服务的区域、送风量、设计负荷、空调方式、气流组织等做成表格。另外，根据需要还有通风、防排烟、节能、环保等方面的设计说明。

5）有时会把空调系统的冷热源参数（如总冷量、制冷热量、冷水和热水参数等）、需要的总电量、水量、蒸汽参数等单独列为一项，以明确对其他相关专业的要求。

设计说明的内容不是一成不变的，各个设计单位有各自的做法与标准，但基本包括上述的内容。

3. 施工说明

1）风管系统说明。风管系统说明包括统一规定，风管材料及加工方法，支、吊架要求，阀门安装要求，减振做法，验收等。

2）水管系统说明。水管系统说明包括统一规定，管材，连接方式，支、吊架做法，阀门安装要求，减振做法，管道试压，清洗、验收等。

3）保温与防腐。保温包括风管管温与水管保温的材料、厚度、施工工艺、验收等的规定；防腐包括风管，水管，设备，支、吊架等的除锈，涂装要求及做法。

4）设备。设备包括制冷设备，空调设备，水泵等的安装要求及做法。

5）系统调试等。

施工说明独立性强时，会在施工说明开始部分列出主要遵守的标准与规范。如果设计说明对于施工者来说是为了解设计意图，为施工提供方向性的指导，那么施工说明就是对施工直接的规定，是施工者必须遵守的准则。

4. 图例

虽然图例和代号有规定，但是每个设计单位的习惯也不完全相同。为了使图样更加完整、更加方便阅读，很多施工图都有较完整、系统的图例和代号规定。

5. 设备与主要材料表

设备表一般包括序号（或编号）、设备名称、技术要求、数量、备注栏；材料表一般包括序号（或编号）、材料名称、规格或物理性能、数量、单位、备注栏。

在文字说明部分里，图样目录一定要与其他各图独立，并且一般都制成 A4 专门的图样目录格式。设备与主要材料表也应独立成图，有的设计单位也统一做成 A4 格式。设计说明、施工说明、图例通常合并为设计说明（或设计施工说明），有的设计单位会把图例和代号规定做得非常全面而独立成一张《×××图例》。

（二）空调工程施工图图样部分

文字说明部分之后，就是真正意义上的各施工图样，包括系统图（流程图）和原理图、各空调平面图、剖面图、详图等。

1. 系统图（流程图）和原理图

1）系统图。系统图有时也称流程图或系统流程图，通过系统图可以了解系统的整体情况，对系统有个全面的认识。

最常见的系统图是空调水系统图，而且常常用轴测图（以斜二测为多）的形式来表达，图的名称一般以"空调水系统图"命名。并不是所有的空调施工图都有空调水系统图，而是根据空调系统的复杂程度来确定的，水系统庞大复杂，以至各水管平面图难以表达清楚时，就需要绘制空调水系统图。在绘制水系统轴测图时，一般也按比例绘制，但不严格，因为水系统图的主要目的是表达复杂的管路之间的位置关系、走向与流程关系，所以系统图不标注比例。

对于净化空调工程而言，由于其风系统管路比较复杂，通常会出现风系统图，特别是大型的、多系统的净化空调工程。风系统图的风管用单线表示，不按比例绘制，也不绘成轴测图的形式，与原理图的表达方法类似。其目的是为了说明系统内管件与设备的流程关系，所以能在风系统图上清楚地看到系统的划分情况、各个系统的设备配置情况以及系统流程走向。在风系统图中能看到系统内所有的设备及主要的参数，但对于风口、阀门等管件，一般不能完整表达其数量与准确的位置。

2）原理图。原理图一般是指空调水系统原理图和控制原理图。

一般情况下，水系统平面图（空调水管平面图）加上水系统轴测图就已经能表达清楚空调的水系统，此时空调水系统原理图一般不绘。但有时由于水系统轴测绘制比较麻烦，而绘制空调水系统原理图比较简单，在系统不太复杂时，就用水系统原理图来辅助水系统平面图进行表达。对于一些较大、较复杂的空调水系统，则应有水系统平面图、系统轴测图和系统原理图，例如蓄冷系统和一些余热利用的系统往往就会有单独的机房系统原理图。

控制原理图不是针对空调专业的施工绘制的，而是给控制专业的设计作为依据，控制专业将依据设计说明及控制原理图对整个空调系统进行电气控制的设计。控制系统的施工也由电气专业的施工队进行。控制系统原理图重在表达控制方案（控制形式及逻辑关系）以及实现控制的各个控制元件的控制点参数与它们之间的相互关系。控制原理的表达需要借助系统原理，所以有的控制原理图直接与系统原理图合并在一起；但由于控制原理图表达的侧重不同，所以也常常单独绘制。

各种系统图、原理图的位置也不确定，有的放在设备材料表之后、空调平面图之前，有的放在空调平面图之后。

2. 空调平面图

空调平面图就是建筑物各层楼面的空调风管平面图、空调水管平面图，空调机房平面图、制冷机房平面图实际也都包含在其中。空调平面图是施工图最主要的表达图样，它直接在建筑平面图的基础上反映空调元件与建筑之间的关系，是空调工程施工最准确和最直接的依据。在绘制空调平面图时，除了水管不按比例，其他（如风管、空调设备等）均应按比例绘制。

1）空调风管平面图。空调风管平面图有时也称为空调风系统平面图，实际图样在前面加"×层"（如二层空调风管平面图、标准层风管平面图等）。风管平面图中的风管一般按比例用双线绘制，圆形风管还应绘有中心线。矩形风管只能画出平面方向上的尺寸，高度尺寸由标注说明，如 630mm×400mm 表示风管宽为 630mm，高为 400mm，平面图上只画出630mm 方向的尺寸，风管的安装高度用标高表示。当风管平面比较复杂时，可以按风管功能成几张图来表达，如"三层送风、新风平面图"、"三层回风、排风平面图"。建筑防排烟往往也由空调专业完成，排烟风管不复杂时，常放在空调风管平面图里一并表达。通风风管同样如此，如果本层只有通风时，图名可以是"×层通风平面图"。

2）空调水管平面图。空调水管平面图有时也称为空调水系统平面图，跟风管平面图一样，实际图样在前面加上"×层"。对于末端处楼层的水管平面图，由于水管比较细，安装距离也相对较小，对于常用比例1∶100 来说，如果按比例绘图，就很难分辨清楚，所以水管平面图在水管横向上不按比例绘制，水管也只用粗的单线表示。设备附近的管件因空间太小也不予在平面图上表达（用详图统一表达和说明）。因此末端侧楼层水管平面图主要表达管路走向、管径和坡度。对于多联机系统或 VRV 空调系统而言，没有空调供回水，只有凝水管，如果凝水排放比较方便，有时凝水管只用文字说明而不用图示表达，这时就不是水管平面图，而是室内机空调配管平面图。

3）空调机房平面图。空调机房是指空调系统的末端设备所在的机房，空调机房平面图一般不需要单独绘制。一般舒适性空调系统因其单设机房的可能性小，并且风管与水管系统都比较简单，在其所属层的空调平面图里就可以直接表达清楚，而没有必要单独绘制空调机房平面图；复杂的空调系统（如系统较多的工艺性空调、净化空调系统）会单设机房或机房层（设备层、技术层），但如果所在层的空调平面图可以表达清楚，也不单独绘制机房平面图。由于空间狭小的多台机组重叠造成空调平面不易表达时，才需要单独绘制空调机房平面图。

4）制冷机房平面图。制冷机房平面图是指空调系统中制冷和制热设备（冷热源），也就是空调系统的主机所在机房的平面图。制冷机房平面图不同于一般的空调平面图，它是设备布置与水管布置图。机房平面图一般是把建筑的其他部分去掉，只绘机房这一部分，而不是整个建筑平面，这样可以减小比例尺。制冷机房的管路系统复杂，小的比例尺才有可能表达清楚。

对于不复杂的空调系统，如风机盘管加新风系统、多联机加新风系统，有时一张平面图上就可以将空调风管和空调水管（或空调配管）表达清楚，这时就合并在一张"×层空调平面图"上而不分风管平面图和水管平面图（或室内机配管平面图）。

3. 剖面图

当设备和管路系统比较复杂，在立面上仅靠平面图无法表达清楚时，就需借助剖面图进行表达。剖面图常常用于机房处的表达和复杂的净化空调系统的某些重叠管路部分的表达。剖面图上也会画建筑立面，并且标明轴号，这样就更容易看清空调设备和管路与建筑的位置关系。剖面图重点对于设备和管路立面方向表达，能使平面图上重叠的部分很清楚地显现。

4. 配合类图样

配合类图样是指需要提供给其他专业，由其他专业完成的为空调工程施工服务的图样。配合类图样一般包括留洞图和基础图；前面提到的控制系统原理图，实际也是一种配合图；有时为了需要，还会专门出一张设备布置图给电气专业，用于电气专业的电气设计。

1）留洞图。留洞主要指风管的穿墙和穿越楼板的留洞，特别是风管穿越楼板，由于风管往往比较大，对楼板的配筋会有影响，所以需要预先设计好留洞的大小和位置，提交给结构工程师来处理；对于已建建筑，楼板留洞还会涉及楼板补强的问题，更需要结构专业的配合。空调水管穿越楼板的情况比较少，因为一般情况下都有水管管井可以利用，或者有专门的空调水管管井，即使穿越楼板，所需要开设的洞也不大，故不需要给出留洞图；如果水管较多，集中在一起开洞穿越楼层，则往往需要表达留洞的大小和位置。墙面的留洞一般情况下不需要给出，因为现在的建筑大都是框架结构，墙面开洞对结构没有影响，可以直接进行现场处理（轻质隔墙更不需要）；对于承重墙和某些工程施工配合需要，往往给出墙面的风管留洞图，但水管同样不需要给出留洞图。

2）基础图。基础是指各种空调设备的基础，当这些基础是混凝土基础时，就需要提供给土建的有关专业进行设计，并由空调专业提出基础位置和要求；当然也可以直接给出土建基础的具体做法，直接由土建施工队施工。当这些基础可用型材制作时，可以出基础做法的详图，而不出基础图。

5. 详图

详图也称大样图，就是对前述图样没有表达的细节和具体做法的表达。上述图样基本涵盖了空调工程的主体内容，但仍有很多细节没有表达，如各种管件的具体做法、各种设备管道的安装细节以及支、吊架和基础的做法、前面所述的平面图上因比例不合适而没有表达的细节（如机组接口处的管件阀门）等。所有的细节并不是都要表达，其中有相当一部分由国家标准（如 GB 50243—2002《通风与空调工程施工质量验收规范》）进行规范和约束，一部分参考标准施工图集，一部分由企业的生产工艺和企业相关标准确定，剩下的才由详图表达。常见的详图有：设备的接管详图（如风机盘管的接管详图）、设备管道的安装详图（如排风机的吊装详图、供回水管的安装详图、空调管井详图）、特殊结构的加工制作详图（如新风箱的制作详图、膨胀水箱的结构详图）、设备基础详图（如组合式空调机组的基础详图）等。

详图可以独立成图，即把所有的详图归到一起成一张或几张图样；也可以把有的详图放在与其相关的空调平面图、系统图当中。详图的标注可参照本篇项目一的相关内容。

6. 其他

随着新技术的发展与应用，会有一些新类别的图样，如冰蓄冷系统的蓄冰槽的配管图、地源热泵系统的地埋管图等。

二、空调系统的构成

空调系统的构成因空调系统功能、形式的不同而各有不同，不是一成不变的。

广义上理解的空调，是指包括使用通风、供热、供冷、加湿、除湿、除尘、净化、杀菌、离子化等一系列改善空气品质的方法对目标空间的空气进行处理的过程。因此，不同功能的空调系统所包含的设备及其系统构成是不同的。

对空气进行同一种处理，可以用不同形式的空调系统来实现。如加热，可以用热水加热、蒸汽加热、电加热、热泵加热等。空调系统的形式有多种，并且划分方法也各不相同，因此相应空调系统的构成也不一样。

目前广泛使用并且具有舒适性、工艺性特点的中央空调系统，大多都是以热湿处理及净化处理为主，并采用空气-水集中式的中央空调系统形式。这种中央空调典型的系统构成包括空调风系统、空调水系统（冷媒水系统与冷却水系统）、制冷/热系统（冷/热源）、控制和调节系统。其中，控制和调节系统覆盖在每个系统中，并最终统一于中央空调系统的整体控制。典型空调系统示意图如图 1-18 所示。

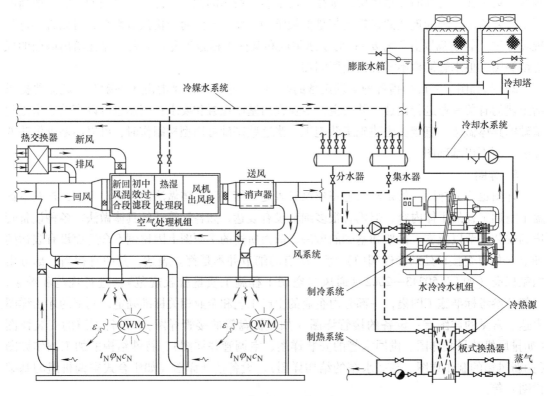

图 1-18　典型空调系统示意图

有些具有特殊应用的空调系统会根据功能的需要而强化某个功能。如净化空调系统有时就将净化与热湿处理分开，变成净化系统与热湿处理两个系统；又如某些需要干燥处理的场合，会单独设计除湿系统以强化除湿功能。这些情况就不能简单地把它们归为空调风系统，而是要根据其特殊要求分别对待。

（一）空调风系统

空调风系统是空气经过管道输送到处理设备再输送到空调区域的一系列装置，包括动力部分（风机）、输送部分（风管管道系统）和空气处理设备。

1. 风机

根据输送风量的大小与所需要提供的压头，风机的形式主要包括离心风机、轴流风机、斜流风机和贯流风机等。离心风机主要用于较大的全空气空调系统、风机盘管等；轴流风机多用于压力损失小的排风系统中；斜流风机的压头介于离心风机与轴流风机之间，主要用于压力损失稍大的排风系统中；贯流风机常用于家用分体式空调器的室内机及风幕机。风机可以单独用于管路系统，如排风系统、一些不进行热湿处理的新风系统、通风系统、排烟系统等。但在大多数的空调系统中，起主要作用的循环风机都与空气处理设备在一起构成空调机组。

2. 空气处理设备

空气处理设备是指对空气进行热湿处理（冷却、加热、除湿、加湿）、除尘净化、杀菌、离子化、去除有害气体等的处理设备。常用的热湿处理设备有表冷器、加热器、加湿器、喷水（淋）室、空气混合装置（实际上，组合式空气处理机组的新、回风混合段也属于一种热湿处理设备）、表面式新回风换热器、全热换热器等；常用的除尘净化设备有空气过滤器（滤网、各级过滤器等）以及各类除尘器。目前，中央空调系统的空气处理设备主要的功能是热湿处理与除尘净化处理。这些空气处理设备与风机组装在一起，成为各类空调系统的末端处理机组，包括风机盘管、组合式空调处理机组等。

3. 空气输送部分

空气输送部分包括各类风口（回风口、新风口、排风口、风冒、送风口、各种送风装置等）、风管及管件（圆形或矩形风管、弯头、三通、变径、天圆地方、来回弯等）、风阀（手动风阀、防火阀、电动或电磁风阀、止回阀）、消声器（弯）、各种静压箱等。

把空调风系统分为这三个部分，是为了便于理解，并没有实际的意义，并且这三个部分也不是严格区分的。如前面所述风机常与空气处理设备一起组成各种空调机组，而高效送风口可以是空气输送设备也是空气处理设备。

（二）空调水系统

·空调水系统主要是指空调的冷媒水系统和冷却水系统，是指把水作为循环介质进行热量传输的系统。冷媒水系统与冷水系统也由三个基本部分组成：动力部分（水泵）、输送部分（水管系统）、热交换设备。至于凝水系统，则是将空调机组制冷和除湿时产生的凝水收集和集中排放的系统，更相当于一个简单的排水系统。

1. 冷媒水系统

冷媒水亦称冷水或是冷冻水，其作用是在制冷季节为空调末端设备输送来自冷源的冷量；而对于供热系统，冷媒水也是热源介质，用于给空调末端设备输送来自热源的热量。冷媒水系统的类型根据不同的分法可以分为多种形式，包括开式、闭式系统，两管制、四管制系统，同程式、异程式系统，定流量、变流量系统，一次泵、二次泵系统等。

冷媒水系统的输送部分包括水管及管件（弯头、三通、变径、软接、管路补偿器等）、阀门（截止阀、调节阀、止回阀、排气阀、平衡阀等）、压力表和温度计、水处理设备（水过滤器、除垢仪、软水装置等）、膨胀水箱、集水器和分水器等。

将冷媒水送到热交换设备进行热量交换是冷媒水循环的目的。冷媒水系统中的热交换设备分为两种，即空调系统主机换热设备和末端换热设备。主机换热设备在夏季是制冷机的蒸发器，在冬季是热泵的冷凝器或热水换热器（水-水换热器或蒸汽-水换热器）。另外，在有蓄冷或蓄热的系统中，冷媒水还要进入蓄冷或蓄热循环，换热设备则与之对应。

2. 冷却水系统

冷却水系统的输送部分与冷媒水系统基本相同，但冷却水系统相对较小，系统简单，阀门中基本不用排气阀与平衡阀。对于采用冷却塔冷却的系统，水处理设备会有加药装置，以防止冷却塔滋生细菌，影响环境。采用冷却塔冷却的系统，没有膨胀水箱，也没有集水器和分水器。但可能会设冷却水箱。

冷却水系统的热交换设备一般有两种。一种是冷却水与空调系统主机之间的换热设备，即制冷机组的冷凝器。另一种是冷却水与环境之间的换热设备，此处的换热设备随冷却方式的不同而不同，若是冷却塔冷却，则换热设备为冷却塔；若是地源系统冷却，则换热设备为地埋管系；若是水源（利用河流湖泊或工业水池进行余热回收）冷却，则换热设备是水源中的换热盘管。

（三）空调冷热源

冷热源是为空调系统的末端设备提供冷源或热源的设备，也称为空调系统的主机。冷源是通过制冷设备由制冷系统的循环中获得，制冷设备在此处是冷水机组，而根据冷却方式不同又分为风冷冷水机组和水冷冷水机组。热源可以从热泵机组的热泵循环获得，可以由换热器从外部热源获得，也可以从燃煤（燃油、燃气）设备和电热设备获得。外部热源一般是热水或蒸汽管网。

由此可见，空调的冷热源还涉及制冷系统、热力管网系统、燃料系统和电热系统；另外，随着蓄能技术的运用，还涉及蓄能循环系统。

（四）空调控制系统

空调控制系统是保证整个空调系统按要求稳定、正常运行的监测和指挥系统。空调控制系统根据不同的要求，可以是非常智能的全自动控制，也可以是手动调节；可以是整体式的控制，也可以相对独立。在空调工程的施工图中，会有空调控制要求的说明和控制原理图，但这些只是对控制提出的要求，控制系统的设计需要自控专业的设计人员完成，其施工需由电气专业施工队完成。本书对空调控制系统不作阐述，有兴趣的读者可参考相关书籍。

如前面所述，典型的中央空调系统是由空调风系统、空调水系统、空调系统冷热源、空调控制系统组成。除了空调控制系统依附于其所服务的系统外，其他三个系统都是相对独立的。冷媒水系统作为冷媒中介，连接冷热源与风系统。冷媒水系统与风系统的交点是空气的冷热处理设备，与冷热源的交点是蒸发器或热水换热器。冷却水系统与冷热源的交点是冷凝器。

当空调系统的形式发生变化时，这三个系统也会相应发生变化。例如：对于屋顶式空调机组（风冷冷热风空调机组）的空调形式，它的冷热源直接与风系统连接，而不需要中间的冷媒中介（冷媒水）；由于使用的冷凝器是风冷而不是水冷，所以没有冷却水系统；加上安装于屋顶，凝水排放也非常简单，所以这种空调系统没有水系统。如果不算控制系统，该空调系统则只有风系统与制冷系统（冷热源）。这两个系统的交点就是直接蒸发式空气冷却器（由于管内侧采用的制冷剂为氟利昂，所以该冷却器又称为氟表冷器或氟盘管）。氟表冷器对于风系统而言，是表冷器；对于制冷系统而言，是蒸发器，制冷剂节流膨胀后，直接供给氟表冷器，所以这种机组俗称为直膨机或直膨式空调机组。

由于这种风冷-冷热风的组合式空调机组有独立的冷热源，使用十分灵活，因而越来越多地被采用。屋顶空调机组和直膨式净化空调机组的风系统、多联变频空调机 VRV 的制冷系统较为复杂；而家用分体式空调和窗式空调器的制冷系统和风系统则较为简单，应用方便。

项目三　空调工程施工图的阅读

学习目标

1）掌握空调施工图的阅读步骤与方法。

2）学会阅读建筑图与暖通空调工程图。

工作任务

1）掌握空调施工图的阅读步骤与方法。

阅读空调工程施工图，总结出阅读空调工程施工图的步骤与方法。

2）从空调工程施工图中读出工程所在建筑的相关信息。

阅读空调工程施工图，弄清空调工程所在建筑的相关信息，即能阅读空调平面图，并能获得建筑中与空调施工相关的信息。

3）从空调工程施工图中读出空调工程施工所需要的信息。

阅读空调工程施工图，列出空调工程中与施工密切相关的信息。

相关知识

一、空调工程施工图阅读的基本方法与步骤

二、建筑图样的阅读

三、空调工程施工图的详细阅读

图形要素和图例是理解图样语言的基础，而对图样构成的认识以及对图样所表达内容的整体把握则是阅读专业图样的基础。在对空调工程施工图的图形要素、图例、空调工程施工图的构成、空调系统的构成有了理解之后，就可以更深入地读图，全面细致地理解设计者的设计意图，将图样转化为工艺操作，以实现工程的准确施工。

一、空调工程施工图阅读的基本方法与步骤

空调工程施工图阅读的基本方法与步骤主要取决于读图目的，跟阅读人的习惯也有一定的关系。相对而言，读图的方法自由度大一些，受图样内容、人的习惯的影响多一些；读图的步骤跟读图目的有较大关系，也有一定规律可循。以下是施工图阅读的基本方法，主要从施工者的角度简要阐述初次读图、施工前读图和施工中读图的基础步骤，给初学者一个参考。

（一）基本方法与基本原则

1. 基本方法

1）有顺序地整体阅读；或是有目标地查阅图样，即直接查阅需要的图样或说明信息。

2）阅读管路系统时，可以按介质流向进行图样阅读，也可以根据建筑的分布进行图样阅读。

3）根据分部和分项工程的划分进行图样阅读。如防排烟系统、普通空调系统、净化空调系统；空调风系统、空调水系统。

4）可以先看文字说明，后看图形元素，如文字说明部分的阅读；或者先看图形元素，后找相关说明，如空调平面剖面图的阅读。

5）可以先看图例，再看系统；也可以先看系统，再找图例，一般情况采用后者。

6）可以根据管路找设备，也可以根据设备看管路。

7）可以根据线宽、线型进行阅读；对于电子稿的图样，还可以根据颜色阅读，甚至可以通过图层管理器进行屏蔽筛选阅读。

8）可以根据尺寸理解位置关系，如通过标高理解重叠管道的位置关系。

9）可以只粗略浏览，也可以根据需要精确阅读。精确阅读包括以弄清工艺关系和位置关系为目的的阅读，和以弄清尺寸、数量为目的的阅读。

以上的方法，在实际操作中，可根据需要灵活应用。

2. 基本原则

虽然施工图阅读的步骤和方法因目的的不同而有区别，但也有以下几个基本原则：

1）首先应能读懂建筑图样。在能读懂建筑图的基础上，再阅读暖通空调工程的施工图。对建筑的了解可以直接通过各空调平面图的建筑背景进行，但必要时，应对所在建筑的建筑图进行查阅，以切实了解建筑的相关情况。

2）先整体浏览，后局部详细阅读。

3）整体阅读时，先阅读文字说明部分，其次是系统图或原理图，然后看各施工平面、剖面图样，最后是详图。

4）具体图样，首先要看标题栏，然后进行图面阅读，最后一定要看备注和说明。

5）要通览整套图样，并对整个工程的情况与设计意图有整体把握之后，才能具体去理解局部。例如在进行水管施工时，不能在没有通览整套施工图的基础上直接按水系统的相关图样施工，这样容易造成漏项和误解。

（二）初次识读施工图

无论在什么情况下读图，只要是初次，都应该通览整套图样，目的是对整个工程有一个总体上的认识与把握，其识读步骤与方法如下：

1）翻阅图样目录，了解施工图的构成。快速翻阅每一张施工图，对工程规模有一个初步概念，并且重点关注所在工程的建筑信息，以及本工程在建筑中的分布情况，对整个工程的规模有一个较为形象的认识。

2）阅读设计与施工说明中的工程概况、设计说明，结合施工图目录，进一步了解工程所在建筑的基本情况、工程范围等信息，并对暖通空调的系统形式与构成情况等有一个较准确的认识。

3）浏览系统图和系统原理图，以便更加清晰地了解各空调系统的形式、组成和整体规模。

4）浏览各空调平面图、立面图，结合系统图和系统原理图，理解各空调系统的具体表现形式，标记有特别要求的地方。

5）浏览其他说明与图样，如控制说明、施工说明、详图、基础图、控制原理图等，标记有特别要求的关键环节。

读图的目的因需要不同而有很多种，并且在工程的不同阶段，读图者也会不一样。例如，在设计阶段，建设方因了解项目内容、进行方案比较而读图；招投标时，工程预算人员因进行造价预算而读图；施工前，施工技术人员因进行施工组织设计、施工预算而读图；施工过程中，施工人员因按图施工而读图；监理则是从接受监理任务开始就需要读图，在整个施工过程一直需要查阅图样；工程调试阶段，调试人员因调试需要而读图；工程竣工（此时为竣工图）时，结算人员因竣工结算而读图；运行管理人员因运行管理和维护的需要而读图等。无论是谁，因为什么目的读图，都应首先通览图样。

（三）施工前的施工图阅读

施工前阅读施工图，对于施工者来说有两种情况，一是招投标阶段为进行工程预算与满足投标要求的施工组织设计而阅读图样，二是中标签订合同之后为进行施工预算和满足施工需要的施工组织设计而阅读图样。施工图阅读步骤如下：

1）通览整个施工图，从整体上把握设计意图与要求。

2）条件允许的情况下，对照各空调平面图、立面图、详图进行现场勘察，以确定图样与现场的一致性与可实施性。

3）阅读设备与主要材料表，做好空调设备、阀门等的统计。一般情况下施工图的设备与主要材料表里只有空调设备、风口、成品管件、阀门等，而没有风管与水管的主材。风管与水管主材需要预算人员按图统计计算。

4）阅读空调平面图、剖面图和详图，核对材料与设备清单，完成主材的统计。

5）在技术答疑或技术交底后，做好图样更改记录，并修正设备与材料表。

6）仔细阅读施工说明，查看是否有特殊要求和工艺。

7）仔细研究空调平面图，结合施工组织设计，规划施工平面图的布局，确定好施工平面图。

（四）施工中的施工图阅读

施工中阅读施工图，对于施工者来说，目的是对照施工图施工。因此，施工人员必须充分理解设计意图，把握好图样中对施工的特别要求，结合相关的规范与标准，确保施工质量。工程被划分为分部和子分部工程进行施工，子分部工程又分为若干个分项工程。所以在施工中的某个时段，对图样的关注点是在分部和分项工程的范围上。

1）通览整个施工图，从整体上把握设计意图与要求。

2）根据所在的分部或子分部工程，找出施工图中所有的相关图样与规定，在位置关系与工艺关系的级别上仔细阅读，在大脑中构架实物模型，做到了然于胸，并且重点关注有特别要求的地方。

3）对照施工现场，在尺寸级别上逐一阅读空调平面图、剖面图和有关详图，以审核施工的可行性。

4）根据施工组织的进度要求，按图样核对人、材、物的进场计划，以明确所在阶段的工作任务。

5）根据所在阶段工作任务，按分项工程根据图样做出必要的工艺图（如风管加工图、管件加工图）、下料清单（如水管下料清单、风管法兰制作清单）和辅材清单（如支架吊架制作、各标准件、胶水等）。

6）施工进行中要按图施工，并按图进行自检，及时纠正和调整施工中的错误和偏差。

7）在施工图中做好有关疑点记录，及时与设计人员进行交流。对设计更改时要做好更新与标记。

以上3）~7）均是以尺寸为目的的阅读，施工中阅读施工图是为了获得施工尺寸。尺寸不仅可以帮助理解图样上的位置关系，也是施工的最直接依据。所以施工读图时，尺寸是最被关注的。但只有在充分理解设计意图，理解施工构件之间的位置关系后，尺寸才是可靠的。

二、建筑图样的阅读

暖通空调图样是建筑图样的一类，而且暖通空调工程是安装于建筑的，因此要读懂暖通空调工程施工图，首先要读懂建筑图样。以下就建筑概况和建筑图样的阅读作简要介绍。

（一）建筑物概况

1. 建筑物的分类

1）按建筑物的使用性质分。建筑物按其使用性质一般可分为生产性建筑和非生产性建筑两大类。生产性建筑是指用于生产目的的建筑物，分为工业建筑和农业建筑两类，主要包括各类工业厂房和农业用房。非生产性建筑是指不用于生产目的的建筑物，按照其使用性质可分为民用建筑和特殊建筑。

暖通空调工程常涉及的建筑是民用建筑，包括居住建筑和公用建筑。居住建筑是指供人们生活起居使用的建筑物，包括住宅、宿舍、别墅等。公用建筑是指供人们进行各种社会活动的建筑物，包括商业建筑、行政办公建筑、商务办公建筑、文化娱乐建筑、体育运动建筑、医疗卫生建筑、教学科研建筑、市政设施建筑、仓储建筑等。

2）按建筑物的层数分。民用建筑按建筑物的层数分为低层、多层和高层三种。对于多层和高层建筑的划分，世界各国不尽相同。1972年国际高层建筑会议上，将9层以上的建筑称为高层建筑。我国对民用建筑按层数和建筑物的总高度划分类别见表1-15。

表1-15　建筑的层数划分

	公共建筑	居住建筑	
非高层	≤24m，单层	低层	1~3层
		多层	4~6层
		高层	7~9层
高层	>24m，除单层	10层以上	

工业建筑有单层、多层、单层与多层混合三种类型。

3）按建筑物主要承重构件分。这里是指按主要承重构件（墙、柱、楼板、屋顶等）采用的材料分。

①砖木结构：是用砖墙、木楼层和木屋架建造的房屋。这种结构耐火性能差，耗费木材多，已很少采用。

②砖混结构：用砖墙、钢筋混凝土楼板层、钢、木屋架或钢筋混凝土屋面板建造的房屋，又称混合结构。这种结构多用于层数不多（6层或6层以下）的民用建筑及小型工业厂房中。其中木屋架已很少采用。

③钢筋混凝土结构：建筑物的主要承重构件均用钢筋混凝土制作。这种结构形式普遍

应用于单层或多层工业建筑、大型公共建筑以及高层建筑中。

④ 钢结构：建筑的主要承重构件全部采用钢材。这种结构类型多用于某些工业建筑和高层、大空间、大跨度的民用建筑中。

某些大型公共建筑，由于大跨度空间的需要，可采用钢结构屋顶，其他主要承重构件采用钢筋混凝土，这种结构称为钢-钢筋混凝土结构。

4）按建筑物承重结构体系分。

① 以墙承重的梁板结构建筑。它是以墙和梁板为主要承重构件，同时又是组成建筑空间围护构件的结构而形成的建筑。砖混结构建筑、装配式板材结构建筑均为这种结构形式的建筑。

② 骨架结构建筑。它是用梁、柱、基础组成的结构体系来承受屋面、楼面传递荷载的建筑。其墙体仅起围护和分隔建筑空间的作用。

③ 剪力墙结构。它把建筑物的墙体（内墙和外墙）做成可抗剪力的剪力墙，作为抗侧向力（地震力、风力）并承受和传递竖向荷载的构件。剪力墙一般为钢筋混凝土墙，这种结构类型常用在横墙有规律布置的高层建筑（住宅、旅馆、公寓等）中。在框架结构体系中加设钢筋混凝土剪力墙，这种结构体系称为框架-剪力墙体系。

④ 大跨度结构建筑。它们是横向跨越 30m 以上空间的各类结构而形成的建筑。其结构类型有折板、壳体、网架、悬索、充气、膨胀张力结构等。这些结构类型多用于民用建筑中的影剧院、体育馆、航空港候机大厅及其他大型公共建筑，以及工业建筑中的大跨度厂房、飞机装配车间等。

2. 民用建筑基本构造

建筑物通常由基础、墙（柱）、屋顶、地面和门窗等几部分组成。2 层或 2 层以上的建筑物还有楼板和楼梯等部分。其中，基础的作用是承受和传递建筑荷载；墙（柱）、屋顶、楼板等不仅承受和传递荷载，还起着围护和分隔建筑空间的作用；门窗不能承受和传递荷载，只起围护和分隔建筑空间的作用；楼梯则是联系上、下楼层的垂直交通设施。上述各组成部分按一定的原理、方式、方法结合起来，构成了建筑物整体。建筑物的基本构造如图 1-19 所示。

3. 建筑物的质量等级与耐火等级

1）建筑物的质量等级按其使用性质和耐久年限分为三级，见表 1-16。使用年限低于 20 年的建筑为临时性建筑。设计和建造房屋应根据建筑物的使用年限选择相应的材料和结构类型。

表 1-16　建筑物的质量等级

质 量 等 级	耐 久 性	适 用 范 围
一级	使用年限 100 年以上	重要的建筑和高层建筑
二级	使用年限 50～100 年	一般大量性建筑
三级	使用年限 25～50 年	次要的建筑

2）建筑物的耐火等级按我国现行的《建筑设计防火规范》分为四级，见表 1-17。其耐火等级是按组成房屋的主要构件（墙、柱、梁、楼板、屋顶承重构件等）的燃烧性能（燃烧体、非燃烧体、难燃烧体）和其耐火极限划分的。

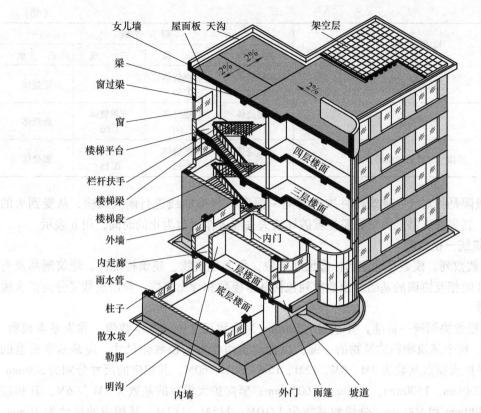

女儿墙　屋面板　天沟　　　　架空层
梁
窗过梁
窗
楼梯平台
栏杆扶手
楼梯梁
楼梯段
外墙
内走廊
雨水管
柱子
散水坡
勒脚
明沟　　内墙　　外门　雨篷　坡道
内门
四层楼面
三层楼面
二层楼面
底层楼面

图 1-19　建筑物的基本构造

表 1-17　建筑物构件的燃烧性能和耐火极限

构件名称		耐火等级			
		一　级	二　级	三　级	四　级
墙	防火墙	非燃烧体 4.00	非燃烧体 4.00	非燃烧体 4.00	非燃烧体 4.00
	承重墙、楼梯间、电梯井的墙	非燃烧体 3.00	非燃烧体 2.50	非燃烧体 2.50	难燃烧体 0.50
	非承重外墙、疏散走道两侧的隔墙	非燃烧体 1.00	非燃烧体 1.00	非燃烧体 0.50	难燃烧体 0.25
	防火隔墙	非燃烧体 0.75	非燃烧体 0.50	难燃烧体 0.50	难燃烧体 0.25
柱	支承多层的柱	非燃烧体 3.00	非燃烧体 2.50	非燃烧体 2.50	难燃烧体 0.50
	支承单层的柱	非燃烧体 2.50	非燃烧体 2.00	非燃烧体 2.00	燃烧体
梁		非燃烧体 2.00	非燃烧体 1.50	非燃烧体 1.00	难燃烧体 0.50
楼板		非燃烧体 1.50	非燃烧体 1.00	非燃烧体 0.50	难燃烧体 0.25

（续）

构件名称	耐火等级			
	一 级	二 级	三 级	四 级
屋顶承重构件	非燃烧体 1.50	非燃烧体 0.50	燃烧体	燃烧体
疏散楼梯	非燃烧体 1.50	非燃烧体 1.00	非燃烧体 1.00	燃烧体
吊顶（包括吊顶搁栅）	非燃烧体 0.25	难燃烧体 0.25	难燃烧体 0.15	燃烧体

耐火极限是指对任一建筑构件按"时间－温度"标准曲线进行耐火试验，从受到火的作用时起，到失去支持能力或完整性被破坏或失去隔火作用时为止的时间，用 h 表示。

4. 建筑统一模数制

1）模数数列。模数是选定的标准尺度单位，作为建筑物、建筑构配件、建筑制品及有关设备尺寸间相互协调的基础。模数数列包括基本模数和导出模数，导出模数又分为扩大模数与分模数。

《建筑模数协调统一标准》中规定，100mm 为模数尺寸中的基本数值，称为基本模数，以 M 表示。整个建筑物和建筑物的一部分以及建筑组合件的模数化尺寸，应是基本模数的倍数。水平扩大模数基数为 3M、6M、12M、15M、30M、60M，其相应的尺寸分别为 300mm、600mm、1200mm、1500mm、3000mm、6000mm；竖向扩大模数的基数为 3M 与 6M，其相应的尺寸为 300mm 和 600mm；分模数基数为 1/10M、1/5M、1/2M，其相应的尺寸为 10mm、20mm、50mm。

基本模数、导出模数（扩大模数和分模数）构成一个完整的模数数列。水平基本模数 1M 至 20M 的数列，主要应用于门窗洞口和构配件截面等处。竖向基本模数 1M 至 36M 的数列，主要应用于建筑物的层高、门窗洞口和构配件截面等处。水平扩大模数 3M、6M、12M、15M、30M、60M 的数列，主要应用于建筑物的开间或柱距、进深或跨度、构配件尺寸和门窗洞口等处。竖向扩大模数 3M 的数列，主要应用于建筑物的高度、层高和门窗洞口等处。分模数 1/10M、1/5M、1/2M 的数列，主要应用于缝隙、构造节点、构配件截面等处。

2）三种尺寸：标志尺寸、构造尺寸、实际尺寸。标志尺寸用以标注建筑物定位线之间的距离（跨度、柱距、层高等）以及建筑制品、建筑构配件、有关设备位置界限之间的尺寸。标志尺寸必须符合模数数列的规定。

构造尺寸是建筑制品、建筑构配件的设计尺寸。一般情况下，构造尺寸加上缝隙尺寸等于标志尺寸。缝隙的大小也应符合模数数列的规定。

实际尺寸是建筑制品、建筑构配件等的实有尺寸，实际尺寸与构造尺寸之间的差数，应由允许偏差幅度加以限制。

3）定位轴线的标定。定位轴线是用来确定房屋主要结构或构件的位置及其尺寸的基线，用于平面时称为平面定位线（即定位轴线），用于竖向时称为竖向定位线。定位线之间的距离（如跨度、柱距、层高等）应符合模数数列的规定。

为了统一与简化结构或构件等的尺寸和节点构造，减少规格类型，提高互换性和通用性，满足建筑工业化生产的要求，规定了定位线的布置以及结构构件与定位线之间的联系原则。

内墙顶层墙身的中心线一般与平面定位线相重合。承重外墙顶层墙身的内缘与平面定位线间的距离，一般为顶层承重内墙厚度的一半、顶层墙身厚度的一半以及半砖或半砖的倍数（见图1-20a）。当墙厚为180mm时，墙身的中心线与平面定位线重合。非承重外墙与平面定位线之间的联系，除可按承重外墙布置外，还可使墙身内缘与平面定位线相重合。

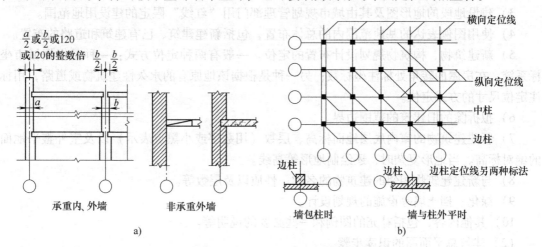

图1-20　墙、柱与平面定位轴线的关系
a）墙与平面定位轴线关系　b）柱与平面定位轴线关系

在框架结构中，柱与平面定位线的联系原则是：中柱（中柱的上柱或顶层中柱）的中线一般与纵、横向平面定位线相重合；边柱的外缘一般与纵向平面定位线相重合或偏离，也可使边柱（顶层边柱）的纵向中线与纵向平面定位线相重合（见图1-20b）。

结构构件与竖向定位线的联系，应有利于墙板、柱、梯段等竖向构件的统一，满足其使用要求，便于施工。在多层建筑中，通常会使建筑物各层的楼面、首层地面与竖向定位线相重合；必要时，可使各层的结构层表面与竖向定位线相重合。平屋面（无屋架或屋面大梁）则通常使屋顶结构层表面与竖向定位线重合。

（二）图样阅读

1. 建筑施工图的主要内容

一套完整的建筑施工图一般包括以下5项内容。

1）图样目录：列出了各专业图样的名称、张数以及图号顺序。

2）设计总说明（即首页）：包括施工图的设计依据、本项目的设计规模和建筑面积、本项目的相对标高与绝对标高的对应关系、室内室外的用料说明、门窗表。

3）建筑施工图（简称建施）：包括总平面图、平面图、立面图、剖面图和构造详图。

4）结构施工图（简称结施）：包括结构平面布置图和各构件的结构详图。

5）设备施工图（简称设施）：包括给水排水、采暖通风、电气等设备的布置平面图和详图。

2. 建筑总平面图的阅读

建筑总平面图是新建建筑物、构筑物和其他设施，在有关的范围基地上总体布置的水平正投影图。它表达了新建房屋的平面轮廓形状以及与原有建筑物的相对位置、周围环境、地貌地形、道路和绿化的布置等情况，是施工定位、土方施工以及设计水、电、供暖、空调等总平面图的依据。

（1）建筑总平面图中的内容

1）图名和比例。

2）带指北针的风向频率玫瑰图。

3）建设地段的地形图及其由城市规划管理部门用"红线"限定的建设用地范围。

4）使用图例表达的基地范围内的总体布置，包括新建建筑、已有建筑和道路的布置。

5）新建筑物、构筑物规划设计布置的定位。一般有两种定位方式：一种是根据城市坐标系统，在房屋的转角处标注坐标数；另一种是根据该地原有的永久性建筑物或道路，用标注定位尺寸的方式定位。

6）拟拆除的旧建筑的范围边界。

7）新建建筑物的室内底层地面标高、层数（用数字或小黑点表示）以及室外整平地面的绝对标高。当地形复杂时，还绘制地形等高线。

8）与新建建筑物相邻的建筑物的名称、性质以及层数等。

9）绿化、挡土墙等设施的规划设计。

10）其他内容，包括补充的图例和一些必要的说明等。

（2）建筑总平面图的识读步骤

1）阅读文字说明、图例和比例，了解工程性质。

2）了解场地的地形地貌、用地范围、新旧建筑物的布置、拆除建筑物的位置、新旧道路布置情况以及四周环境。

3）了解新建建筑物的定位情况。

4）了解新建建筑物的室内、外标高以及附近道路的标高。

5）了解新旧建筑物的性质、层高和朝向。

6）了解该处常年风向等其他内容。

通过以上步骤进行阅读，能够基本了解建筑总平面图的内容。

3. 建筑平面图的阅读

将建筑物用一个假想的水平面沿窗口（比窗台稍高一点）的地方切开，对剖切面以下部分作出的水平剖面图称为建筑平面图，简称平面图。建筑平面图表达的是建筑物每层的平面结构。通常建筑物有几层就有几个建筑平面图。若其中几层的房间布置条件完全相同，也可用同一张平面图表示。另外，对于屋顶还有一张单独的屋顶平面图。

（1）建筑平面图的内容

1）图样名称、比例以及一些必要的文字说明。

2）建筑物的形状、内部布置：主要包括建筑物的平面形状，各种房间的名称、布置及相互关系，入口走廊、楼梯的位置等。

3）建筑物的朝向。在底层平面图上通常有指北针表明建筑物的朝向，或在总平面图中查找。

4）定位轴线。

5）建筑物的尺寸。在建筑平面图中，用定位轴线和尺寸线表示各部分的尺寸和准确位置，通常可分为外部尺寸和内部尺寸。外部尺寸一般标注三道尺寸：最外侧的尺寸为建筑物的总尺寸；第二层尺寸为轴线尺寸，即房间的开间（深度）尺寸：最内侧的尺寸为门窗洞宽、窗间墙、墙垛以及墙厚等详细尺寸。内部尺寸标明墙面孔洞以及固定设备（如厕所、洗漱室内的设备等）的大小与位置。另外，在底层平面图上标注有室外台阶、散水等尺寸。

6）建筑物的标高。在各层的平面层上标注有各层的地面标高，首层室内地面标高一般定为 ±0.00，并标注有室外地坪标高。

7）门窗的编号及门的开启方向。

8）剖面图的剖切位置和方向及索引符号。

9）构配件等的详图索引符号。

（2）建筑平面图的识读步骤

1）识读图样的标题栏，了解图名、设计人员、比例、图号、设计日期等内容。

2）若有文字说明，则阅读文字说明。

3）通过底层指北针或总平面图中带指北针的风向频率玫瑰图了解房屋的朝向。

4）了解定位轴线情况。

5）从图中墙的位置及分隔情况和房间的名称，可了解到房屋内部各房间的配置、用途及其相互间的联系情况。

6）根据定位轴线和尺寸标注了解各承重部件的位置、房间的尺寸、门窗的位置和尺寸、窗间墙的尺寸和外墙厚度等。

7）了解门窗的类型、数量、位置及开启方向。

8）了解室外台阶、花池、散水和雨水管的大小与位置。

9）了解剖切线的位置和方向以及索引符号，以便结合剖面图进行识图。

10）根据索引符号了解局部构件的详图位置并查找详图。

4. 建筑立面图的识读

建筑立面图主要反映房屋的外部特征和局部构件的图形（如门窗、阳台、檐口、花纹等）。在建筑立面图中不画出内部不可见的虚线。

（1）建筑立面图的内容

1）图名、比例及必要的文字说明。建筑立面图的图名有 3 种表达形式：一是把建筑物主要出入口或反映主要造型的立面图称为正立面图，相应地有侧立面图和背立面图；二是按建筑物的朝向命名，如南向立面图、北向立面图等；三是当建筑物有定位轴线及编号时，按立面图两端轴线号命名，如①~⑩立面图、④~⑧立面图等。

2）建筑物室外地坪线以上的全貌，包括室外的勒脚、台阶、阳台、门、窗、雨篷、花台、外墙装饰物、檐口和屋顶等。

3）建筑物两端或分段的定位轴线及编号。

4）标高尺寸。建筑立面图上一般标注有室内外地坪、楼地面、阳台、平台、檐口、门、窗等处的标高，有时也标注相应的高度尺寸和局部尺寸。

5）外墙做法，包括外墙面、阳台、雨篷、勒脚和引条线等的面层用料和颜色。

6）细部详图的索引符号。

（2）建筑立面图的识读步骤

1）阅读标题栏和图标，了解图名、立面图名称、比例、设计单位和设计人员等。

2）通过定位轴线了解该立面图与平面图的对应关系。

3）了解建筑物的层数。

4）了解门窗的形式和位置。

5）阅读标高尺寸，了解各主要部位的标高以及局部构件（预留孔洞、雨水管等）的定型、定位尺寸。

6）了解外墙装修做法。

7）从详图索引符号了解详图的表达部位和详图所在图样的编号。

三、空调工程施工图的详细阅读

根据前面对图样构成的介绍以及读图方法的简单阐述，就能够按照需要完成施工图的阅读了。以下从施工阶段读图的角度，重点由施工图文字部分的阅读、风系统施工图阅读、水系统施工图阅读这三个方面进一步的探讨如何深入阅读空调工程施工图。

（一）空调工程施工图文字说明部分的阅读

空调工程施工图的文字说明部分的主要信息是指设计与施工说明和设备材料表。施工人员在读图时往往不太重视对文字说明部分的阅读，认为设计说明与施工的关系不大，没有必要阅读；施工说明直接来自施工验收规范，也可以不阅读，或粗略浏览；设备材料表只关注设备规格与数量，而不太重视对技术要求和性能参数的描述的阅读。这种观点虽然有一定道理，但却容易造成对工程要求的错误领会，而对施工产生负面影响，甚至会导致错误施工。

1. 设计说明部分的重点

1）应注意工程所遵循的相关标准。除了正常的施工验收规范外，还要注意有些标准里会涉及施工方面的特别要求，如《洁净厂房设计规范》、《医院洁净手术部建筑技术规范》，并且要注意防火规范是遵循《建筑设计防火规范》，还是《高层民用建筑设计防火规范》，或是其他专门建筑的防火规范（如人民防空工程、石油天然气工程等）。

2）室内参数。可以从室内参数中明确哪些房间有特别的要求，如净化级别的要求、噪声的要求、空调精度的要求，这些要求往往对施工有影响。例如：净化级别高的，对风管的气密性要求就高，并且施工验收规范有专门的规定；噪声要求高的，在消声器的施工和风管的加固方面就需要注意；空调精度要求高的，气流组织的要求就高，施工时送、回风口的布置就需要严格控制。

3）系统的划分与说明。要了解系统的划分情况，如果没有风系统图，则应该注意文字说明，特别是自己施工范围内的分部分项工程，更要完全记住系统的范围与形式。读图时，可结合所在系统的其他图样一起对照阅读，如风管系统流程图、水系统图，以便帮助理解。

4）要特别关注非常规的要求，比如特殊输送的气体，防排烟、环保节能方面的特别的要求等。一旦有特别的说明，则应关注这些特别的说明对施工的影响。

2. 施工说明部分的重点

1）对照式阅读。阅读时，要参照所遵循的施工验收规范并逐条比对，防止出现特别要求。施工说明的内容与施工验收规范很接近，或者就是摘抄其中内容，但有些特别的要求也会含在其中。设计者在编写说明时会套用一个基本的模板，对有特别要求的，只在相关条目做相应修改，而不是单独列出。所以，要求读图时不能按以往的读图经验浏览，简单认为没有变化，而忽略了细节。当然，经验丰富的施工人员对规范往往非常熟悉，只要仔细阅读，就能很容易地找到不同的地方，然后做好记录或标记，再次翻阅时就可以直接关注标记处。

2）材料的使用。要关注风管、水管、保温材料方面的说明，采用什么材质及材质的厚度。

3）净化空调系统、高压风管系统、人防工程排风系统等特殊系统的相关要求。

4）压力试验。施工人员应了解风管检漏的方法，水管的压力试验数值。

5）特别设备的施工要求。有些特别的设备会单独说明，如高效送风口的安装与检测、高效过滤器的安装与检测、百级净化间层流装置的安装等。

6）关于防火要求的说明。

3. 设备与主要材料表的重点

阅读设备与主要材料表时应重视对技术要求和性能参数的描述。应核对重要设备参数的要求，确保其型号规格以及参数的正确。因为设备型号往往只是一个参数的表征，相同型号的设备在性能上会有很大差别。例如组合式空调机组，其型号上只有一个特征参数（常用的是风量参数），但相同风量的机组制冷量、再热量、加湿量、机外余压、机组段位组合等都可能不一样，此时必须核对参数信息才能确保万无一失；空调机组的左右式在型号上也往往没有区别，但在参数描述里则有注明，必须首先对照空调平面图与设备材料表，无误后再下单采购，且货到现场后需要检验，安装时也要按图示进行左式或右式的安装。

（二）空调工程风系统施工图阅读

对于像写字楼、宾馆中安装的舒适性中央空调系统，一般采用风机盘管加新风的空调模式，这种风管系统非常简单，风管走向与安装高度上几乎不需要变化，即使某些大跨度空间采用全空气系统，其风管系统也不复杂，所以这类工程风管施工图的阅读比较简单。而对于像 GMP 药厂、洁净电子车间、医院洁净手术部的净化空调系统和某些工业厂房的通风空调系统，其风管系统则比较复杂。以下就以相对复杂的风管系统施工图的阅读为例进行说明。

在阅读风系统施工图之前，应该完成对整套图样的通览，先从整体上对设计意图与施工要求有一定的了解，并且对建筑本身也有一定程度的了解。

1. 风管系统图的阅读

复杂的风管系统施工图一般都有风管系统图（风管系统流程图）。首先应通过阅读风管系统图来弄清风管系统的划分、组成与流程。风管系统图可与设计说明同时阅读，文字和图形相互补充，这样可以更快速和准确地把握图样内容。风管系统复杂的原因在于多系统的空间布置，而系统图用单线、分系统表达流程，没有空间的限制，所以风管系统图的阅读比较简单，能比较清晰地看到各个系统的组成以及相互关系。

2. 风管平面图的阅读

在理解系统流程后，应借助风管系统图阅读各风管平面图，弄清系统实际走向以及系统中各设备附件的具体安装位置。由于风管比较大，而安装空间相对较小，所以风管的走向、截面、安装高度等的变化很多，造成了风管系统在空间布置上的复杂关系。所以风管图阅读的难点是理解各风管平面图，想象风管的实际走向和各风管之间的位置关系模型。

读图时，先以系统为单位，找到其所在建筑中的位置与走向。然后，再理解每个系统之间的相对位置关系，对于重叠交叉部分，一般会有剖面图，没有剖面图的会有管路标高信息，或者相关的文字说明。对于像高效送风口、复杂的管件和阀门组合的局部，一般会有剖面图、详图或是相关说明。

复杂的风管施工图为表达清楚，通常会把送风、回风、新风、排风等分开，可能是完全分开，也可能是两个合并，如送风、新风平面图与回风、排风平面图。为说明位置关系，有时保留总的风管平面图。在这种情况下，可以按图样的分法，逐个系统阅读，如先逐一理解送风，再理解回风，然后是新风、排风，最后再看它们之间的位置关系。

3. 剖面图与详图的阅读

剖面图是用立面方向表达平面图的重叠部分，与平面图一样，是为了说明管路的大小与空间的位置关系。剖面图阅读的关键是平面图与剖面的对应关系，剖面图上也有建筑底图和轴线，所以先找建筑底图的对应关系，建筑图理解正确后，再理解管路系统就相对容易，并且管路系统与建筑之间的相对位置也不会搞错，即风管与设备的安装位置不会错。

详图是对细部关系和结构的表达，一般采用最有利的视图来表达细部关系和结构，最有效的是用轴测图的形式进行表达，但复杂的风管结构用轴测图往往比较困难。轴测图常用于表达单线系统图。风管结构常用的详图是最有利于表达的一个剖面视图。更复杂的结构则会增加辅助视图，用机械制图的方法表达，阅读的时候可以采用阅读机械制图的方法进行。

在系统流程图、平面图、剖面图、详图阅读完后，还需要再仔细阅读施工说明，查看对风管系统施工的具体要求，并特别关注有特殊要求和非常规的地方。

通过以上的方法进行图样阅读后，施工人员应能在大脑中构架管路系统的空间模型，对系统形成了清晰的认识，并在此基础上，根据施工的需要从图样中查找各施工尺寸和数字信息。

（三）空调工程水系统施工图阅读

利用水作为载体进行冷（热）源的输送仍是目前中央空调系统的一种常用形式，因此水系统工程仍然是空调工程项目中的基本分部或分项工程之一。空调工程水系统的复杂程度主要是由工程大小、系统形式决定的。工程越大，分支就越多，主机侧会多台并联，水泵也会由一台变成多台，就需要采用分水器和集水器；在形式上，二管制的系统简单而四管制的复杂，异程简单而同程复杂，一次泵系统简单而二次泵系统复杂，采用风冷热泵机组的水系统简单而采用制冷机与供热系统联合运行的复杂，非蓄冷（热）系统简单而蓄冷（热）系统复杂；另外，水的软化处理、系统因承压或负荷的不同而进行分区等也会增加系统的复杂程度。水系统图常分为两个部分，一是机房水系统图，含冷却塔（如果有）；另一部分即冷媒水的楼层末端系统部分，这一部分如果每层的平面图都能表达清楚，则不绘制系统轴测图或原理图。对水系统的理解难在机房部分，以下重点说明机房水系统图的阅读。在具体阅读水系统图之前，需要通览整个施工图，从整体上对设计意图、施工要求以及对所在建筑均有一定的了解。

1. 水系统图阅读

水系统图或水系统原理图的阅读，以弄清水系统的形式、组成与流程为目的。读图时也应结合设计说明进行。水系统图比风系统复杂很多，主要原因是其分支多，设备多，流程复杂。

1）找对外的接口或系统的断开点。水系统图和水系统原理图的阅读首先应看系统对外的接口或断开点，对外的接口或断开点会注明"（接）自……"、"（接）至……"，或直接注"自来水"、"蒸汽"等介质名称，并标有流向指示。

冷媒水系统常省略末端设备形成断开点，或只画出一组末端设备，未画出的末端设备断开成断开点。断点处的文字说明有"接至（自）空调供、回水立管"或"接至（自）×～

×层空调末端"，或写"接至（自）管路编号"等。回水管自断开点进入系统的第一个设备是集水器，没有集水器时则为冷水泵（冷媒水泵）；供水管自断开点的前一个设备是分水器，没有分水器时则是冷水机组。冷媒水系统的补水在膨胀水箱处，在需要进行软水处理时，软水处理也是补水的一个入口。

冷却水系统若采用冷却塔形式，则其系统图基本是完整的，在冷却塔处有补水口，如有冷却水箱和加药装置则其上也有补水口。冷却水系统若采用地源冷却，地埋管支路多时，也设有集分水器，断点设在集水器之前，分水器之后，即省略地埋管部分。地源形式的冷却水系统，补水在该系统的膨胀水箱处。

热源系统是指不采用热泵形式供热的系统，此时制冷与制热分开，制热采用热水管网或蒸汽管网通过中间换热器把热量传给冷媒水，再通过冷媒水系统传给末端空气处理设备。热源系统进入冷媒水的部分完整，断开处为热水管网或蒸汽管网的接入处，对于热水或蒸汽管网来讲，此处的换热器即是它的一个末端设备。蒸汽管网接入时，常要经过减压装置，蒸汽换热后变为凝水，一般不回收，经过疏水器排走。

2）找设备。系统图里除了管线就是设备，找到特征明显的设备对快速理解系统非常有帮助。例如水泵的符号很容易识别，通过水泵就能够很容易地确定水的流向，如果标明是冷却水泵还是冷媒水泵，则可以确定所在的是冷却水系统还是冷媒水系统。又如冷却塔在大部分图样上特征明显，一眼就能看出，其所在系统就是冷却水系统，并且连接到上部喷淋的为冷却塔的进水管，连接到下部的为出水管，回到冷水机组的为冷凝器。另外，集分水器、膨胀水箱也是比较容易找到的设备。有的图样在绘制冷水机组时是按其外形绘制的，也很容易识别。设备找到后，根据设备的接管规则就能比较容易地判断与其相连的管路。

3）按介质流向梳理系统。在对外接口、断开点和系统设备的辅助下，沿介质的流向逐一梳理系统，理解系统各个设备的连接方式、作用与相互关系。

2. 水系统平面图的阅读

1）末端侧的水系统平面图。末端侧的水系统平面图（楼层水系统平面图）在水管的截面方向是示意画法，即不管管路是否有重叠，都按不重叠的画法绘制，并在管间距上不按比例绘图；末端设备处的详细接管结构也往往省略，而由详图表达；另外，水系统平面图中的水管是以最粗的线条绘制，明显醒目，故末端侧水系统平面图的阅读比较简单。阅读时，可沿着管线找到管井位置、各末端设备的位置、每段管路的规格尺寸、管路标高以及凝水管立管的位置；另外，同程或异程的管路形式也很容易确定。

2）机房水系统平面图。机房水系统平面图因其管路复杂，基本无法看出管路之间、设备之间的关系。设计者在绘图时重在表达设备的定位和主要管路在平面上的定位，次要管路和重叠的管路在平面图上常被省略，而大部分信息和尺寸在机房水系统轴测图上表达。所以，读机房水系统平面图时，主要关注设备与水管的定位、机房对外的接管与定位。机房水系统施工时，要同时阅读机房水系统轴测图与机房水系统平面图。

3. 水系统详图的阅读

用轴测图的方法表达的管路详图往往是管件、阀门及其他管路附件比较集中并且比较复杂的部分。这些部分在其他图中都难以表达，故采用详图的形式，如空调机组接管详图。这种详图实际就是水系统轴测图的局部放大，沿着介质流向很容易看明白，关键是弄清所有图例代表的实物、其各自的作用，以及弄清它们之间的安装关系。

　　视图形式的详图（平面、立面、剖面或多个视图）有简单的管路局部，如风机盘管接管详图；有管路安装详图，如供、回水管安装详图；有设备结构详图，如膨胀水箱制作详图；还有基础详图，如水泵、冷水机组基础详图等。视图形式的详图按视图规律阅读，与阅读机械图样类似。

　　对于直接采用制冷剂的中央空调系统，如多联机系统、VRV 系统，输送冷源时不需要中间介质水，而直接采用制冷剂，此时的施工图就含有制冷系统图（系统图、平面图和详图）。制冷系统图跟水系统图类似，但更简单，所以掌握了水系统图的阅读方法，阅读制冷系统图时就更加简单了。

　　如本篇开始时所述，图样的阅读有两个要素，一是制图规律，二是专业知识。制图规律比较容易掌握，而专业知识的掌握就相对复杂，所以图样的阅读在很大程度上取决于专业知识的掌握程度。如果能经常阅读专业图样，一方面可以对制图规律的掌握更加熟练，另一方面（也是更重要的一方面）可以扩展和提高对专业的认识和理解。经常阅读专业图样，可以大大提高读图能力和专业水平。

　　以上提到的暖通空调图样和图样阅读的相关知识与方法只是一些基础，并且专业知识在不断更新，新技术的不断应用（如新能源的利用、蓄能技术的运用），这些都会给暖通空调工程行业带来新的变化，所以要更好更准确地阅读空调工程施工图，需要不断提高专业知识，了解和学习行业的新技术、新方法，关注行业的最新发展。

第二篇（项目迎战）
空调工程典型施工

随着空调装置在工农业生产以及人们日常生活中的广泛应用，空调工程施工成为专业性很强的技术门类。本篇从空调工程施工的角度，通过空调工程典型施工项目：多联机系统的施工、风机盘管系统的施工、中央空调风管系统的施工、中央空调水管系统的施工，重点介绍空调工程施工方法与要求，强调技术性与资料性相结合，考虑到施工技术的完整性与项目教学的具体实施，既提供较全较新的施工资料，也提供可具操作性的技术指导。

项目一　多联机系统的施工

1）了解多联机空调系统的施工方法，符合空调器安装工职业技能鉴定规范要求。

2）具备多联机设备安装能力。

3）具备多联机制冷管路、凝水管路施工能力。

4）具备多联机电气系统安装能力。

5）掌握多联机系统的调试与运行方法。

📖 工作任务

1）进行多联机设备及电气系统安装。

针对"某办公楼多联机工程施工图"编制多联机空调系统的施工工艺，对其中部分设备及电气系统进行安装，填写施工记录。

2）进行多联机管路系统安装。

针对"某办公楼多联机工程施工图"编制多联机空调系统的施工工艺，对其中一段制冷管路、凝水管路进行施工，填写施工记录。

3）进行多联机系统的调试。

针对"某办公楼多联机工程"拟定调试方案，编制调试报告。

🔍 相关知识

一、多联机系统简介

二、多联机施工方案

三、多联机设备安装

四、多联机制冷管路的施工

五、多联机冷凝水管路的施工

六、多联机电气系统的安装

七、多联机系统的调试与运行

一、多联机系统简介

多联机中央空调系统如图 2-1 所示，一台室外机通过管路能够向若干个室内机输送制冷剂，通过控制压缩机的制冷剂循环量和进入室内各个换热器的制冷剂流量，可以适时地满足室内冷热负荷要求。多联机系统是一种新型变流量中央空调技术，克服了传统的水系统中央空调的种种弊端，具有明显的先进性及独到之处，所以 20 世纪 70 年代一经问世，立即得到了空调界的广泛认可。

经过四十多年的应用及发展，该项技术日益完善与成熟，已成为当今世界上最先进的舒

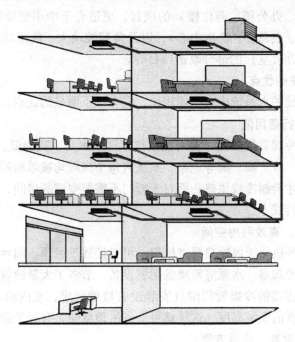

图 2-1　多联机中央空调系统

适性中央空调形式之一。海信、日立、大金、三菱、海尔、美的等公司均有此产品。

（一）多联机系统的组成

多联机系统由制冷剂管路连接的室外机和室内机组成，如图 2-2 所示。室内机是末端部分，它是一个带蒸发器和循环风机的机组，与目前常见到的分体空调的室内机在原理上是完全相同的。从形式上看，为了满足各种建筑的要求，室内机做成了多种形式，如立式明装、立式暗装卧式明装、卧式暗装、吸顶式、壁挂式、吊顶嵌入式等。

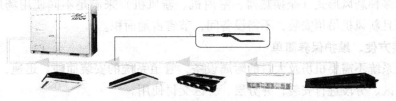

图 2-2　多联机系统的组成

室外机是关键部分，从构造上来看，它主要由风冷冷凝器和压缩机组成。当系统处于低负荷时，通过变频控制器控制压缩机转速，使系统内冷媒的循环流量得以改变，从而对制冷量进行自动控制以符合使用要求。对容量较小的机组，通常只设一台变速压缩机；而对于容量较大的机组，则一般采用一台变速压缩机与一台或多台定速压缩机联合工作的方式。

（二）多联机系统的适用范围

目前多联机系统是应用于舒适性空调领域，特别适合于专业管理能力弱（如学校、医院）、房间使用率低（如度假村、别墅、高档公寓），空调房间分散、分室分户收费、集中管理（如出租写字楼、办公楼、商住楼）的项目，更适合于中小型项目（如几千平方米的企事业办公楼、酒店、夜总会、洗浴中心），以及负荷波动大，使用功能有区别（如大型商场、体育馆等的部分办公室）的部分改造项目等。

（三）多联机系统的优点

多联机系统与传统的水系统中央空调相比，具有以下明显的优点。

1. 节约能源、运行费用低

多联机系统采用冷媒直接蒸发并利用变频技术，效率高、耗能低，节能效果非常显著，而且在室内避免了跑、冒、滴、漏等现象。系统内每个区域均被单独控制，只有在一些需要空调的房间内，系统才会制冷或供热；而对于暂时不需要空调的房间，系统将完全关闭，从而减少了不必要的运转成本。

2. 节省占地面积、有效利用空间

多联机系统的室外机属于风冷热泵型机组，可直接放于屋顶、阳台或楼外空地，无需设置机房，而且不需要冷却塔、水泵等繁琐的附属设备，节省了大量建筑面积和基建投资。室内机外形尺寸精巧，连接的冷媒管很细且安装没有坡度要求，室内机本身附带冷凝水提升泵，可以提高冷凝水管的安装高度，这样就可节省吊顶空间，有利于提高吊顶高度。

3. 工程设计自由度高、灵活方便

只用电能一种能源就可解决全部空调运行问题，比较安全可靠，夏送冷风，冬送暖风；而且变频多联机系统能够实现在冬季 –15℃ 以上的室外温度保证稳定的供热运转，完全可满足在寒冷地区的空调需要。

多联机系统室外机与室内机之间的冷媒管道配管长度可达 100m，室外机与室内机的高度差可达 50m，并且同一冷媒系统中各室内机之间最大高度差为 15m，因此可广泛地应用于各种楼宇建筑。室内机有天花板内置风管式、四面出风嵌入式、两面出风嵌入式、壁挂式等7 种形式，用户可根据建筑风格和装饰美观的要求选用。

可采用多种新风形式（全换热器、室内机、新风机）来满足不同使用场所的温度、湿度要求，而且新风机吊顶安装，不需设备间，节省占地面积。

4. 安装方便、维护保养简单

多联机系统不需要机房及大量的附属设备，管道系统的安装简便、迅速，施工周期短；可分层、分区、分段进行安装，并分层、分区交付使用。

设备运行时不用专人管理，室内、外机通过微电脑实现全部自控，遥控器功能强大，操作简单、明了。遥控器以及室外机电路板显示器均可显示设备运行数据和故障码，维修保养人员可以通过显示的数据和代码及时、准确、全面地掌握设备运转情况。

（四）多联机系统的安装

多联机式空调系统在产品出厂后，一部分最终组装连接的工序（包括制冷剂管道和电气系统等）必须在安装施工现场实施。由于多联机式空调系统采用了精密的压缩机负载控制和制冷剂流量控制技术，因此安装质量对于整个产品的最终质量至关重要。同时又因为多联机式空调系统的室内机组形式多样，故对于其安装提出了较高的要求。在安装过程中，如果没有按照施工规范进行操作，可能会导致机组出现各种使用性能和安全方面的问题，见表2-1。

表 2-1　多联机空调系统常见安装问题对设备或系统的影响

安 装 问 题	影　响
制冷剂管道泄漏	空调效果下降；压缩机长期过热运转导致使用寿命下降；对人体有危害
制冷剂充填量错误	流量控制效率下降，空调效果不好 压缩机湿运转（充填过量）或过热运转（充填不足），使用寿命下降
制冷剂管道堵塞	空调效果下降，压缩机长期过热运转，导致使用寿命下降 杂质混入冷冻机油，润滑效果不良
机组安装空间不足	气流循环短路，换热效率下降，空调效果不好 维护和检修空间不足，操作时要破坏室内装修
电源配线错误	电气部件损坏 空调系统无法运行
控制配线错误	运行控制混乱，无法实现单独控制或集中控制 整个系统无法连续运转
冷凝水管路排水不畅	室内机组漏水，破坏室内装修
制冷剂接管长度超出限制	管路损耗过大，能效比下降 机组长期重载运行，导致寿命下降或易发生保护开关动作
室内机组或送、回风口设置位置不当	室内气流组织不当，存在空调死角区域，效果不好 运行噪声偏高 维修空间不足 安装强度不够，存在异常的振动
室外机组安装不当	气流短路，换热不畅引起保护开关动作 排出的冷热风和机组运转噪声影响周边环境

二、多联机系统施工方案

（一）安装前期准备工作

在施工准备阶段，解读建筑的设计要求，根据总体工程的施工组织，与其他工程责任方进行协调后，就施工的进度和相关配合达成共识并制订空调工程的施工计划（包括设备、人员、资金、材料等）。

1）施工图会审：了解本工程设计要求达到的技术标准，明确工艺流程，质量要求。

2）工程配合会议：根据图样会审结果确定各专项工程之间的配合。

3）预埋和预制管件工程会议：将需要由他方进行施工的各种预埋和预制管件，就其施工要求和工程进度与责任方进行确认。

（二）安装过程应遵循的原则

施工阶段应遵循约定质量要求，对空调进行施工操作，必须与建筑、装潢工程相关进度配合开展。空调工程的施工应遵循不破坏建筑、装潢结构造型的原则。多联机空调系统安装工程与建筑、装潢工程配合的进度表见表2-2。

表 2-2 多联机空调系统安装工程与建筑、装潢工程配合的进度表

建 筑 工 程	空 调 工 程	建 筑 工 程	空 调 工 程
结构工程施工过程中	预埋管件安装	内装潢工程施工阶段	面板安装
建筑结构封顶阶段	机组安装定位		控制设备安装
	制冷剂配管施工及保温工程	空调设备供电运行前	安装检查
	冷凝水管安装		真空干燥
	电气安装和控制系统安装		制冷剂充填
	气密性试验		调试
	风管安装		竣工验收
	隐蔽工程验收		交付及使用说明
内装潢工程施工阶段	风口安装		

（三）安装工程的施工进度安排

多联机从安装到交付使用，必须严格按照空调安装工程施工的先后次序进行，才能保证按时、按质、按量完成任务。表 2-3 为多联机空调系统安装施工进度安排。

表 2-3 多联机空调系统安装施工进度安排

时 间	内 容	要 点
施工前	确定施工分配	明确各个部分的施工负责人及工序时间，确认施工必要的工具设备以及安装材料
	施工图确认	检查平面图、剖面图、空调系统图和控制系统图，明确室内、外机组及选配器件的连接关系
施工	预埋配管及部件	必须充分考虑制冷剂管道和冷凝水管的走向要求，严格按照施工设计图的规格和要求布设
	安装室内机组	必须明确室内机组的型号与放置位置和方向，检查其承重能力，保证室内机组的安装稳固性
	制冷剂配管工程	注意干燥、清洁、密封，防止产生过多的能量损耗
	冷凝水配管工程	充分保证排水通畅，防止冷凝水回流和漏水
	风管工程	确保足够的风量，设置必要的消声措施防止噪声，注意气流组织的合理性
	保温工程	保温材料之间的接口必须严密，防止热损耗
	电源线工程	选择合适的电线及开关
	信号线施工	注意各种信号线路的连接要求，避免信号衰减，符合自动控制系统的布线标准
	现场设定	按照控制系统图的要求进行设置
	室外机地基工程	放置位置应避免气流短路
		确保室外机组的施工和维修操作空间
	室外机组定位	放置位置应避免气流短路，检查承重能力，保证室内机组的安装稳固性，排水处理规范
	气密试验	必须进行保压检查，防止系统泄漏
	真空干燥	必须使用能达到 -1MPa（-755mmHg）的真空泵
	制冷剂充填	按照管道实际的规格和长度进行定量追加，实际充填量作为施工档案，必须进行记录
	安装装饰面板	装饰面板与天花板之间不能存在空隙
	试运转	确认配管和接线无误，运行数据和效果应达到设计要求
	交付使用	提交各种资料，向用户进行使用操作说明

三、多联机系统设备安装

（一）室外机安装

室外机基础在制作之前，要注意室外机固定螺钉的宽度以及机器的承重点，防止制作的基础跨度尺寸不对。可以把基础面积做得稍微大些，以便以后进行调整。

1. 室外机的起吊和运输

1）用 4 条 φ6mm 以上的钢丝把室外机吊起搬进。

2）为避免室外机表面擦伤、变形，在钢丝接触空调表面的地方加上护板。

3）吊装完毕，撤掉运输用垫板。图 2-3 所示为室外机吊装图。

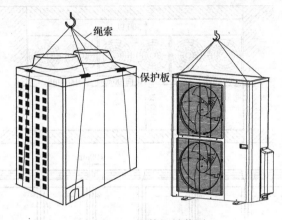

图 2-3　室外机吊装图

2. 室外机安装场所

室外机安装位置的选择应考虑以下几点：

1）室外机应放置于通风良好且干燥的地方。

2）室外机的噪声及排风不应影响到邻居及周围通风。

3）室外机安装位置应尽可能在离室内机较近的室外。

4）应安装于阴凉处，避开有阳光直射或高温热源直接辐射的地方。

5）不应安装于多尘或污染严重处，以防室外机换热器堵塞。

6）不应将室外机设置于油污、盐或含硫等有害气体成分高的地方。

3. 室外机安装位置空间

1）安装室外机时，电源设备尽量安装在室外机侧面。

2）确保必要的室外机维修空间。

3）10HP（匹）或以上室外机的左、右侧应确保有 100mm 间隙（以 10HP 或以上室外机为例，室外机组放置尺寸距离如图 2-4 所示）。

4）6HP 以下室外机的左、右侧至少要留有 600mm 的间隔（见图 2-5）。

4. 室外机安装基础

室外机安装时，地面基础一般由混凝土、金属型钢等构成，小型设备还可以用角铁制作三角支架。在使用三角支架时，必须考虑墙体结构及承重能力。

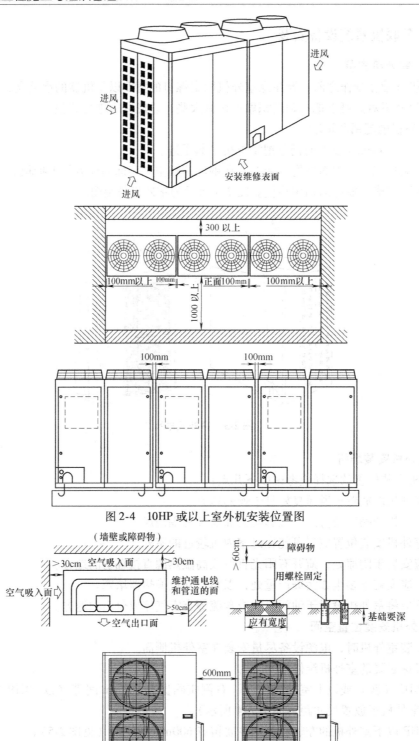

图 2-4 10HP 或以上室外机安装位置图

图 2-5 6HP 以下室外机安装位置

混凝土的基础制作要点：

1）混凝土的混合比例为 1 份水泥、2 份砂、4 份石子。

2）加强筋为直径 10mm 的钢筋，以 300mm 的间隔放入。

3）在混凝土地面上设置基础时，不需要碎石，但该部分的混凝土表面必须有凹凸。

4）须在基础的周围设置排水沟，留意室外机化霜水的排水情况。

5）安装在屋顶时，须注意屋顶地面的强度，并采取防水措施。

5. 室外机摆放顺序及主、从机的设定

一个系统有多于两台室外机进行组合时，系统中的室外机必须按从大到小的顺序依次排列，且最大的室外机必须放在第一分歧管处；并且将匹数（制冷量）最大的外机地址设定为主机，其他设定为从机。

以室外机 40HP（10HP、14HP、16HP 组合）系统举例说明：

1）16HP 机放在靠第一分歧管一侧（具体放置见图 2-6）。

2）排列顺序依次为 16HP、14HP、10HP。

3）将 16HP 机设定为主机，14HP 和 10HP 设定为从机。

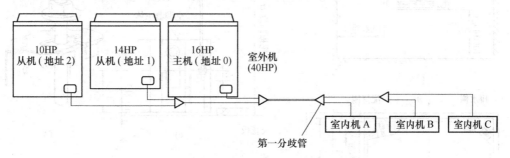

图 2-6 室外机摆放顺序图

（二）室内机安装

1. 室内机安装位置的选择

1）能保证最佳的气流分布，无障碍物影响空气气流流动。

2）墙面能支撑机器重量，并能流畅地排出冷凝水。

3）能保证所连接的管路长度在允许的范围内，并留有足够的维修空间。

4）附近无强电磁场干扰，以免影响控制性能。

5）安装处无硫磺气体、矿物油等，防止机体及配件被腐蚀。

2. 安装步骤

1）开箱检查室内机型号、名称应与设计图样一致。室内机的配件应完整。

2）在天花板开口尺寸确定的情况下，把冷媒配管、排水配管、室内外机连接配线、线控器软线引至相应位置。

3）检查天花板开孔处是否能承受空调室内机的重量，如果不牢固，应进行加固。

4）用安装模板纸确认室内机与天花板开口部分尺寸。

5）把室内机安装到吊架上，通过调整螺母的位置将机器调至适当位置。

6）调整室内机至正确位置后，检验室内机的水平。

7）拧紧螺母，用保温材料包裹吊架金属。

8）在配管、布线工作完成后装面板，并将面板与天花板、面板与室内机的接触部分完全密封。

3. 安装实例（以 MDV 吊顶式四面出风室内机为例，见图 2-7）

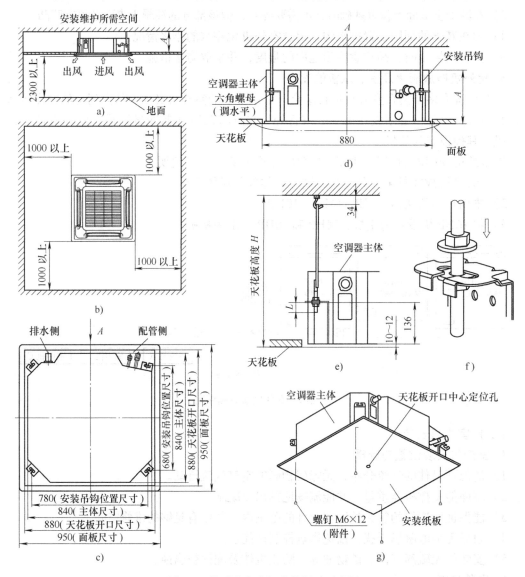

图 2-7 吊顶式室内机安装尺寸示意图

1）按安装纸板外形在天花板上开 880mm×880mm 的方孔。

① 天花板开口中心与空调器主体中心相同。

② 确定连接管、排水管及电器连线的长度和出口。

③ 为保持天花板水平并防止振动，必要时需加强天花板的强度。

2）按安装纸板四角的安装吊钩孔确定安装吊钩位置。

① 在房顶或楼顶按所确定位置钻 4 个 φ12，深 50～55mm 的孔，然后埋设膨胀吊钩（附件）。

② 安装时，安装吊钩凹面应面对膨胀吊钩，并根据天花板的高度决定安装吊钩的适当长度，多余部分应切除。

③ 天花板高度较高时，将安装吊钩从中间锯开，根据天花板的高度用 φ12 钢筋圆条焊接成一体。

3）用 4 根安装吊钩上的六角螺母均匀调节并确保主体平衡。

① 如果排水管侧倾斜，可能引起水位开关误动作，产生漏水现象。

② 调节主体的位置，确保与天花板四边的间隔均匀，并且主体的下底面要凹进天花板底面 10 ~ 12mm。

4）主体位置和水平调整好后，紧固安装吊钩上螺母固定住空调器。

四、多联机制冷管路的施工

多联机空调制冷管路的施工在工程中简称配管。配管是多联机空调系统安装工程中最重要、最细致的部分，不论是管道系统的长度还是设备的高低落差，都有一定的要求，不能随意安装。配管时之所以有限制，主要是考虑到制冷剂在管道系统内流动时，会与管道的内壁产生摩擦，从而产生一定的阻力；同时，由于压缩机内的冷冻润滑油会随制冷剂的流动从室外机流动到室内和管道内，如果冷冻润滑油不能返回到室外的压缩机内，就会造成压缩机缺油而导致设备损坏。各品牌空调的管长限制或设备高低落差有所不同，是由各厂家的设备不同的工作情况决定的。配管工程做得好坏，将直接影响机组的运行效率，严重时会影响机器的正常工作。

多联机空调系统一般是一台室外机对应多台不同容量、不同型号的室内机，配管的管径不再是从头到尾一个尺寸，而是随着室内机的容量变化而变化，配管还需要用到分歧管。

（一）制冷管路施工的顺序

多联机空调系统配管主要以铜管为主，以下主要针对铜管配管的操作进行介绍。

系统配管的操作顺序：室内机安装完成→确定配管尺寸（管径、长度）→冷媒配管的布置→扩管加工→充氮气、焊接→吹净管内异物→气密性试验→真空干燥。

（二）制冷管路施工的基本要求

配管在施工前的存放和施工中，要注意保护，防止水分、砂砾、尘埃进入配管中。铜管配管时，应按照表 2-4 的相关要求进行操作，否则可能会导致故障隐患的产生。

表 2-4　铜管配管基本要求

基本要求	不符合的主要原因	预防措施
干燥	1. 雨水、工程用水从外部渗入 2. 管内凝露产生水分	材料封口，规范操作，氮气吹除，真空干燥
清洁	1. 焊接时高温使管内生成氧化物 2. 现场施工砂土、垃圾、异物进入管内，加工铜屑进入	1. 焊接时氮气保护，吹洗 2. 材料封口，规范操作
密封	1. 焊接不完全引起的漏气 2. 扩管不良、喇叭口接头不良引起漏气	1. 使用优质铜材，钎料及工具 2. 严格遵守焊接规程 3. 严格遵守扩口规程 4. 专业施工人员进行操作 5. 进行气密性试验

（三）制冷管路施工的管材选择

配管的管材（尺寸规格、材质、管壁厚度等）以及弯头、接头、分歧管、焊接材料等，都必须符合有关标准并且有相应的产品合格证和检验报告。

长配管应选用盘铜管，尽可能减少焊接的部位。由于室内部分配管需要隐藏在吊顶内或墙内，如果有接头焊接会留下隐患，所以要尽量减少接头，若无法避免则必须在接头处做好记号（在保温之后）。分歧管放在便于打开进行检修的地方。

（四）制冷管路的配管安装

1. 配管布置

1）在配管排管施工过程中，配管端口一定要封堵并用塑料袋包裹好，不要直接放置在地面或与地面摩擦，其操作方法如图 2-8 所示。

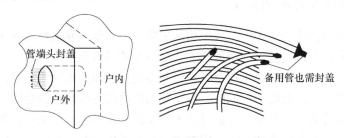

图 2-8　穿墙孔及户外进行封盖操作

2）铜管穿出户外时，雨水易进入管内，尤其是当管道呈垂直状态时需特别注意。配管通过墙壁时，端口一定要堵盖，其操作方法如图 2-9 所示。

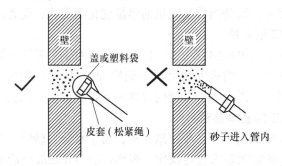

图 2-9　配管通过墙壁操作

3）下雨时施工，要密封好配管端口，防止雨水侵入，其操作方法的正误如图 2-10 所示。

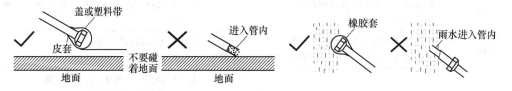

图 2-10　正确与错误操作

2. 配管的管径尺寸及分支组件的选定与安装

1）分支组件选用分歧管还是分集管根据室内机的布局来定，目前采用分歧管的较多。

2）配管安装应从离室外机最远的室内机开始。配管管径应与室内的液管管径、气管管径一致。

3）除第一个分支管以外，其他分支接头应根据所连接的室内机的容量之和来选择。配管管径尺寸的选定及分支组件连接位置分配表见表 2-5；图 2-11 所示为各配管实物连接图。

表 2-5　配管管径尺寸的选定及分支组件连接位置分配表

配 管 名 称	配管连接位置	图 示 编 号
主管	室外机到室内侧第一分歧之间的配管	2
主配管	室内侧第一分歧后不直接与室内机相连的配管	3 ~ 9
支配管	分歧后直接与室内机相连的配管	10 ~ 18

4）室外机与第一分歧管之间的配管，其管径应与室外机上的配管管径相一致。

5）做好记录。制冷剂配管安装施工过程中，要记录好气管、液管的管径及长度，以备将来补充制冷剂用。

6）分歧管之间的配管管径由连接的室内机总容量来选择，该管径不能超过室外机相应的气、液管径。

3. 配管与分歧管的连接

1）分支接头或端头要严格按原则安装，避免因不平衡流动或机油的短路而引起的系统运行不好或制冷剂流动噪声。

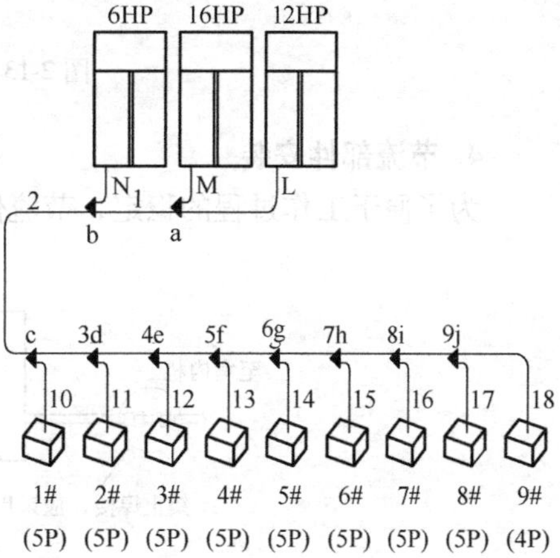

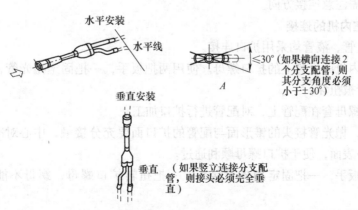

图 2-11　各配管实物连接图

2）若配管尺寸与分歧管尺寸不一致，则要用割刀在分歧管上割出所需要的管径尺寸。切割应在该管径的中心部位进行。要注意清理切割部位的毛刺和金属粉末。

3）分歧管可水平安装或垂直安装，如图 2-12 所示。分歧管接头入口要有 300mm 以上的直配管。

图 2-12　分歧管的水平安装和垂直安装

4）分歧管与配管的连接采用焊接。分歧管安装后直接连室内机，不允许再进行分歧连接。分歧管与机组连接示意图如图 2-13 所示。

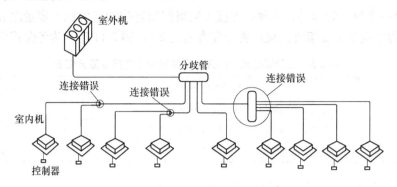

图 2-13 分歧管与机组连接示意图

4. 节流部件安装

为了便于工作过程的稳定，节流件部件应垂直放置。其安装示意图如图 2-14 所示。

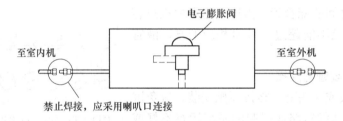

图 2-14 节流部件安装示意图

1）电子节流部件安装时应垂直向上水平安装，禁止倾斜、倒置。

2）电子节流部件与室内、外机配管连接时，应用两只扳手操作，以免铜管变形或开裂。

3）电子节流部件与室内、外机配管连接时，应采用喇叭口连接，禁止直接采用焊接连接，因为焊接产生的热量会经铜管传至电子膨胀阀，导致电子膨胀阀损坏。

4）连接时需注意连接方向。

5. 配管与室内机的连接

室内机的气管、液管均采用扩口连接。

1）取下室内机抛光管上的扩口螺母。使用两把扳手，一把固定抛光管，一把扭转扩口螺母，以防铜管被扭坏。

2）将扩口螺母套在配管上，对配管进行扩口加工。

3）安装时，抛光管接头的锥形面与配管的扩口面要充分接触，中心对准。可涂一些冷冻机油在扩口外表面，便于扩口螺母顺利通过。

4）用两把扳手，一把固定抛光管接头，一把扭转扩口螺母，螺母不能拧得太紧或太松，适当即可。

6. 配管与室外机连接

该操作与室内机连接相似，这里不再赘述。

7. 焊接方法

图 2-15 所示为焊接时的充氮保护。因为如果不通氮气焊接，焊接时铜管表面将产生大量的氧化物，会给系统中的阀门、压缩机等带来危害，严重时甚至使系统不能正常运行。为了防止这种情况发生，焊接时要先用氮气冲走配管内的空气，然后一边充氮气一边焊接。充氮的压力为 0.02 ~ 0.05MPa。

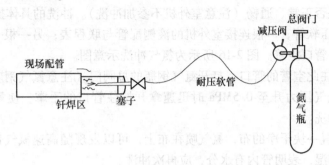

图 2-15　焊接时的充氮保护

8. 扩口工序的作业顺序

1）把盘铜管拉直，根据长度需要用割刀将铜管割断。注意管与刀面垂直，慢慢旋转，以防铜管变形。

2）铜管口向下，去毛刺，轻敲铜管，清除毛刺粉末。

3）扩口加工前，要将扩口螺母插入铜管。

4）用扩管器夹住铜管，扩管器规格要与铜管尺寸相匹配，且扩管器内壁要干净，冲模面到管端面的尺寸必须留足，否则会产生气体泄漏。

5）将冲件尖头对准扩口模具的中心，缓慢转动手柄，使冲件旋转压向铜管端面将其压成喇叭形，退出冲件。

6）取下扩口夹具，检查扩口部的大小是否合适，将扩口螺母推进试试。不合适要将扩口割去重新加工。

9. 配管的弯管

配管需要弯管的时候，应使用弯管器冷弯弯曲部分。不能手工随意扳弯，也不能采用灌砂、加热的方法来弯管，管内残留的砂粒会造成很大的危害。也可采用预制的弯头，弯头两端插口间隙应符合表 2-6 中的规定。

表 2-6　弯头两端插口间隙

类　型	管外径 D/mm	最小嵌入深度 B/mm	间隙 (A ~ D)/mm
	5 < D < 8	6	0.05 ~ 0.21
	8 < D < 12	7	
	11 < D < 16	8	0.05 ~ 0.27
	16 < D < 25	10	
	25 < D < 35	12	0.05 ~ 0.35
	35 < D < 45	14	

10. 制冷剂配管的冲洗

在配管安装、施工过程中难免会有灰尘、水分进入铜管内，因此在配管安装施工结束后，必须对配管进行冲洗。

冲洗是用气体（如氮气）压力冲刷管壁，将管中可能存在的水蒸气、灰尘、垃圾冲出管外，使制冷剂配管达到干燥、清洁的要求。同时，通过冲洗也可确认室内机、室外机之间配管系统的连接是否正常、通畅（注意室外机不参加冲洗）。冲洗的具体操作如下：

1）用两根耐压软管，一根连接室外机的液侧配管与联程表；另一根一头连接室外机的气侧配管，另一头管口空着。图2-16所示为氮气冲洗示意图。

2）用手掌按住此空着的管口，打开氮气钢瓶的总阀门（注意氮气钢瓶要安装减压阀），使经过减压后的氮气压力升至0.5MPa时迅速拿开按住管口的手掌，使氮气快速从管口喷出，这就是一次冲洗。

3）管口需放置一块干净的布，氮气喷在布上，可以发现随高速氮气带出的脏物，有时还会发现布有些潮湿，表明管内有水分，应再次冲洗。

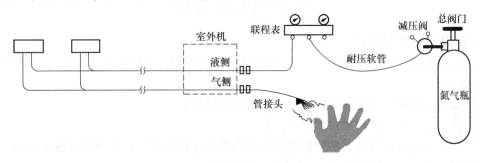

图2-16　氮气冲洗示意图

11. 配管存油弯的安装方法

为了便于回油，气管的立管上应安装存油弯。存油弯安装时应按图2-17所示弯曲管件。每两个存油管弯之间距离10m。

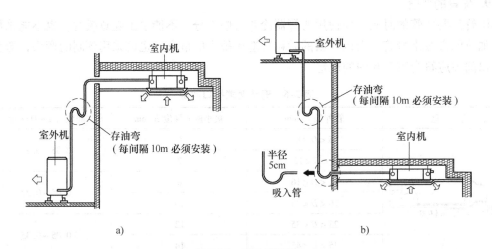

图2-17　存油弯安装

a）室内机在室外机上方　b）室外机在室内机上方

12. 冷媒配管横向走管（铜管）时支、吊架间隔

冷媒配管横向走管（铜管）时支、吊架间隔必须遵循相关原则，见表2-7。

表2-7 冷媒配管横向安装时支、吊架间隔

公称直径/mm	≥16	16~25	≥32
最大间隔/m	1.0	1.5	2.0

13. 制冷剂铜管的保温

制冷剂配管工程施工时，除连接部位（焊接处、扩口处）以外，保温工程与配管应同时进行。当配管工程结束，气密性试验合格后，再对连接部位进行保温。

1）保温材料。对于热泵型机组，要求采用耐热温度大于120℃的耐热发泡聚乙烯；对于单冷型机组，要求采用耐热温度大于100℃的发泡聚乙烯。

2）保温管管径尺寸与铜管要匹配。

3）保温管之间的接缝一定要挤紧，最好用大两号或三号的保温材料包裹再粘牢。

4）分支组件的保温尤其重要，稍微有点缝隙就会产生凝露现象。

5）室内机的配管连接部位，要用随机附带的保温材料包好，再用塑料带包扎好，不可以露出管接头、扩管螺母、铜管。

6）保温完成后用包扎带包裹好，但不能包裹太紧以免保温材料保温失效。

7）保温材料的厚度按管子大小决定。表2-8为保温材料的厚度与管子大小匹配尺寸。

表2-8 保温材料的厚度与管子大小匹配尺寸

管子大小/mm	绝热材料厚度/mm
6.4~25.4	≥10
28.6~38.1	≥15

气管和液管均需要绝热保温，但要注意它们应独立保温。图2-18所示为气管和液管的保温示意图。

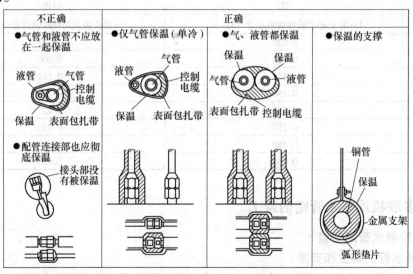

图2-18 气管和液管的保温示意图

14. 冷媒配管气密性实验

1）加压操作。制冷剂配管完工后，需对整个制冷剂系统进行一次气密性试验，以检查各接口（焊接或扩口）以至整个系统的密封性能是否良好，有没有漏点（即使微小漏点也不允许存在）；气密试验用氮气进行，应注意室外机不参加气密试验。在接试验软管时，不要拧动气侧、液侧的两只截止阀。加压操作分为三个阶段：

第一阶段，当加压到 0.3MPa 时，保持压力 3min，检查是否有压降。若有，则表示系统存在大的漏点。

第二阶段，若加压到 0.3MPa，保持压力 3min 后无压降，则继续加压到 1.5MPa，保持压力 3min，检查是否有压降。此时若有压降，则表示系统存在较大漏点。

第三阶段，若加压到 1.5MPa，保持 3min 后仍无压降，则继续加压到 2.8MPa，保持压力 24h，再检查是否有压降。此时若有，则表示系统存在微小的漏点。

2）注意事项。

① 气密性试验压力最高不应超过 2.8MPa。

② 管道过长时，应分段检查：室内侧、室内侧 + 竖直、室内侧 + 竖直 + 室外侧等。

15. 冷媒配管检漏

冷媒配管检漏分以下三种方式进行，当发现压力下降时需要查找漏点所在。

1）听感检漏：用耳朵可以听到较大的漏气声。

2）手触检漏：将手放到管道连接处感觉是否有漏气。

3）肥皂水检漏：可发现漏气处冒出气泡。

（五）冷媒追加工程

在多联机出厂时的制冷剂充填中，现场安装的管路部分未充填制冷剂。安装完成后，只要现场所用液管长度大于 0m，就需要对管路进行追加制冷剂。以液管长度来计算所需制冷剂，制冷剂追加量计算标准可参考表 2-9。制冷剂的追加量必须用电子秤等测量，且追加量应写在室外机铭牌上。

表 2-9　制冷剂追加量计算标准

液管管径	R22	R410A
	1m 管长相当的冷媒追加量/（kg/m）	1m 管长相当的冷媒追加量/（kg/m）
φ6.4	0.030	0.022
φ9.5	0.065	0.060
φ12.7	0.115	0.110
φ15.9	0.190	0.170
φ19.1	0.290	0.250
φ22.2	0.380	0.350
φ25.4	0.580	0.520
φ28.6	0.760	0.680

五、多联机冷凝水管路的施工

（一）冷凝水管路安装

1. 冷凝水管的斜度和支撑

1）冷凝水管安装斜度应至少为 1/100，冷凝水管要尽可能短并已除去管内气泡。

2）对于长的冷凝水管应设置支、吊架，规格见表2-10。

表2-10 支、吊架间距

硬质 PVC 管	公称直径/mm	支、吊架间距/m
	25 ~ 40	1.5 ~ 2

3）注意事项。

① 排水管管径至少应满足室内机排水要求。

② 排水管应绝热包扎避免管内形成雾化。

③ 室内机安装之前应先安装排水管，当通电后冷凝水盘内会有一些水，此时应检查冷凝水泵是否正确动作。

④ 所有连接处应牢固（对 PVC 管更应注意）。

⑤ PVC 管上应涂上颜色，有助于记录连接。

⑥ 排水管禁止出现爬山、水平、弯曲状态。

⑦ 排水管的尺寸应大于或等于室内机排水配管连接口尺寸。

⑧ 排水管要做绝热处理，否则易发生凝露，绝热处理应一直到室内机连接部分。

⑨ 不同排水形式的室内机不能共用同一集中排水管。

⑩ 冷凝水排放不得妨碍他人的正常生活、工作。

2. 排水管的设置

1）排水管连接部位有负压的室内机要设计集水槽。

2）集水槽要针对单台室内机设计。

3）集水槽要设计塞（开关），以易于日后清洗。

4）为确保斜度为 1/100，排水管最多可向上至 340mm。垂直向上后必须立即下斜放置，否则会造成水泵开关误动作，如图2-19所示。

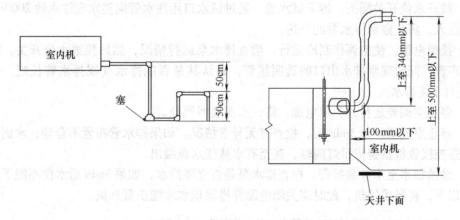

图 2-19 排水管连接示意图

3. 集中排水的设置

1）为了不使横向主排水管太长，应尽可能减少所连室内机台数。

2）内有排水泵的机型与自然排水的机型应分别汇合到不同排水系统中，如图2-20所示。

3）集中排水管的直径选择。所连室内机的台数→计算出排水量→选择排水管直径。

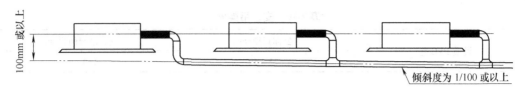

图 2-20 排水管汇集连接图

容许流量的计算 = 所有室内机的总制冷量(匹) × 2(L/h)

根据计算所得容许流量见表 2-11。

表 2-11 集中排水管内径与容许流量对照表

集中排水管	容许流量(倾斜度为 1/100)(L/h)	内径/mm	壁厚/mm
硬质 PVC	容许流量 ≤14	ϕ25	3.0
硬质 PVC	14 < 容许流量 ≤88	ϕ30	3.5
硬质 PVC	88 < 容许流量 ≤334	ϕ40	4.0
硬质 PVC	175 < 容许流量 ≤334	ϕ50	4.5
硬质 PVC	334 < 容许流量	ϕ80	6.0

(二) 排水试验

1. 自然排水方式

从检查口向集水盘里慢慢注入 600mL 以上的水,观察排水出口透明接管,确认其是否能排水。

2. 水泵排水方式

水泵排水方式可按以下步骤进行排水试验:

1)拔开水位开关插头,拆下试水盖,通过试水口用注水管向接水盘注水约 2000mL,注意慢慢注入,防止碰到排水泵的马达。

2)接通电源,使空调作制冷运行。检查排水泵运行情况,然后接通水位开关,检查水泵运行声音,同时观察排水出口的透明接管,确认其是否能排水(视排水管长短,会延时 1min 左右才能排水)。

3)停止空调器运行,关掉电源,将试水盖装回原处。

4)停止空调器运行 3min 后,检查有无异常情况。如果排水管布置不合理,水倒流过多会造成遥控接收板报警指示灯闪烁,甚至有水从接水盘溢出。

5)继续加水至水位高报警,检查排水泵是否立即排水,如果 3min 后水位不能下降到警戒水位以下,将导致停机,此时需关闭电源并排除积水才能正常开机。

六、多联机电气系统的安装

电气系统安装必须严格按照国家标准规范执行。采购的所有配线、部件和材料必须符合所在地的规定。现场所有的配线作业,必须由持证电工完成。满足以上相关条件才能实施安装。

1. 电源线路安装

多联机电源配线及安装实例示意图,如图 2-21、图 2-22 所示。

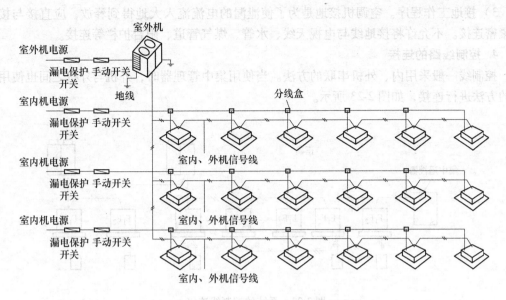

图 2-21　多联机电气系统电源配线示意图

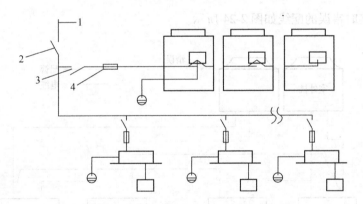

图 2-22　多联机电气系统安装实例示意图
1—现场电源供应　2—总开关　3—漏电检测器　4—熔丝

2. 剩余电流断路器选择

剩余电流断路器由漏电脱扣器、零序电流互感器和断路器组合而成，适用于交流电频率为50Hz、单相电压为220V或三相电压为380V的电路中，主要对有致命危险的人身触电和设备漏电起保护作用，并可用作照明的过载和短路保护，以及在正常情况下作为线路不频繁转换之用。根据负载额定电流总和的1.5~2倍来选择剩余电流断路器。

3. 电源线路的连接要求

电线的最小规格应由下述各项条件决定：

1）机械强度。为了避免由于振动和冲击发生断裂，禁止在电路中使用细线，电线的直径至少应在1.6mm以上。

2）容许载流量。电流通过电线时将会产生热量，产生多少热量取决于电线的电流和电阻的大小。如果大电流流过极为细长的电线，产生的热量就会增加，因此容许载流量必须大于最大负载电流。

3）接地工作程序。空调机接地是为了使泄漏的电流流入大地得到释放，应直接与接地线紧密连接。不允许将接地线与电视天线、水管、煤气管道、阳台护栏等连接。

4. 控制线路的连接

控制线一般采用内、外机串联的方法。当使用集中管理器时，外机与外机之间也使用串联的方法进行连接，如图2-23所示。

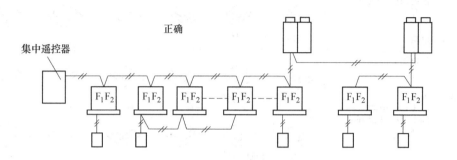

图 2-23　系统的控制线连接

控制线连接时错误的配线如图2-24所示。

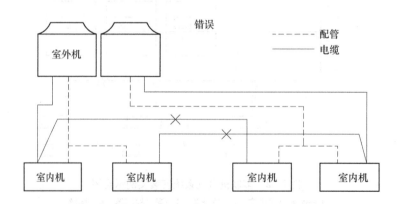

图 2-24　控制线连接时错误的配线

控制线连接时的配线规格及要求如下：

① 信号线一般使用多股双芯护套软线。

② 信号线截面积为 0.75～1.25mm²。

③ 信号线的长度应该遵守各个厂家的最大限制，不要过长，以免信号传送不良。

④ 传输线分支后，不允许再分支。

⑤ 信号线与电源线应分开连接，以免产生信号干扰。

⑥ 信号线与电源线应使用接线端子进行与设备端子的连接。

七、多联机系统的调试与运行

1. 调试的目的

调试是对多联机空调工程的初步验收，其目的是确保每一台机器都处于最佳的运行状态，让用户充分体验到产品的可靠性和舒适性。

2. 调试检验内容

1）对产品质量进行检查。

2）对安装工程质量进行检查。

3）对整个系统运行是否正常进行检验。

4）系统设计是否合理的初步检验。

5）室内参数是否能达到设计要求的检验。

注意：系统调试必须在试运行状态下进行。

3. 调试前确认内容

（1）多联机空调工程验收检查　按《通风与空调子分部工程质量验收记录（制冷系统）》填写施工验收记录。

（2）地址码的设定

1）准备好系统平面图。

2）在系统平面图上对已设定好的地址码做记录。

3）拨码开关的设定必须在断电的情况下进行。

（3）电源线、通信线和线控器接线检查

1）电源线、通信线和线控器接线都应按要求连接正确且牢靠。

2）接地线要可靠。L1、L2、L3、N 的对地电阻要在 1MΩ 以上。

3）电源电压应在额定电压的 ±10% 以内，且不得使用临时电源。

4）检查相间电压不平衡率是否符合要求（不平衡率为 <3%）。

（4）室外机通电预热　室外机通电预热应在 12h 以上，使润滑油得到充分加热，以防止压缩机因润滑油未得到充分预热而损坏。

4. 调试要点

1）确认室内、外机都已通电。

2）在待机状态，观察室外机控制板上的数码管所显示的数字，数字意义为室外机所能检测到的室内机台数。若显示的数字与此系统所连接的室内机实际台数不符时，说明信号有问题。待室外机能检测到所有的室内机后，才可以正常开机。

3）确认排水畅通，排水提升泵应能够动作。

4）确认微电脑控制器动作正常，且无故障出现。

5）确认工作电流在规定范围内。

6）确认运行参数在设备允许范围内。

7）做好调试记录。

5. 调试方法

调试方法一：通过室外机进行试运转。

（1）设定方法

1）制冷试运转，如图 2-25a 所示。

2）制热试运转，如图 2-25b 所示。

（2）注意事项

1）通过室外机设定试运转时，室内机自动开启，无需再通过遥控器设定。

图 2-25　试运转设定方法

a) 制冷试运转　b) 制热试运转

2) 试运转开始后, 在没有温控停机的情况下连续运行 2h 后自动停机。

3) 通过室外机试运转时, 如果通过遥控器关掉某台室内机, 则本台室内机的试运转功能将被取消, 如果再次开机需要通过遥控器的试运转功能开机, 不能直接开机。

4) 试运转结束后, 关闭 DSW4 的拨码开关设定。

调试方法二: 通过有线遥控器进行试运转。

(1) 设定方法

1) 同时按 "运转切换" 与 "点检" 键 3s 以上, 待有线遥控器右下侧显示 "试运转"。

2) 选择试运转模式 "制冷" 或 "制热"。

3) 将风量设定到 "高风" 状态。

4) 按 "运行/停止" 键开机。

(2) 注意事项

1) 同一个系统中所有的有线遥控器都要按照上述方法设定。

2) 试运转 2h 自动结束, 中途停止试运转按 "运转/停止" 键。

3) 确认显示的室内机台数是否和实际连接一致。

调试方法三: 通过无线遥控器进行试运转。

(1) 设定方法

1) 同时按 "定时关" 与 "设定" 键 3s 以上, 待无线遥控器下侧显示 "2h 后关"。

2) 选择试运转模式: 制冷、制热。

3) 将风量设定到 "高风" 状态。

4) 按 "运行/停止" 键开机。

(2) 注意事项

1) 当室内机接收到信号时, 信号接收器黄色指示灯将开启片刻。

2) 试运行开始后, 接收器的红灯 (运转) 亮、绿灯 (定时) 闪烁。

3) 试运行 2h 自动停止, 中途停止按遥控器 "开/关" 键。

6. 运行测试

试运转正常后, 采用正常模式进行运转, 并检查下列内容:

1) 确认室内、外机组能正常运行。

2) 依次运行室内机, 确认相应室外机组能进行运转。

3) 确认室内机能够吹出冷 (热) 风。

4) 调节遥控器的风量和风向按钮, 检查室内机组是否动作。

如果运行检查正常, 可以向用户交付使用。同时应向用户交付各种资料, 为用户进行操作演示, 以及指导用户操作设备。

项目二 风机盘管系统的施工

学习目标

1) 具备风机盘管的安装施工能力。
2) 具备风机盘管风管系统安装能力。
3) 具备风机盘管水管系统施工能力。
4) 掌握风机盘管系统的调试方法。

工作任务

1) 进行风机盘管机组安装。

掌握风机盘管的施工方法，对风机盘管机组进行安装。

2) 进行风机盘管风管系统安装。

掌握风机盘管风管系统的施工方法，对其中风管系统进行安装。

3) 进行风机盘管水管系统安装。

掌握风机盘管水管系统的施工方法，对其中水管系统进行施工。

4) 进行风机盘管系统的调试。

为某风机盘管系统拟定调试方案，编制调试报告。

相关知识

一、风机盘管的安装
二、风机盘管风管系统的安装
三、风机盘管水管系统的安装
四、风机盘管系统的调试

一、风机盘管的安装

风机盘管又称风机盘管空调器，是中央空调的末端设备，主要由风机和换热盘管组成，还包括凝结水盘、控制器、过滤器、进风口、回风口、保温材料和箱体等。风机盘管按结构形式分，有立式、卧式、吊顶式和卡式等；按安装方式分，有明装和暗装；按出风方式分，有上出风、斜出风、前出风和下出风 4 种；按进水方式分，有左进水、右进水和后进水。图 2-26、图 2-27 所示分别为卧式和立式风机盘管的结构。

1. 施工准备

（1）材料要求及主要机具

1）所采用的风机盘管设备应具有出厂合格证明书或质量鉴定文件。

2）风机盘管设备的结构形式、安装形式、出口方向、进水位置应符合设计安装要求。

3）设备安装所使用的主料和辅助材料规格、型号应符合设计规定，并具有出厂合格证。

4）施工主要机具：电锤、手电钻、活扳手、套筒扳手、钢锯、管钳子、锤子、台虎

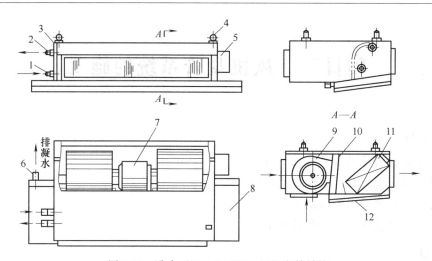

图 2-26 卧式（FP—XAWZ）风机盘管结构

1—进水管 2—出水管 3—手动跑风阀 4—吊环 5—变压器 6—排凝结水管
7—电动机 8—凝水盘 9—通风机 10—箱体 11—盘管 12—保温层

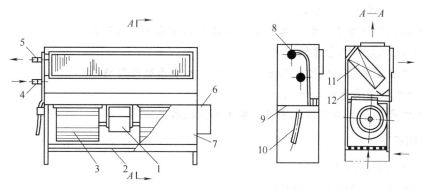

图 2-27 立式（EP—XALZ）风机盘管结构

1—电动机 2—过滤器 3—通风机 4—进水管 5—出水管 6—变压器 7—机体
8—手动跑风阀 9—凝水槽 10—排凝结水槽 11—盘管 12—保温层

钳、丝锥、套螺纹板、水平尺、线坠、手压泵、压力案子、气焊工具等。

（2）施工条件

1）风机盘管和主、辅材料已运抵现场，安装所需工具已准备齐全，且有安装前检测用的场地、水源、电源。

2）建筑结构工程施工完毕，屋顶做完防水层，室内墙面、地面抹完。

3）安装位置尺寸符合设计要求，机组两侧应不贴墙，并留出管道施工操作与机组维修的距离，管道连接侧宜不小于400mm。

2. 施工工艺

1）工艺流程：预检→施工准备→电动机检查试转→水压试验→吊架制作→风机盘管安装→连接配管→检验。

2）在安装风机盘管前，应检查每台电动机壳体及表面交换器有无损伤、锈蚀等缺陷。

3）在安装风机盘管前，应进行通电检查，进行三速试运转，起动运转无异常，电气部分不得漏电。

4）安装风机盘管应进行水压试验，试验强度应为工作压力的 1.5 倍（至少为 0.6MPa），定压后观察 2 ~ 3min 应不渗不漏。

5）按风机盘管的类型与安装位置不同，采用相应的支、吊架。立式机组宜采用座架，卧式机组宜采用圆钢吊架或角钢支架。当采用圆钢吊架时，螺杆应有 50mm 左右的调整距离，吊杆宜为 4 根，吊杆的固定可采用膨胀螺栓或预埋。卧式风机盘管吊装示意图如图 2-28 所示。

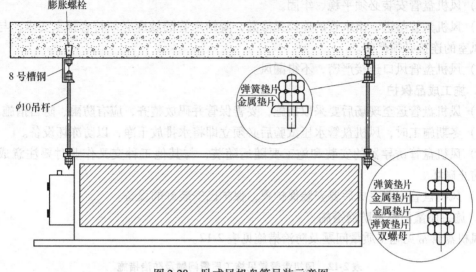

图 2-28　卧式风机盘管吊装示意图

6）卧式机组的安装可分为两类形式，一类为单机组吊装，另一类为机组与送、回风管一起安装。单独安装的机组，其就位一般采用两人抬装，用双螺母固定在机组的吊点上，机组就位后，应进行水平度的调整，并保证凝结水盘坡向出水口。

机组与送、回风管相接的风机盘管机组的安装，应根据接管的长短及现场条件不同，采用相应的安装措施。

① 仅接短送风管组合形式的风机盘管机组的安装，一般可采用 2 人或 3 人抬装，主固定点仍为机组，风管端固定于送风口处的木框或建筑框架上。就位后，要调整好机组的吊架高度与水平度。当发现机组水平度与风管标高无法保持一致时，应调整接口，不得强制固定。送风管一般应伸入框架 10 ~ 20mm，且应贴近，不得有空缝。

② 送、回风管两面接口组合形式的风机盘管机组的安装，应由 3 人或 3 人以上共同抬装。抬装过程中应注意其水平受力的均匀性，到达安装位置后先固定机组，并对送、回风管或弯管进行定位保护。在调整机组水平度后，送、回风管应与图样要求相一致。如果发现机组水平度有偏差，应调整接口，不得强拉、硬扳，以强力维持纠正。采用回风静压箱，接管长于 350mm 的机组应另加吊架。

③ 带较长送、回风管（≥1.5m）的风机盘管机组的安装，可分为带软接管与不带软接管两种。带软接管的可参照单独机组的安装进行，不带软接管的机组安装可采用多人抬装，亦可采用手拉葫芦等起重工具吊装，吊点至少为两个。风管的重量不应由机组承担，离机组最近的风管吊架离接口不应大于 700mm。

立式风机盘管机组的安装应固定在支架上，要求位置正确，着地稳固，标高符合设计要求。

7）冷热媒水管与风机盘管的连接宜采用不锈钢或铜质波纹管，凝结水管宜用透明胶管软性连接，并用喉箍紧固，严禁渗漏，坡度应正确、凝结水应畅通地流到指定位置，水盘无积水现象。

8）风机盘管同冷、热水管的连接应在管道系统冲洗排污后再进行，以防堵塞换热器。

9）暗装的卧式风机盘管在吊顶时应留有活动检查门，便于机组的整体拆卸和维修。

3. 施工要求

1）风机盘管安装必须平稳、牢固。

2）风机盘管与进、出水管的连接无渗漏，凝结水管的坡度必须符合排水要求，与风口及回风室的连接必须严密。

3）风机盘管风口连接严密，不得漏风。

4. 施工成品保护

1）风机盘管运至现场后要采取措施，妥善保管并码放整齐，应有防雨、防雪措施。

2）冬期施工时，风机盘管水压试验后必须立即将水排放干净，以防冻坏设备。

3）风机盘管诱导器的安装和施工要随运随装，与其他工种交叉作业时要注意成品保护，防止碰坏。

4）风机盘管安装完成后要安装保护罩，保护已安装好的设备。

5. 施工质量问题及防治措施

风机盘管常见施工质量问题及防治措施见表 2-12。

表 2-12　风机盘管常见施工质量问题及防治措施

序　号	常见施工质量问题	防治措施
1	冬季施工易冻坏换热器	水压试验后必须将水放净
2	风机盘管运输时易碰坏	搬运时，单排码放、轻装轻卸
3	风机盘管换热器易堵塞	风机盘管和管道连接后应进行冲洗排污
4	风机盘管集水盘易堵塞	风机盘管运行前，应清理集水盘内杂物

二、风机盘管风管系统的安装

风机盘管风管系统的安装，包括风机盘管送风管、回风管、送风口、回风口等部件的安装。吊装式风机盘管在吊顶内的风管接法如图 2-29 所示。

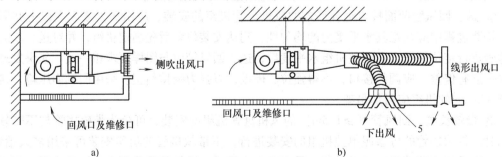

图 2-29　吊装式风机盘管在吊顶内的风管接法

a）侧出风　b）下出风

1. 工艺流程

安装准备→安装吊架→风管制作→风管连接→风管安装→检验。

2. 安装吊架

风管应有单独的支、吊架，其重量不应由风机盘管机组来承担，风管伸出支、吊架悬空的最大距离不大于700mm。

标高确定后，按照风管系统所在的空间位置确定风管支、吊架形式。吊架的固定有预埋件法、膨胀螺栓法、射钉枪法等，具体可参见第二篇项目三中"风管、部件及设备的安装"的"风管支、吊架的制作与安装"的内容。

3. 风管制作

制作风机盘管机组与送、回风口之间的连接风管前，应进行现场实测。实测的内容为具体测量出机组与风口接口之间的实际距离、中心位移、高差以及障碍物等，然后考虑接管形式与加工详图。接管力求简单、能方便现场操作。对于统一的标准房，应考虑统一结构，批量加工。

连接风管的加工不得采用缩小其有效截面的方法，斜接直管夹角不得大于30°，否则应用来回弯连接。回风接管一般采用直角弯管的形式，其一端口径应与机组回风口相同，另一端口径与室内回风口相匹配。

风管制作具体可参见第二篇项目三"风管的加工制作"中的内容。

4. 风管连接

风管与风机盘管机组的连接一般采用插接连接。连接时，在风管端部插入连接短管，接口外部用抽芯铆钉或自攻螺钉固定，并在插口处用胶带或其他膏剂密封。在机组上钻孔与自攻螺栓的紧固均要谨慎，以防失手损坏机组内的盘管及其他部件。风管与机组连接亦可采用法兰联接的方法。

风管与机组及风口处框架的连接必须严密牢固，不应有孔洞与缝隙。风管与装饰风口的框架连接应插入10~20mm，用自攻螺钉固定。

5. 风管安装

根据施工现场情况，风管安装可分为两种方法。一种是风管接长吊装，即风管与机组在地面连成一定的长度（一般可接长10~20m），用倒链或滑轮将风管升至吊架上的方法；另一种是机组就位后再配制连接风管，将风管逐一地放在支架上进行逐节连接。

三、风机盘管水管系统的安装

风机盘管水管分为供水管、回水管和冷凝水管三类，风机盘管的水管配管如图2-30所示。

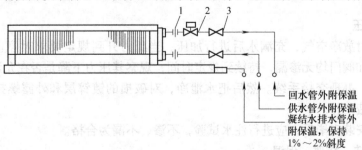

回水管外附保温
供水管外附保温
凝结水排水管外
附保温，保持
1%~2%斜度

图2-30 风机盘管的水管配管

1—活接头 2—电动二通阀 3—闸阀

1. 工艺流程

安装准备→预制加工→水管安装→试压→冲洗→防腐→保温→调试。

2. 安装准备

1）熟悉图样，配合土建施工进度预留槽洞及安装预埋件。

2）按设计图样画出管路的位置、管径、变径、预留口、坡向等施工草图，包括水管起点、末端和拐弯、节点、预留口等的坐标位置。

3）钢管在安装前，其管壁内、外表面应仔细清理，除去铁锈、渣质和污物，直至呈现金属光泽，再按设计及规范要求做防腐处理。

4）阀门应从每批中抽取10%，且不少于1个进行强度试验和严密性试验，阀门的强度试验压力不得小于公称压力的1.5倍，试验时间不得少于5min，以壳体填料无渗漏为合格；严密性试验应以公称压力进行，以阀瓣密封面不漏为合格。

3. 预制加工

按设计图样画出管道分路、管径、变径、预留管口、阀门位置等施工草图，在实际安装的结构和位置做上标记，按标记分段量出实际安装的准确尺寸，记录在施工草图上，然后按测得的尺寸预制加工（断管、套螺纹、上零件、调直、校对），按管段分组编号。

4. 水管安装

1）卧式明装机组安装进、出水管时，可在地面上先将进、出水管接出机外，再在吊装后与管道相连接；也可在吊装后，将面板和凝结水盘取下，再进行连接，然后将水管保温，防止产生凝结水。立式明装机组安装进、出水管时，可将机组的风口面板拆下进行安装。

2）截止阀的安装，其阀芯应向上，且安装在可操作的部位。水过滤器应安装在截止阀的后面，其排污口应向下，逆水流方向，不得反向，水过滤器的下方宜为承水盘或具有一定空间的地方。电动阀应安装在水过滤器之后，其阀体应垂直向上。

3）进、出水管的水管螺纹应有一定锥度，螺纹联接处应采取密封措施（一般选用聚四氟乙烯生料带），进、出水管与外管路连接时必须对准，最好是采取挠性接管（软接头）或铜管连接，或者采用不锈钢或铜质波纹管连接，波纹管长度应等于或略长于连接的实际长度。连接时，宜调整至两管口基本重合，再拧紧螺纹，不得采用强力拉伸波纹管接管。

4）机组回水管备有手动放气阀，运行前需将放气阀打开，待盘管及管路内空气排净后再关闭放气阀。

5）机组的凝结水管保持一定坡度（一般坡度为5°），以利于凝结水的排出。机组凝结水盘排水软管套接连接后，应用金属丝牢固扎紧，不得压扁、折弯，以保证凝结水排出畅通。

5. 管道试压

水压试验时放净空气，充满水后进行加压，当压力升到规定要求时停止加压，进行检查，如各接口和阀门均无渗漏，持续到规定时间，观察其压力下降是否在允许范围内，通知有关人员验收，办理交接手续。然后把水泄净，对破损的镀锌层和外露螺扣处做好防腐处理，再进行隐蔽工作。

冷凝水管安装完毕后，应进行注水试验，不渗、不漏为合格。

6. 管道冲洗、防腐、保温

风机盘管水管系统的冲洗、防腐、保温可参见本篇项目四"中央空调水系统的施工"

的相关内容。

四、风机盘管系统的调试

1. 风机盘管系统的调试顺序

1）关闭风机盘管进、回水管路上的各种阀门，检查并清除风机盘管接水盘内的杂物。

2）检查风机盘管风扇转动是否灵活及转动噪声情况，并检查其转向是否正确。

3）打开楼层控制阀，检查控制阀至风机盘管进、回水支管上阀门段有无漏水现象；打开风机盘管进、回支管上的阀门，检查整个楼层的管道通水有无渗漏，对渗漏处及时做好标记，关闭阀门，放水重新修复后再试，直到系统不漏水为止。

4）水泵和主机联动，达到设计温度以后，开启各个风机盘管，用手拧开风机盘管上的手动放气阀，放掉积存的空气，并清理风机盘管进水管上的过滤器，检测风机盘管的风量及送风温度等。

5）检查风机盘管运行时接水盘的凝结水排水是否畅通，如果有积水则应检查管路，重新调整坡度。

2. 风机盘管系统水系统的调试

1）空调水管系统水冲洗。把不应进行管道冲洗的风机盘管等与要清洗的管道隔开，特别检查风机盘管的旁通阀门是否关闭严密。

2）检查风机盘管上的放气跑风是否完好，并把跑风的顶针拧紧。

3）系统注满水检查无渗漏后，进行风机盘管的注水、放气、查漏工作，风机盘管的调试应逐组进行，并做好记录及填写竣工资料。

3. 风机盘管系统风系统的调试

1）风机盘管单机试运转及调试中的风机，其叶轮应旋转方向正确、运转平稳、无异常振动与声响，其电动机运行功率应符合设备技术文件的规定。在额定转速下连续运转2h后，滑动轴承外壳最高温度不得超过70℃；滚动轴承不得超过80℃。

2）风机盘管系统无生产负荷的联合试运转及调试风量调试结果，与设计风量的偏差不应大于10%。

3）风机盘管单机试运转及调试的三速、温控开关的动作应正确，并与机组运行状态一一对应。

4）风机盘管系统无生产负荷联动试运转及调试噪声应符合设计规定要求。

5）风机盘管全部测定调整完毕后，应及时办理交接手续，由使用单位运行启用，并负责风机盘管的成品保护。

项目三 中央空调风管系统的施工

学习目标

1）具备典型形状风管的加工制作能力。

2）具备中央空调风系统的管道、部件及常用设备安装能力。

3）掌握中央空调风系统工程的施工验收。

4）掌握中央空调风系统的调试与运行方法。

工作任务

1）编制风管制作与安装的施工工艺，进行几种典型形状风管的加工制作。

针对某空调工程编制风管系统工程的施工工艺，对其中的一段风管进行展开下料、加工制作。

2）填写中央空调风管工程的施工验收记录。

针对某空调工程拟定其风系统工程施工的施工验收记录。

3）进行风系统调试。

针对某空调工程拟定风系统调试方案，编制调试报告。

相关知识

一、风管的加工制作

二、风管、部件及设备的安装

三、风管的绝热

四、风系统施工验收记录

五、风系统的调试

中央空调风系统的施工大致可分为四个阶段：施工准备阶段、风管制作阶段、风系统设备的安装阶段、系统调试阶段。其中，风管制作与风管系统设备的安装阶段可以穿插进行，即风管制作、风管的组装、风系统设备的安装、风管保温、施工记录与各检验批的验收有计划地穿插进行施工作业。

施工前的准备阶段包括技术条件的准备、主材设备的选择、主要施工机具的准备、作业条件的准备。技术条件的准备包括：① 由建设单位组织的图样会审与交底，施工方应核对图样与施工现场，对与现场不符的情况（如其他专业已经占用安装位置的），应该及时提出，对施工图进行变更；② 确定风管是预制厂加工还是施工现场加工，选择主要的施工工艺；③ 根据施工图、招投标文件、施工合同、采用的施工工艺及本公司的情况等要素进行施工组织设计；④ 风管施工如果是独立工程，施工单位应向监理单位打开工报告；⑤ 由施工单位组织施工技术、质量、安全交底；⑥ 备齐施工所用规范、图样、标准图集、施工标准，各项操作规程及材料、设备计划，设备安装说明书等技术资料，并明确图样会审、变更单、技术、质量、安全交底的内容，对管道、管件绘制详细加工图。主材设备的选择包括：根据施工图、合同、招投标文件等确定主材和设备的品牌，根据施工组织设计所确定的施工计划进行材料设备的采购。主要施工机具的准备包括：按施工组织设计的施工计划进度要求，准备好相关的施工机具。作业条件的准备包括：做好"三通一平"，即接通施工用水源、电源和交通道路，清理现场障碍物和场地平整；按施工平面图作好场地准备；按施工进度要求组织并准备好人力与材料等。

一、风管的加工制作

在通风与空调工程中的风管，常指用金属、非金属或复合材料的薄板制成的空调通风管道。风管除了以制作材料的不同分类以外，还有形状与适用系统的区分。

风管在形状上可分为圆形风管、矩形风管和非规则椭圆形风管，圆形风管和矩形风管较常用；由于矩形风管在加工制作及安装上灵活方便，因而矩形风管在空调工程中的应用最为普遍。为了实行工程的标准化施工，《通风与空调工程施工质量验收规范》规定了圆形风管与矩形风管的规格，分别见表 2-13 和表 2-14。

表 2-13　圆形风管规格——风管直径 *D* （单位：mm）

基本系列	辅助系列	基本系列	辅助系列	基本系列	辅助系列	基本系列	辅助系列
100	80	220	210	500	480	1120	1060
	90	250	240	560	530	1250	1180
120	110	280	260	630	600	1400	1320
140	130	320	300	700	670	1600	1500
160	150	360	340	800	750	1800	1700
180	170	400	380	900	850	2000	1900
200	190	450	420	1000	950		

表 2-14　矩形风管规格——风管边长 （单位：mm）

120	250	500	1000	2000	3500
160	320	630	1250	2500	4000
200	400	800	1600	3000	—

圆形风管应优先采用基本系列。非规则椭圆形风管参照矩形风管，并以长径平面边长及短径尺寸为准。风管以外径或外边长为准，建筑风道以内径或内边长为准。

风管按其所在系统的工作压力可划分为三类（见表 2-15）：低压系统、中压系统和高压系统。另外，由于净化系统和排烟系统的特殊性，常常对风管的安装制作有特别的要求。

表 2-15　风管系统按压力的划分类别

系 统 类 别	系统工作压力 p/Pa	密 封 要 求
低压系统	$p \leqslant 500$	接缝和接管连接处严密
中压系统	$500 < p \leqslant 1500$	接缝和接管连接处增加密封措施
高压系统	$p > 1500$	所有的接缝和接管连接处均应采取密封措施

　　风管的管壁厚度与风管材料、风管规格、风管所在系统的压力和风管用途等因素有关。国家规范对此作了相应规定，见表 2-16、表 2-17、表 2-18 及表 2-19。在无设计要求时，应按照规范执行。

表 2-16　钢板风管板材厚度　　　　　　　　　（单位：mm）

类别 风管直径 D 或长边尺寸 b	圆 形 风 管	矩 形 风 管		除尘系统风管
		中、低压系统	高 压 系 统	
$D(b) \leqslant 320$	0.5	0.5	0.75	1.5
$320 < D(b) \leqslant 450$	0.6	0.6	0.75	1.5
$450 < D(b) \leqslant 630$	0.75	0.6	0.75	2.0
$630 < D(b) \leqslant 1000$	0.75	0.75	1.0	2.0
$1000 < D(b) \leqslant 1250$	1.0	1.0	1.0	2.0
$1250 < D(b) \leqslant 2000$	1.2	1.0	1.2	按设计
$2000 < D(b) \leqslant 4000$	按设计	1.2	按设计	按设计

注：1. 螺旋风管的钢板厚度可适当减小 10% ~ 15%。
　　2. 排烟系统风管钢板厚度可按高压系统。
　　3. 特殊除尘系统风管钢板厚度应符合设计要求。
　　4. 本表不适用于地下人防与防火隔墙的预埋管。

表 2-17　不锈钢板、铝板风管板材厚度　　　　　　　　　（单位：mm）

不锈钢板风管板材厚度		铝板风管板材厚度	
风管直径 D 或长边尺寸 b	高、中、低压系统	风管直径 D 或长边尺寸 b	中、低压系统
$D(b) \leqslant 500$	0.5	$D(b) \leqslant 320$	1.0
$500 < D(b) \leqslant 1120$	0.75	$320 < D(b) \leqslant 630$	1.5
$1120 < D(b) \leqslant 2000$	1.0	$630 < D(b) \leqslant 2000$	2.0
$2000 < D(b) \leqslant 4000$	1.2	$2000 < D(b) \leqslant 4000$	按设计

表 2-18　中、低压系统 硬聚氯乙烯、有机玻璃钢风管板材厚度　　　　　　　　　（单位：mm）

硬聚氯乙烯圆形、矩形风管				有机玻璃钢风管	
风管直径 D	板　厚	长边尺寸 b	板　厚	直径 D 或长边 b	板　厚
$D \leqslant 320$	3.0	$b \leqslant 320$	3.0	$D(b) \leqslant 200$	2.5
$320 < D \leqslant 630$	4.0	$320 < b \leqslant 500$	4.0	$200 < D(b) \leqslant 400$	3.2
$630 < D \leqslant 1000$	5.0	$500 < b \leqslant 800$	5.0	$400 < D(b) \leqslant 630$	4.0
$1000 < D \leqslant 2000$	6.0	$800 < b \leqslant 1250$	6.0	$630 < D(b) \leqslant 1000$	4.8
		$1250 < b \leqslant 2000$	8.0	$1000 < D(b) \leqslant 2000$	6.2

表 2-19　中、低压系统 无机玻璃钢风管板材厚度、玻璃纤维厚度与层数　　　（单位：mm）

风管直径 D 或长边尺寸 b	板材厚度	厚　　度	管体玻璃纤维布厚度		法兰玻璃纤维布厚度	
			0.3	0.4	0.3	0.4
$D(b) \leqslant 300$	2.5 ~ 3.5	玻璃布层数	5	4	8	7
$300 < D(b) \leqslant 500$	3.5 ~ 4.5		7	5	10	8
$500 < D(b) \leqslant 1000$	4.5 ~ 5.5		8	6	13	9
$1000 < D(b) \leqslant 1500$	5.5 ~ 6.5		9	7	14	10
$1500 < D(b) \leqslant 2000$	6.5 ~ 7.5		12	8	16	14
$D(b) > 2000$	7.5 ~ 8.5		14	9	20	16

用于高压风管系统的非金属风管厚度应按设计规定。

（一）常用材料

1. 常用金属风管材料

1）普通薄钢板。普通薄钢板俗称黑铁皮，常用的薄钢板厚度为 0.5 ~ 2mm，分为板材和卷材供货，风管常用薄钢板厚度规格为 0.5mm、0.6mm、0.75mm、1.0mm、1.2mm、1.5mm、2.0mm。薄钢板一般为乙类钢，钢号为 B_0 ~ B_3 的冷轧或热轧钢板。对薄钢板的要求为表面平整、光滑，厚度均匀，允许有紧密的氧化铁薄膜，不能有裂纹、结疤等缺陷。

这种钢板具有良好的加工性能及结构强度、货源多、价格便宜，但其表面容易生锈，应进行涂装防腐。普通薄钢板多用于排气、除尘系统，较少用于一般送风系统。

2）冷轧薄钢板。常用冷轧薄钢板的厚度为 0.2 ~ 2mm，风管常用规格同普通薄钢板。冷轧薄钢板的价格高于普通薄钢板，稍低于镀锌薄钢板。其表面平整光洁，受潮后容易生锈，需及时涂装，以延长使用寿命。冷轧薄钢板多用于送风系统，可以达到外表美观的要求。

3）镀锌薄钢板。镀锌薄钢板是由普通钢板镀锌制成的，其镀锌厚度不小于 0.02mm，因镀锌板表面呈银白色，俗称白铁皮。常用镀锌薄钢板厚度为 0.5 ~ 1.5mm，分为板材和卷材供货，风管中常用规格同普通薄钢板。镀锌薄钢板的表面光滑洁净，表面有热镀锌特有的镀锌层结晶花纹，且由于其表面有镀锌层保护，起到了防锈作用，所以一般不需再涂装。在通风工程中，常用镀锌薄钢板制作不含酸、碱性气体的空调通风系统的风管，在送风、排气、空调、净化系统中大量使用。

4）不锈钢板。不锈钢是一种不容易生锈的合金钢，不锈钢板用热轧或冷轧方法制成，冷轧钢板的厚度为 0.5 ~ 4mm，热轧钢板的厚度为 1 ~ 4mm，风管中常用钢板厚度规格为 0.5、0.75mm、1.0mm、1.2mm。不锈钢板表面光滑洁净，有较高的塑性、韧性和机械强度，耐酸碱性气体、溶液和其他介质的腐蚀。不锈钢板主要用于食品、医药、化工等行业，以及电子仪表专业的工业通风系统和有较高净化要求的送风系统。印染行业为排除含有水蒸气的排风系统也使用不锈钢板来加工风管。

不锈钢的耐蚀性主要取决于它的合金成分（铬、镍、钛、硅、铝等）和内部的组织结构，起主要作用的是铬元素。铬具有很高的化学稳定性，能在钢表面形成钝化膜，使金属与外层隔离开，保护钢板不被氧化，增加钢板的抗腐蚀能力。钝化膜被破坏后，其耐蚀性就会下降。不锈钢板按化学成分来分，品种很多，性能也各不相同，施工过程中要核实出厂合格证与设计要求的一致性。

不锈钢与其他金属（特别是与碳素钢）长期接触时，在接触部位会造成电位差，如果吸收了空气中的二氧化碳、二氧化硫及水分等，就会产生电化学反应，从而腐蚀不锈钢。

不锈钢在冷加工的过程中，经过弯曲、锤击会引起内应力，造成不均匀的变形。弯曲和敲打的次数越多，引起的内应力就越大，使板材的韧性降低、强度增加，变硬变脆，也就是所谓不锈钢的冷作硬化倾向。

不锈钢加热到 450～850℃后缓慢冷却会使钢质变坏，硬化而产生表面裂纹，在加工时要特别注意。

5）铝板。铝板有纯铝和合金铝两种，用于制作化工工程的通风管时，一般以纯铝为主。铝板及铝合金板的厚度一般为 0.3～2mm，分为板材与卷材供货，风管常用铝板厚度规格为 1.0mm、1.5mm、2.0mm。铝板质轻，表面光滑洁净，色泽美观，具有良好的可塑性，对浓硝酸、醋酸、稀硫酸有一定的抗腐蚀能力，但容易被盐酸和碱类物质腐蚀。铝板在空气中和氧接触时，表面会生成一层氧化铝薄膜，因此它有较好的耐化学腐蚀性能。合金铝机械强度较好，但耐蚀性不及纯铝。通风工程中常用的铝板材属于纯铝或经过退火处理的铝合金板。

由于铝板在相互碰撞时不易产生火花，因此常用于制作防爆通风系统的风管及部件以及含有大量水蒸气的排风系统或车间内含有大量水蒸气的通风系统。铝板风管的价格一般比镀锌钢板风管高 1 倍左右，但比不锈钢风管便宜，应用广泛。

铝板不能与其他金属长期接触，否则将对铝板产生电化学腐蚀。

2. 常用非金属风管材料

1）硬聚氯乙烯。风管中常用硬聚氯乙烯板厚度的规格为 3.0mm、4.0mm、5.0mm、6.0mm、8.0mm。硬聚氯乙烯板又称硬塑料板，具有一定的机械强度、弹性和良好的耐蚀性以及化学稳定性，又便于加工成型，所以在通风工程中被广泛地应用。但硬聚氯乙烯板的热稳定性较差，一般在 -10～60℃范围内使用。硬聚氯乙烯板表面应平整、光滑、无伤痕，厚度应均匀，不得含有气泡和未塑化的杂质，颜色为灰色，允许有轻微的色差、斑点及凹凸等。

2）有机玻璃钢。风管中常用有机玻璃钢板厚度的规格为 2.5mm、3.2mm、4.0mm、4.8mm、6.2mm。有机玻璃钢风管又称为玻璃纤维增强塑料风管，是由玻璃纤维布和各种不同树脂为粘合剂，经过成型工艺制作成的，具有较好的耐蚀性、耐火性和成型工艺简单等优点。其力学性能主要取决于纤维含量及排列方式；耐蚀性则取决于所选用的树脂的种类。有机玻璃钢风管价格昂贵，一般仅在工艺上使用。

3）无机玻璃钢。无机玻璃钢风管是用氯氧镁水泥添加氯化镁胶合剂等，用玻璃纤维布作增强材料而制得的复合材料风管。无机玻璃钢风管具有良好的防火、不燃烧性能，而且具有耐腐蚀、防潮湿、保温性能好及漏风量低等优点；缺点是比较脆、易损坏、较笨重、应变能力差。

由于玻璃钢风管需要在工厂进行加工，且加工损耗大，存在老化现象，故在家用中央空调中很少使用。

3. 常用复合风管材料

复合材料是保护层（如铝箔等）与中间保温层（如酚醛泡沫、聚氨酯泡沫、玻璃纤维等）复合而成的一种风管材料。复合材料风管一般采用手工施工，不需要专门的加工设备，因此特别适合于家用中央空调等小场地施工。采用复合材料现场制作大小通、弯头等配件也非常方便，因此施工速度快，且对施工人员的要求也相对降低。另外，复合材料风管对安装精度的要求也相对较低，可以提高风管的安装速度。

1）塑料复合钢板。塑料复合钢板是在普通钢板的表面贴一层塑料薄膜或是喷上一层 $0.2 \sim 0.4$mm 厚的软质或半硬质塑料膜而制成的，后一种也称塑料涂层钢板。塑料复合钢板分为单面和双面复合两种，具有耐腐蚀的特点，又具有普通钢板可进行弯折、咬门、钻孔等加工性能，常用于制作空气洁净系统和温度为 $-10 \sim 70℃$ 的通风系统的风管和配件。

2）铝箔复合板。铝箔复合板有酚醛铝箔复合板和聚氨酯铝箔复合板两种。

双面铝箔复合保温风管是指两面覆贴铝箔、中间夹有发泡复合材料和玻璃纤维板的保温板制作而成的风管。由于铝箔复合保温风管具有外观美、不用保温、隔声性能好、施工速度快、安全卫生等优点，在国内被广泛采用。

酚醛复合风管适用于低、中压空调系统及潮湿环境，不适用于高压及洁净空调、酸碱性环境和防排烟系统。聚氨酯复合风管适用于低、中、高压洁净空调系统及潮湿环境，不适用于酸碱性环境和防排烟系统。

其他风管材料主要包括砌筑各种风道的砖、石、混凝土等材料。

4. 常用风管软接材料

1）帆布。帆布有普通帆布和防潮帆布（棉帆布和防水用亚麻帆布）两种。防潮帆布是在普通帆布上刷帆布漆（如刷 Y02-Ⅱ 帆布漆）制成的。

2）软塑料布。软塑料布用于制作柔性短管，常用的厚度为 0.8mm、0.9mm、1.0mm，密度为 $1200kg/m^3$。

3）橡胶板。常用的橡胶板除了在 $-50 \sim 150℃$ 范围内具有极好的弹性外，还具有良好的不透水性、不透气性、耐酸碱和电绝缘性能，以及一定的扯断强力和耐疲劳强力。常用的橡胶板厚度为 1.0mm、1.5mm、2.0mm、2.5mm、4.0mm、5.0mm，密度为 $1500 kg/m^3$。

此外，常用风管软接材料还有聚酯纤维织物风管、金属圆形柔性风管和以高强度钢丝为骨架的铝箔聚酯膜复合柔性风管等。

5. 常用垫料

垫料主要用于风管法兰接口连接、空气过滤器与风管的连接以及通风、空调器各处理段的连接等部位作为衬垫，以保持接口处的严密性。它应具有不吸水、不透气和较好的弹性等特点，其厚度为 $3 \sim 5$mm，空气洁净系统的法兰垫料厚度不能小于 5mm，一般为 $5 \sim 8$mm。工程中常用的垫料有石棉绳、橡胶板、石棉橡胶板、乳胶海绵板、闭孔海绵橡胶板、耐酸橡胶板、软聚氯乙烯塑料板和新型密封垫料等，可根据风管壁厚、所输送介质的性质以及要求密闭程度的不同来选用。风管垫料的种类若无具体设计要求时，可参照表 2-20 的规定进行选用。

表 2-20 风管垫料选择原则

序 号	风 管 条 件	垫 料 选 择
1	输送介质温度低于70℃的风管	橡胶板或闭孔海绵橡胶板等
2	输送介质温度高于70℃的风管	石棉绳或石棉橡胶板等
3	输送含有腐蚀性介质的风管	耐酸橡胶板或软聚氯乙烯板等

（续）

序　号	风管条件	垫料选择
4	输送会产生凝结水或含有蒸汽的潮湿空气的风管	橡胶板或闭孔海绵橡胶板
5	除尘系统的风管	橡胶板
6	洁净空气的风管	橡胶板或闭孔海绵橡胶板，严禁使用厚纸板、石棉绳、铅油麻丝及油毛毡等易产生尘粒的材料作为风管的垫料

1）石棉绳。石棉绳由矿物中的石棉纤维加工编制而成，可用于输送介质温度高于70℃的风系统，一般使用直径为3～5mm。石棉绳不宜作为一般风管法兰的垫料。

2）橡胶板。如前所述，橡胶板可用于制作柔性短管，也可以制作法兰盘的垫料，垫料厚度一般为3～5mm。

3）石棉橡胶板。石棉橡胶板可分为普通石棉橡胶板和耐油石棉橡胶板两种。石棉橡胶板的弹性较差，一般不作为风管法兰的垫料，但可用于高温（大于70℃）排风系统的风管法兰的垫料。

4）乳胶海绵橡胶板和闭孔海绵橡胶板。乳胶海绵橡胶板是天然胶乳内加入皂类起泡剂及硫化剂、防老化剂等，直接用机械方法搅拌发泡、凝固制成的，其发泡孔大部分为开孔型。乳胶海绵板的弹性好，永久变形小，但气密性不如闭孔海绵橡胶板好。闭孔海绵橡胶板是以天然胶乳为原料，由氯丁橡胶经发泡成型构成的闭孔直径小而稠密的海绵体，生成的气孔为闭孔型，因而它的气密性好，弹性强，永久变形小。其弹性介于一般橡胶板和乳胶海绵板之间，多用于要求密封严格的部位，如空气洁净系统风管、设备等连接的垫片。

近年来，有关单位研制的以橡胶为基料并添加补强剂、增粘剂等填料，配置而成的浅黄色或白色粘性胶带，用作通风、空调风管法兰的密封垫料。这种新型密封垫料（XM－37M型）与金属、多种非金属材料均有良好的粘附能力，并具有密封性好、使用方便、无毒、无味等特点。XM-37M型密封粘胶带的规格为：7500mm×12mm×3mm，7500mm×20mm×3mm，用硅酮纸成卷包装。

5）8501阻燃密封胶条。8501阻燃密封胶条用于代替风管法兰接门处的橡胶垫或石棉绳垫，便于施工操作，可节省联接螺栓，并节省人工，密封性能良好，具有推广价值。它具有以下特点：①阻燃；②工作温度范围广（－40～120℃）；③属于不干性粘弹性胶条，可贴合任何不规则表面；④抗腐蚀和防潮湿，耐油、耐酸、耐碱、耐老化。

6）KS型密封胶。KS型密封胶是一种新型密封胶，已经用于空调净化工程施工、建筑合金铝门窗安装、壁板拼缝以及高效过滤器、组合式空调机等密封处，实际使用效果证明其性能良好，且价格优于市场上同类胶，是一种有广阔前途的密封胶。

7）密封胶带。密封胶带目前有牛皮纸胶带、塑料膜胶带、铝箔纸胶带和玻璃布胶带，主要用于通风管道无法兰插条接口处的密封。密封胶带有平口U、S形和立筋U、S形。上述4种胶带都是一面带胶，可直接贴在需要密封处的表面上，但粘贴后的耐久性较差，且如果粘贴表面不清理干净，还容易自行脱落。铝箔纸密封胶带性能较优。

6. 常用型材

1）角钢。等边角钢用于风管的法兰制作、风管加强以及风管、设备的支、吊架的制作。角钢的规格和材料成分应符合国家标准的规定。风管法兰和支、吊架常用角钢一般采用规格为 2.5、3、4、5。

2）槽钢。槽钢一般用来制作质量较大的空调设备的吊架、支架和基础。槽钢的规格和材料成分应符合现行国家标准的规定，空调基础与支、吊架常用槽钢的规格为 5、6.3、6.5、8、10。

3）扁钢。扁钢在暖通空调施工中的运用相比角钢和槽钢要少，一般用在设备支、吊架的制作上和一些角钢使用不方便的场合。常用扁钢的规格和材料成分应符合国家现行标准的规定。常用扁钢的规格有 3、4、5。

4）圆钢和通丝吊杆。圆钢和通丝吊杆主要用在吊筋的制作上，为了施工方便，常直接采用通丝吊杆作整根吊筋，一端安装膨胀头与楼板固定，另一端安装设备或风管支架，用螺母固定。通丝吊杆常用规格有 M6、M8、M10、M12。

7. 其他常用辅材

其他辅助材料包括：各类标准件（螺栓、螺母、平垫、弹簧垫圈、铆钉、膨胀螺栓）、木头、油漆，以及各类焊条、焊丝及焊接用气体等。

（二）常用工具

工程中使用的工具规格、种类、型号繁多，此处只列出风管系统施工所涉及的常用量具、常用手动工具、常用电动工具和常用加工机械。随着技术的不断进步，一些先进的工具和机械也不断出现并在工程中使用，如激光量具、超声波量具、电动铆枪等，这些都将使施工质量与施工效率进一步提高。

1. 常用量具

量具是暖通空调工程施工中不可缺少的测量和检测的工具。施工图样所标的尺寸，由各种量具来完成测量、定位、划线、下料、安装直到竣工验收，量具的使用贯穿施工全过程。

1）钢直尺、钢卷尺、纤维卷尺。钢直尺有 150mm 到 2.0m 的多种规格，常用的为1.0m、1.5m、2.0m 的钢直尺，用于风管制作时的划线、下料、样板制作等工作。钢卷尺有自卷式、制动式（带制动按钮）、摇卷盒式、摇卷架式，规格按 0.5m 的倍数分为多种，常用的制动式钢卷尺有 2.0m、3.0m、5.0m 几种规格。卷尺是暖通空调工程施工中的主要测量量具。纤维卷尺有折卷式、盒式、架式，用于测量较长的距离。

2）直角尺、万能角尺。直角尺用于画垂直线、安装定位和检验工件的垂直误差等。万能角度尺是利用游标原理，对两测量面相对移动所分割的角度进行读数的通用测量工具，常用于测量一般的角度、长度、深度、水平度以及在圆形工件上定中心等，也可进行角度划线。

3）水平尺。安装设备和风管时，用水平尺来测量水平度。较长的水平尺，还可测量垂直度。

4）划线规、标度划规。划线规用于划圆、划弧、等分度和排眼、量取尺寸等，暖通空调工程中多用于下料、制作样板。划线规有普通式、弹簧式两种，规格以其脚杆长度表示。标度划规用于划大圆直径、分度、放样。它由安装于刻度横杆上的可以往复调节的两组游标划针组成，规格以刻度横杆长度表示。可以根据标度划规的原理，自制长划规。

5）线锤与磁力线锤。线锤与磁力线锤是用于找垂直和定点用的测量工具，磁力线锤可以牢固地吸附于钢质工作表面，测量高度不大于 2.5m，操作简便，线坠收放自如。

2. 常用手动工具

1) 扳手。扳手用于安装、拆卸四方头、六方头螺钉及螺母活接头、阀门、螺母等零件和管件，常用的扳手有活扳手、呆扳手、梅花扳手、棘轮扳手。梅花扳手使用时只要旋转30°就能转换位置，适合空间狭小的作业环境使用。棘轮扳手的特点是无需从螺母上取下扳手就可以连续扳紧或松开螺母，适用于场地狭窄时螺栓、螺母的装拆作业。

2) 锤。常用的有圆头锤、钳工锤、八角锤、木锤、塑顶锤、橡胶锤。木锤、塑顶锤、橡胶锤可用于预制咬口平整的镀锌薄板，以及各种金属、非金属的无损伤整形、敲击、装配和拆卸作业。

3) 钢丝钳、螺钉旋具、电工刀。

4) 划针、样冲。划针用于直接在工件上划出线条，多用于风管放样下料。样冲用于冲孔定位，也可作为圆心定位。自制的样冲一般用工具钢废旧铰刀或钻头改制而成，样冲尖角为 45°~60°，顶尖淬火，长度约为 80~100mm，直径为 8~10mm。

5) 弹簧曲线板。弹簧曲线板是用带弹簧的钢片条制成的，弯成弧形，两端穿在有调节螺母的长杆上，可调节弧线的曲率，用于画曲线。

6) 手动拉铆枪。手动拉铆枪是单面铆接抽芯铆钉用的手工工具。单手操作式可用单手操作，适用于拉铆力不大的场合；双手操作式需用双手进行操作，适用于拉铆力大的场合。

7) 漆刷、喷漆枪。漆刷多采用猪鬃的扁形木柄毛刷，是手工涂刷的主要工具，可用于黏度较大的涂料。喷漆枪多用于低黏度、高细度的溶剂性涂料。

3. 常用电动工具

1) 型材切割机。电动型材切割机是采用增强树脂薄片高速旋转切割各种型材（管材、扁钢、角钢、槽钢等）的电动工具。其规格按薄片砂轮的外径定义。

2) 角向磨光机。角向磨光机用于金属零件表面修磨、切割、清理飞边和毛刺等，换上专用砂轮还可以用作切割砖石、石棉波纹板等非金属材料的工具。

3) 手枪钻、台钻和冲击电钻。手枪钻是对金属、塑料或其他类似材料或工件进行钻孔的电动工具。其体积小，质量小，操作快捷简便，工效高。钻孔时，工件要固定好，其表面应与外头中心线垂直，钢材钻孔要加润滑剂。

台式钻床简称台钻，是一种小型机床，一般设置在工作台上，是加工钻孔的专用机具，一般用于钻削直径为 12mm 以下的工件。钻削直径大于 12mm 的钻孔时，一般用专用设备（如立式钻床、摇臂钻床）进行加工，并应由专职钻工操作。

冲击电钻带有冲击机构，是以钻削为主、冲击为辅的手持式钻孔工具。其冲击频率远远高于电钻，装上镶硬质合金的钻头，可在水泥制品、砖石等脆性材料上钻孔。若将调节手柄旋至无冲击位置，装上一般麻花钻头，则可在金属、木材、塑料等材料上钻孔。

4) 电动自攻螺钉钻。电动自攻螺钉钻是电动拧紧和松开自攻螺钉的工具，这种手持式电动钻采用磁定位和装夹螺钉，只要将螺钉装入定位孔中，就能进行各种方向的操作，而无需手稳定，操作安全、方便。

5) 电动扳手。电动扳手就是拧紧和旋松螺栓及螺母的电动工具，用于各类场合的螺栓及螺母紧固，高效方便。对应螺栓及螺母的规格，有各种型号的电动扳手。

6) 电锤。电锤主要用于建筑施工的装修工程，在砖、石、混凝土等硬质材料上钻孔铆固螺栓吊挂重物，是水暖、通风、空调、电气、机械设备安装、维修及防震加固工程中广泛采用的理想高效的机械化施工机具。电锤还可以配用镶硬质合金的电锤头，对混凝土、岩石、砖墙等进行钻孔、开槽、打毛等作业。

7）电焊机。电焊机由电源设备、软电缆、焊钳、地线等组成。常用的交流电焊机为BX-500型，其工作电压为30～60V，调节电流范围为150～200A；直流电焊机有AX$_1$-500型和AX-320型。

4. 专用工具

1）手剪、铡刀剪、手动滚轮剪。手剪是常用剪切工具，剪口为硬质合金制作；用于剪切厚度不超过1.2mm的薄钢板，它是风管工程及管件制作与安装的必备工具。手剪有平口式和曲口式两种。规格以手剪全长表示，见表2-21。操作手剪时，把剪刀下部的勾环抵住地面或平台，这样剪切较为稳定，而且省力。剪切时用右手操作剪刀，左手将板材向上抬起，用右脚踩住右半边，以利于剪刀的移动；剪刀的刀刃应彼此紧密地靠紧，以便将板材剪断；否则，板材便会被拉扯下来，容易产生毛刺。在板材中间剪孔时，应先用扁錾在板材的废弃部分开出一个孔，以便剪刀插入，然后按划线进行剪切。

表2-21　手剪规格　　　　　　　　　　　　　　　（单位：mm）

规　　格		200	250	300	350	400	450	500
剪切厚度	薄钢板	0.25	0.30	0.40	0.50	0.60	0.70	1.10
	镀锌板	0.30	0.35	0.45	0.55	0.70	0.90	1.20

铡刀剪用于剪直线，适用于剪切厚度为0.6～2.0mm的钢板。

手动滚轮剪为机械结构，手柄驱动。其在铸钢机架的下部固定有滚刀，机架上部固定有上滚刀、棘轮和手柄。手动滚轮剪利用上、下两个互成角度的滚轮相切转动，来对薄板进行剪切。操作时，一手握住手柄，使上、下滚刀互动旋转，将板材剪下。

2）电剪刀。电剪刀用于薄钢板的直线切割与曲线切割。电剪刀作为金属板剪切工具，具有小巧、灵活、使用方便、不受场地限制、维修和携带方便等特点。使用电剪刀可大大提高加工精度和工作效率。

3）拍板。拍板用硬质木料做成，用于薄钢板拍打咬口或翻边，为风管制作的常用工具。在拍板外面包裹一层镀锌板，可以延长其使用寿命。

4）射钉工具枪。在没有电源、气源的施工场地，射钉工具枪利用火药爆炸时产生的高压推力，将射钉（尾部带有螺纹或是平头等形状）射入钢板、混凝土等建筑构件内，以起固定作用，代替预埋螺栓或膨胀螺栓等。

5. 常用薄钢板风管加工机械

1）剪板机。剪板机用于切割制作通风管道的金属薄板材。常用的剪板机有龙门剪板机、联合冲剪机、振动式曲线剪板机和双轮直线剪板机等。

龙门剪板机适用于剪切直线板材，剪切宽度为2000～2500mm，厚度不超过5mm。龙门剪板机可以一下一下地切割，也可以自动地连续进行切割。使用前，应按剪切板材的厚度调整好上、下刀片间的间隙。因为间隙过小时，剪厚钢板会增加剪板机的负荷，或易使刀刃局部破裂。反之，会把钢板压进上、下刀刃的间隙中而剪不下来。因此，必须经常调整剪板机上、下刀刃间隙的大小，间隙一般取被剪板厚的5%左右。例如，钢板厚度小于2.5mm时，间隙为0.1mm；钢板厚度小于4mm时，间隙为0.16mm。

联合冲剪机综合了冲孔、剪板、角钢剪切、型材剪切等功能，能对板材、方钢、圆钢、槽钢、角钢、工字钢等各种型钢进行剪切、冲孔，具有质量小、体积小、噪声低等优点。

振动式曲线剪板机适用于剪切厚度小于2mm的低碳钢板及有色金属板材，该机可以切割复杂的封闭曲线，也可以在板材的中间直接剪切内孔以及剪切直线，但效率较低。在剪切的过程中，应将切割的钢板放在下刀片上，以获得优质的切割。

双轮直线剪板机适用于剪切厚度小于2mm的直线和曲线板材。该机使用范围较广，操作灵活。

2）压筋机。压筋机可将镀锌板进行压筋处理，以增加镀锌板的刚度。

3）折板机。板材的折方有人工折方和机械折方两种方法。人工折方效率低，体力消耗大，因此，多使用机械折方。折板机主要用于矩形风管的直边折方。

4）卷板机。卷板机用于通风管道加工，将金属薄板加工成圆管。

5）法兰弯曲机。法兰弯曲机适用于∠40×40mm×4mm以内的角钢和40mm×4mm扁钢撖制直径为200mm以上各种规格的法兰。

6）咬口机。常用的咬口机有直线多轮咬口机、圆形弯头联合咬口机、矩形弯头咬口机、按扣式咬口机。咬口机是目前通风空调工程用于制作方形、矩形、圆形风管及矩形风管的弯头、三通、变径管咬口成型的专用加工设备，适用于厚度为1.2mm以内钢板的各种咬口成型。

7）压口机。压口机的作用是将直线咬口压制成咬合缝。

8）点焊机。点焊机用于对钢板进行接触点焊。

9）缝焊机。缝焊机与点焊机很相似，它是将板件的接触缝焊在一起，焊接原理与点焊机相同，用水冷却。这种焊机焊接的板件表面平整，焊缝严密、牢固，工作效率高。

10）共板法兰机。共板法兰机是专门用于生产共板法兰风管的电动设备，用于压制共板法兰的法兰边。

（三）金属风管与管件的制作

1. 风管与管件制作的工艺流程

金属风管与管件的制作基本采用咬口形式（通常板厚≤1.2mm）与焊接形式（通常板厚>1.2mm）。咬口形式风管制作流程如图2-31所示，焊接形式风管制作流程如图2-32所示。

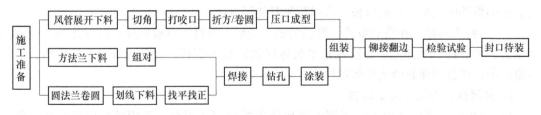

图2-31 咬口形式风管制作流程

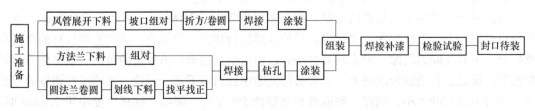

图2-32 焊接形式风管制作流程

对于无法兰联接的风管，一般均为薄钢板咬口形式，压口成型后即可以进行检验，合格后封口待装。

2. 施工准备

风管与管件在加工和制作前，应事先做好准备工作，为施工创造良好的条件。准备工作主要包括统计和计算材料、绘制加工草图、选料、配备好加工机具和人员、安排好运输工具和加工场地、确认板材的整平、除锈等工作。

3. 风管及管件的展开下料

风管及管件的展开是将立体的风管和管件展开成平面形状，以便进行板材的下料。这是风管及管件制作最关键的一步，也是最难掌握的一步。

（1）矩形直风管的展开　对于一个长为 L、截面为 $A \times B$ 的矩形直风管来说，其展开很简单，就是一个矩形。该矩形长为 $L +$ 法兰处的翻边；宽为 $2 \times (A + B) +$ 封闭拼缝搭接宽度。对于咬口形式来说，封闭拼缝搭接宽度就是咬口宽度。若 "$L +$ 法兰处的翻边" 超过板材尺寸时，则将风管分段制作。若 "$2 \times (A + B) +$ 封闭搭接长度" 超过板材尺寸时，则增加拼接缝。例如 $250mm \times 200mm$ 的风管，只需要一条闭合拼缝；$500mm \times 400mm$ 的风管，就需要两条拼缝来构成风管；$1000mm \times 800mm$ 的风管，就可以采用四条拼缝来构成风管。

（2）圆形直风管的展开　对于一个长为 L、直径为 D 的圆形风管，其展开是一个矩形。该矩形长为 $L +$ 法兰处的翻边，宽为 $\pi D +$ 封闭拼缝搭接宽度 × 拼缝数。

由于咬口是外面齐平的，所以直风管的咬口对法兰安装没有影响，但法兰处的翻边不能重叠，所以应该去除翻边处的咬口，约 $6 \sim 9mm$。

（3）矩形变径风管　图 2-33 所示为矩形变径风管，该变径风管的高为 $400mm$（被连接的两侧的风管 $500mm \times 320mm$ 与风管 $250mm \times 200mm$ 的间距为 $400mm$），但由于考虑法兰安装处必须为直段，若法兰为 2.5# 角钢，则实际变径风管的高约为 $340mm$。图 2-33 所示的矩形变径风管可以简化为图 2-34 所示的矩形变径风管简化图。

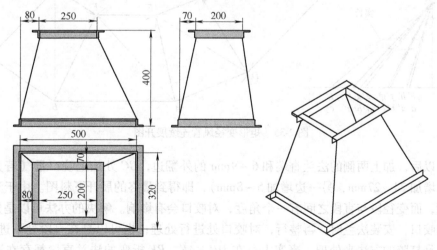

图 2-33　矩形变径风管

其展开可以采用三角形法进行，具体步骤如下：

1）在每个面上添加辅助线，构成一系列三角形，如连接 AF。

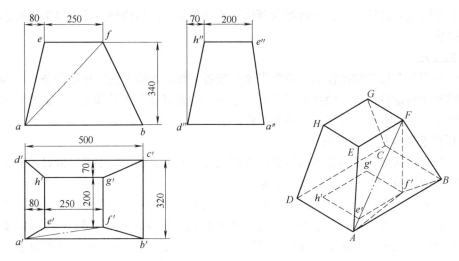

图 2-34　矩形变径风管简化图

2）求三角形各边的实长，这也是最关键的一步。变径管两端的实长容易得到，即两边风管的边长。关键在于找到每条斜棱的实长与辅助线的实长，再利用投影的原理就可以得到各边实长。如 *FB* 的实长可以通过直角三角形 *Ff′B* 求得，*Ff′* 为高，此处为 340mm，*f′B* 为 *FB* 在俯视图上的投影，即为俯视图中 *f′b′* 的长。同理，可以得到 *AF*、*AE* 等所有线的实长。

3）根据各三角形三个边的实长，依次画出各三角形，即得到展开图，如图 2-35 所示（以 *AB* 为起始边）。

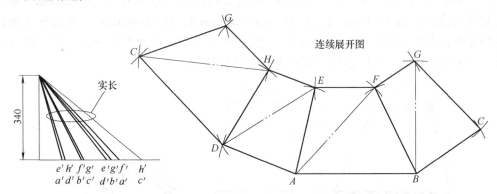

图 2-35　矩形变径风管连续展开图

展开以后，加上两侧的法兰直端和 6～9mm 的外翻边，*GC* 处加上咬口量（若为联合咬口，一边增加 24～27mm，另一边增加 5～8mm），即得到最终的展开下料图。由于法兰处是直段风管，而变径段与直段之间有一个角度，对咬口会有影响。解决的办法可以是先全部按棱边角度咬口，安装法兰时，再整行，对咬口处进行处理；也可以是在直段处不进行咬口，用焊接或是打胶的方法来处理。事实上，在 *DH*、*AE*、*BF* 折弯的法兰直段都存在这样的问题，通常是采用打胶的方法处理。

为了节省材料和加工方便，一般不采用连续展开，而直接将其分成 4 块，再采用联合咬口进行拼接。

由于法兰直段的处理都基本相同，在后面的展开说明中就不再赘述，直接对简化图进行展开说明。

（4）矩形等高弯头、三通、来回弯 矩形等高的弯头、三通、来回弯的展开分上下面和侧面两部分。上下面分别为图2-36所示，侧面展开均为矩形。矩形的宽为管件的高，长度根据不同的面进行计算，或可以利用CAD软件通过作图很方便地得到。

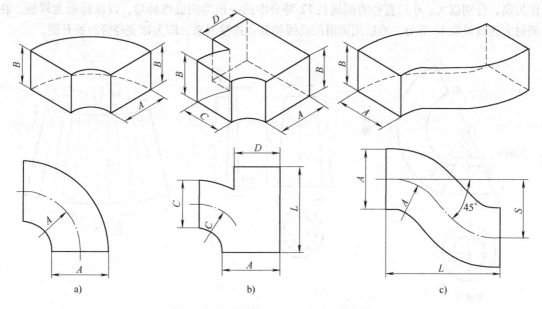

图 2-36 矩形等高弯头、三通、来回弯

a）矩形等高弯头 b）三通 c）来回弯

（5）天圆地方 以一个偏心对称的天圆地方管件为例进行展开，如图2-37所示，其展开方法为三角形法。

EF 为对称轴，在平面图上6等分半圆，分别与对应方形底的各顶点连接，形成若干个三角形。这些三角形的上面边的长为 $\pi D/12$（D 为顶圆直径），三角形的另两条边的实长通过投影直角三角形求得，方法如前面所述。平面底边长即为方底边实长。

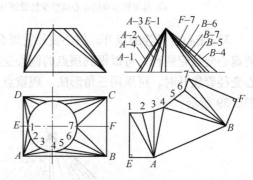

图 2-37 偏心对称天圆地方的展开（一个方向对称）

以 *EA* 为起始边，用各三角边实长依次画出各三角形，直至三角形 *B7F*，再用圆滑的曲线连接1～7点，即得到半个展开圆，另半个展开圆沿对称轴对折就可以得到。对于完全对称的天圆地方来说，只需展开1/4个管件就可以，如果底边是正方形，就更加简单。

（6）圆形变径管 圆形变径管的展开有三种情况，即可以得到顶点的正心圆形变径管、不易得到顶点的正心圆形变径管和偏心变径管的展开。

1）可以得到顶点的正心圆形变径管的展开。其展开采用放射线法。正心圆形变径管就是一个正圆台，作母线的延长线找到交点，然后将圆台展开成扇形即可，如图2-38a所示。

2）不易得到顶点的正心圆形变径管的展开。当∠AOB 很小时，若仍采用放射线法，则其顶点就会相交于很远的地方，这种变径管称为不易得到顶点的正心圆形变径管。在这种情况下，一般采用近似画法作其展开图。

具体方法为：根据已知的大口直径 D、小口直径 d 以及高 h，首先画出立面图和平面图，如图 2-38b 所示。在平面图上将大口直径和小口直径的圆周长各 12 等分，以变径管的母线长 L 作为高，分别以大、小口直径的圆周长 12 等分中的一份为两底作梯形，以该梯形为样板，在板材上连续量取 12 等分，然后用圆滑的曲线将各点连接起来，即为该变径管的展开图。

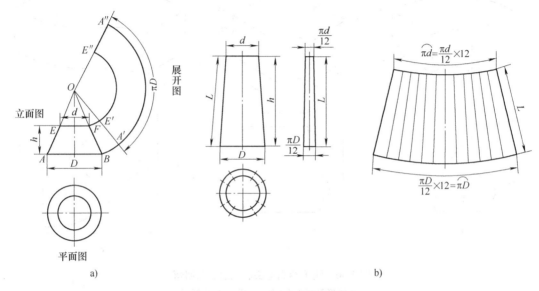

图 2-38 正心圆形变径管展开图

a）易得到顶点的正心圆形变径管展开 b）不易得到顶点的正心圆形变径管展开

3）偏心变径管的展开。偏心变径管可分为可以得到顶点的偏心变径管和不易得到顶点的偏心变径管两种。可以得到顶点的偏心变径管展开时，可用放射线法；不易得到顶点的偏心变径管展开时，可采用三角形法。现重点介绍不易得到顶点的偏心变径管的展开方法，如图 2-39 所示。

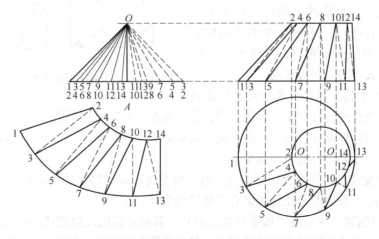

图 2-39 圆形偏心变径管的展开图（不易得到顶点）

　　根据已知偏心变径管的大口直径 D、小口直径 d、高 H 和偏心距 S，首先画出平面图和立面图。在平面图上将小口直径圆和大口直径圆的圆周的一半各 6 等分，等分时注意以对称轴为起点，连接相应点，形成若干个三角形，如图 2-39 所示，用这些三角形来近似代表变径管的表面。用前面讲述的三角形法求出各连线（三角形边）的实长。最后，在平面上依次画出各三角形，即得到其展开图。偏心变径管是轴对称的，所以只需展开一半，另一半沿对称轴对折就可以。

　　(7) 圆形弯头、圆形来回弯

　　1) 圆形弯头（等径）。圆形弯头又称虾米腰或虾米弯，是由两个端节和若干个中间节组成，而端节尺寸是中间节尺寸的一半，如图 2-40 所示。原则上弯头的弯曲半径越大，越有利于流动；越小越方便制作，制作时需要兼顾这两个因素选择合理的弯曲半径，在没有设计要求时参考表 2-22 进行选择。

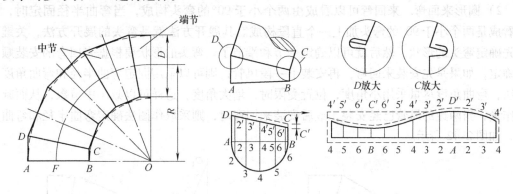

图 2-40　圆形弯头展开图

表 2-22　圆形弯头弯曲半径和最少中节数

弯头直径 D/mm	弯曲半径 R/mm	弯曲角度及最少中节数（端节数均为2）			
		90°	60°	45°	30°
80 ~ 220		2	1	1	—
240 ~ 450		3	2	1	—
480 ~ 800	$R = (1 \sim 1.5) D$	4	2	1	1
850 ~ 1400		5	3	2	1
1500 ~ 2000		8	5	3	2

　　圆形弯头的展开采用平行线展开法。如图 2-40 所示，在确定弯曲半径和选定中节数后，就可以确定中节（或是端节）的形状了。端节是中节的一半，端节两端面的夹角是中节的一半，如果中节数是 n，则端节端面对应的夹角 $\alpha = [\theta / 2(n+1)]°$（$\theta$ 为弯头弯曲角度）；再由管径 D 和弯曲半径 R 就可以通过计算或是画图得到端节的正投影图。在圆周的等分点上（一般是 12 等分）画上平行的母线，在正投影图上可以得到这些母线的实长，再把这些实长标在沿圆周展开的图上，得到各点，最后用圆滑的曲线连接各点，即得到端节展开图。把该展开曲线沿底边对称轴对称一下，就可得到中节的曲线图。

　　圆形弯头的展开可以借助计算机绘图（CAD）进行，在明确弯曲半径与管径的关系后，可以先画一个 $D = 100$mm 的 n 中节的弯头，然后根据实际圆形风管的直径缩放。例如实际风管直径是 $D = 250$mm，就整体缩放 2.5 倍，即可得到各平行线的长度，直接在薄钢板上量得到这些点，从而可以很快得到展开图，如图 2-41 所示。

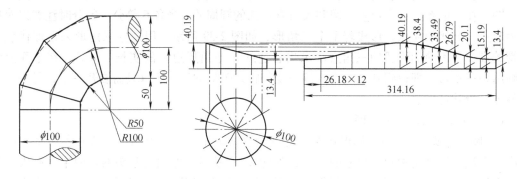

图 2-41　CAD 绘圆形弯头展开图

2）圆形来回弯。来回弯可以看成由两个小于 90°的弯头构成，当弯曲半径固定时，可以看成是两个小于 90°的弯头加上一个直段构成。其展开方法就是弯头的展开方法，关键是要先确定弯头的形状，然后就可以确定中节和端节了。弯头的形状要根据来回弯的安装顺序来确定，如果是先安装来回弯，再安装下一段风管，则可以采用固定弯曲半径和弯曲角度的方法，弯曲角度尽量采用小角度，位置受限时，增大角度，这样可以减小中节数，从而减小工作量；当两边的风管已经安装，最后安装来回弯时，则采取作图法确定弯曲半径和弯曲角度，如图 2-42 所示。

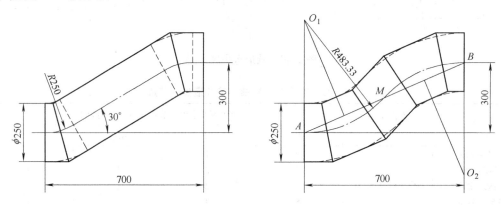

图 2-42　圆形来回弯

图 2-42 中右侧的来回弯是后安装的，两端风管中心 AB 的距离和偏心距确定，连接 AB，找到中点 M，作 AM 和 BM 的垂直平分线，这样就可以确定弯曲半径所在的圆心 O_1、O_2。可以看出这时弯曲半径增加，这样对流体流动是有利的，但需要增加一个中节。

（8）圆形三通

1）主管和支管同底的圆形斜三通的展开。根据主管大口直径 D、小口直径 D'、支管直径 d、三通的高 H、主管与支管轴线的夹角，先画出三通的立面图，如图 2-43 所示。夹角 α 一般在 15°～35°之间。夹角 α 较小时，高度 H 就较大；夹角 α 较大时，高度 H 就较小。夹角 α 常采用 30°。主管和支管之间的开档距离 δ 应能保证安装法兰时便于操作，一般取 $\delta = 80 \sim 100\text{mm}$。

展开时，先作圆形斜三通的主视图：作等腰梯形 $ABCD$，AB 等于主管大口直径 D，CD

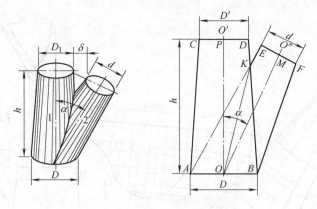

图 2-43 圆形三通与其立面图

等于小口直径 D'，高等于三通的高 H；过底边 O 点作与 OP 成 α 夹角的直线 OO''，过 D 点作 OO'' 的垂线，垂足为 M，以 M 点为中心，在该垂线上截取 EF，使其等于支管直径 d，四边形 $AEBF$ 即为斜支管视图；AE 与 BD 相交于 K，连接 KO 就得到三通主管和支管的相贯线。

主管展开，先作主管的立面图，在上、下口直径上各作辅助半圆并分别 6 等分，按顺序编上相应的序号，作出相应的外形素线，然后按正心圆形变径管的展开方法，将主管展开成扇形。在扇形展开图上截取 7-K，使其等于立面图上 7-K 的长度，截取 6-M_1、5-N_1、4-4′，使其等于立面图上的上、下口半圆等分点连线与相贯线交点之间的实长线，最后将各截线交点用光滑的曲线相连，则得主管部分的展开图，如图 2-44 所示。支管部分的展开图作法与主管的展开画法基本相同。

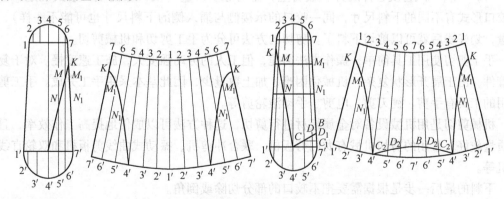

图 2-44 圆形斜三通主管与支管展开图

2）主管和支管不同底的圆形斜三通的展开。先根据已知的三通主管直径 D_1、D_2、支管直径 D_3、高 H、夹角 α 和开档距离 δ，画出主管和支管的主视图（立面图），如图 2-45 所示。图中主管和支管的相贯线用辅助球面法绘制。立面图作出后，就可用平行线法作出支管的展开图，再用放射线法作出主管的展开图。

综上所述，风管（直段）可直接展开下料。管件的展开下料（特别是圆形风管管件的展开）可能还需要借助三种基本方法：平行线法、放射线法和三角形法。一般柱面首先考虑平行线法；锥面考虑放射线法；不易得到放射线顶点时，用梯形法；在平行法与放射线法都不能采用时，则使用三角形法。

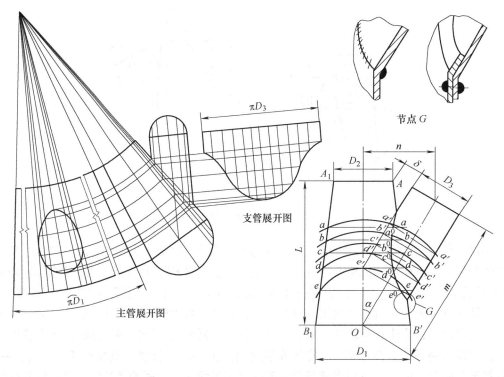

节点 G

图 2-45　主管和支管不同底的圆形斜三通展开图

（9）下料　风管及管件展开在板材上，需留好咬口量（咬口量由咬口形式确定，不同的咬口形式有不同的下料尺寸，同一咬口的承接侧与插入侧的下料尺寸也可能不一样）、翻边量，划好线后就可以剪切下料了。剪切的方法可分为手工剪切和机械剪切。

手工剪切使用工具简单，操作方法简捷，但工人的劳动强度大，施工速度慢。对于复杂的管件，由于展开形状复杂，机械化困难，加上数量少，因此基本采用手工完成。手工剪切常用的工具有手剪、铡刀剪、电剪、手动滚轮剪等。

机械剪切是用机械设备对金属板材进行剪切，这种方法可以成倍地提高工作效率，且切口质量较好。常用的剪切机械有龙门剪板机、联合冲剪机、振动式曲线剪板机和双轮直线剪板机等。

下料的最后一步是根据需要把不咬口的部分切除或倒角。

4. 风管及管件的闭合连接

风管及管件下料与切角后，根据其闭合连接的方式进行打咬口（咬口连接）或坡口组对（焊接连接），然后进行成形加工。成形加工就是将板材沿棱线折方和圈圆的过程。折方和圈圆一般采用折板机和卷板机进行机械作业，在条件限制或是复杂管件的情况下，也采用人工作业的方法。

成形加工后即可以进行风管或管件的闭合连接。用金属薄板加工制作风管和管件时，其闭合连接（包括管件的组合连接，如圆形风管弯头中节间、中节与端节的组合等）的方法有咬口连接、焊接和铆接三种。咬口连接是通风空调工程中最常用的一种连接方法，在条件允许的情况下，应尽量采用咬口连接，这种连接方法不需要其他辅助材料，且可以增加风管的强度，变形小、外形美观。咬口连接适用于板厚 $\delta \leqslant 1.2$mm 的普通薄钢板和镀锌薄钢板、板厚 $\delta \leqslant 1.0$mm 的不锈钢板和板厚 $\delta \leqslant 1.5$mm 的铝板。管道密封要求较高或板材较厚不宜采用咬口连接时，常采用焊接连接，因此焊接连接适用于板厚 $\delta > 1.2$mm 的薄钢板、板厚 $\delta > 1.0$mm 的不锈钢板和板厚 $\delta > 1.5$mm 的铝板。咬接与焊接的界限见表 2-23。

表 2-23　咬接与焊接的界限

板厚 δ/mm	材　质		
	薄钢板和镀锌薄钢板	不锈钢板	铝　板
$\delta \leqslant 1.0$	咬接	咬接	咬接
$1.0 < \delta \leqslant 1.2$			
$1.2 < \delta \leqslant 1.5$	焊接（电弧焊）	焊接（氩弧焊及电弧焊）	焊接（氩弧焊及电弧焊）
$\delta > 1.5$			

对于板材较厚或板材较脆，不宜采用咬口连接的情况，也可采用铆接连接。由于铆接连接的密封性差，强度也不如焊接连接，随着焊接技术的发展，铆接连接逐步被焊接连接所代替。

（1）咬口连接

1）咬口形式。常见的咬口形式有单咬口、立咬口、转角咬口、联合角咬口和按扣式咬口，如图 2-46 所示。

单咬口主要用于板材的拼接缝和圆形风管或管件的纵向闭合缝。立咬口主要用于圆形弯管或直管、圆形来回弯的横向节间闭合缝。转角咬口多用于矩形风管或部、配件的纵向闭合缝和有净化要求的空调系统，有时也用于矩形弯管、矩形三通的转角缝。联合

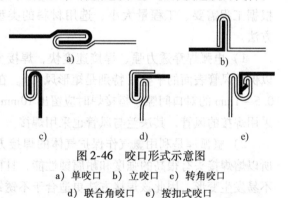

图 2-46　咬口形式示意图
a）单咬口　b）立咬口　c）转角咬口
d）联合角咬口　e）按扣式咬口

角咬口也称包角咬口，主要用于矩形风管、弯管、三通管及四通管的咬接。按扣式咬口主要用于矩形风管的咬接，有时也用于矩形弯管、三通或四通等配件的咬接。它是近年来研制和投入使用的较为理想的咬口形式，便于机械化加工、运输和组装，有利于文明施工，可降低环境噪声、提高生产效率；但该咬口的漏风量较高，严密性要求较高的风管需补加密封措施，铝板风管不宜采用该咬口形式。

2）咬口宽度。咬口宽度与咬口形式、所选板材的厚度和加工咬口的力学性能有关，一般应符合表 2-24 的要求。

表 2-24　咬口宽度　　　　　　　　　　　　　　　（单位：mm）

咬口形式	板　厚		
	0.1 ~ 0.7	0.7 ~ 0.9	1.0 ~ 1.2
单咬口	6 ~ 8	8 ~ 10	10 ~ 12
立咬口	5 ~ 6	6 ~ 7	7 ~ 8
转角咬口	6 ~ 7	7 ~ 8	8 ~ 9
联合角咬口	8 ~ 9	9 ~ 10	10 ~ 11
按扣式咬口	12	12	12

3）咬口的下料留量。咬口宽度、重叠层数、材料厚度以及使用机械都对咬口的下料预留量有影响，具体可以参照咬口机的参数要求。

4）咬口的加工。板材咬口的加工过程主要是折边（打咬口）和咬合压实。咬口的加工可分为手工加工和机械加工两种。

手工咬口就是利用简单的加工工具，靠手工操作的方法进行打咬口的过程。手工咬口使用的工具有硬质木锤、木方尺（硬木拍板，主要用来平整板材和拍打咬口）、钢制小方锤和各种型钢等。手工咬口工作效率低，噪声大，工人的劳动强度大，产品的质量不稳定，但其使用的工具简单，在特殊情况下无机械可以利用时，可采用这种方法。

机械咬口常用的加工机械有多种型号，性能各不相同。常用的咬口机械主要有直线多轮咬口机、圆形弯头联合咬口机、矩形弯头咬口机、按扣式咬口机和咬口压实机等。利用咬口机、压实机等机械加工的咬口，成形平整光滑，生产效率高，操作简便，无噪声，大大改善了劳动条件。目前生产的咬口机体积小，搬动方便，既适用于集中预制加工，也适用于施工现场使用。

（2）焊接连接　常用的焊接方法有电弧焊、氩弧焊、气焊（氧乙炔焊）、锡焊等。可根据工程需要、工程量大小、选用材料的类型及厚度以及装备条件等，选用适当的焊接方法。

1）电弧焊穿透力强、焊接速度快，焊接变形比气焊小，因此应尽量采用电弧焊焊接，以保持风管表面的平整（特别是矩形风管）。在对接焊时，不必做坡口，但应在焊缝处留出 $0.5 \sim 1\text{mm}$ 的对口间隙；搭接焊时应留出 10mm 左右的搭接量；先点焊，整平后再连续焊接。采用焊接的风管，其法兰与风管也采用焊接。

2）氩弧焊是利用氩气作保护气体的焊接方法。由于有氩气保护了被焊接的金属板材，所以熔焊接头有很高的强度和耐腐蚀性能，且由于加热量集中，热影响区域小，板材焊接后不易发生变形，因此该焊接方法更适合于不锈钢板及铝板的焊接。铝板焊接时，坡口必须脱脂及清除氧化膜，可以使用不锈钢丝刷进行除锈，然后用航空汽油、工业酒精、四氯化碳及木精等清洗剂进行脱脂处理。坡口清除干净后应尽快进行焊接，否则，坡口会重新受污而影响质量。

3）气焊一般只在板材较薄（ $0.8 \sim 1.2\text{mm}$ 之间的钢板，电焊容易烧穿）而严密性要求较高时采用。由于气焊的预热时间长，加热面积大，因此焊接后板材的变形大。对于铝板，一般在厚度大于 1.5mm 时使用气焊连接。气焊不得用于不锈钢板的连接，因为气焊时，在金属内发生增碳作用或氧化作用，使接缝处金属的耐腐蚀性能降低，而且不锈钢的导热系数小，线膨胀系数较大，在气焊时加热范围大，易使板材发生挠曲。

4）锡焊仅在镀锌薄钢板咬口连接时配合使用，把锡焊作为咬口连接的密封。由于它的焊缝强度低、耐温低，所以在通风与空调工程中很少单独使用，只在对严密性要求较高或咬口补漏时才采用锡焊。

5）风管的拼接缝和闭合缝还可以用点焊机或缝焊机进行焊接。

6）焊缝形式。风管焊接时应根据风管和管件的结构形式和焊接方法的不同来选择焊缝形式。常用的焊缝形式有对接焊缝、角焊缝、点焊焊缝、搭接焊缝、搭接角焊缝、扳边焊缝和扳边角焊缝，见表 2-25。

表 2-25　焊缝形式及适用场合

序　号	焊缝形式	示 意 图	用　　途
1	对接焊缝		对接焊缝主要适用于板材的拼接缝、横向缝或纵向闭合缝
2	角焊缝		角焊缝主要适用于矩形风管及管件的纵向闭合缝和转角缝
3	点焊焊缝		点焊焊缝、搭接焊缝及搭接角焊缝主要适用于板材厚度较薄的矩形风管、管件以及板材的拼接。法兰与风管的焊接一般采用点焊焊缝与搭接焊缝
4	搭接焊缝		
5	搭接角焊缝		
6	扳边焊缝		扳边焊缝及扳边角焊缝主要适用于板材厚度较薄的矩形风管和配件以及板材的拼接，且适用于气焊焊接
7	扳边角焊缝		

（3）铆接连接　铆接是将两块要连接的板材扳边搭接，用铆钉穿连并铆合在一起的连接方法。如前面所述，当板材较厚或较脆，咬口无法进行时可采用焊接和铆接，并优先采用焊接。由于焊接存在热变形，并且焊接不如铆接方便，所以在密封和强度要求不高的场合，铆接作为辅助连接方法仍有采用。例如风管与法兰的铆接，如图 2-47 所示。

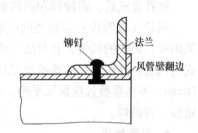

图 2-47　风管与法兰的铆接

5. 法兰制作与法兰装配

当风管和管件间的连接形式采用法兰联接时，就需要进行法兰的制作。法兰制作一般与风管的下料与成形制作同时进行，有时会作为风管与管件制作的第一道工序。当把风管施工图转换成风管加工图时，可以同时得到所需要的法兰的规格与数量，并能很快地得到下料尺寸与原材料的用量。法兰规格见表 2-26 和表 2-27。

表 2-26　金属圆形风管法兰规格　　　　　　　　　　　　　（单位：mm）

风管直径 D	法兰材料规格	螺栓规格
$D \leqslant 140$	扁钢 20×4	M6
$140 < D \leqslant 280$	扁钢 25×4	
$280 < D \leqslant 630$	角钢 25×3	
$630 < D \leqslant 1250$	角钢 30×4	M8
$1250 < D \leqslant 2000$	角钢 40×4	

表 2-27 金属矩形风管法兰规格 （单位：mm）

风管长边尺寸 b	法兰材料规格（角钢）	螺栓规格
b≤630	25×3	M6
630<b≤1500	30×3	M8
1500<b≤2500	40×4	
2500<b≤4000	50×5	M10

金属风管的法兰采用型材制作。矩形法兰直接按尺寸下料和组焊；圆形法兰需要先卷圆，再划线下料，平整找正后焊接。为使法兰与风管组合时严密而不紧，适度而不松，应保证法兰内径尺寸偏差为正偏差，其偏差值为 0~2mm。法兰的焊缝应熔合良好、饱满，无假焊和孔洞；法兰平面度的允许偏差为 2mm，矩形法兰对角线允许误差为 3mm。

法兰组焊后即可以进行铆钉和螺栓孔的钻孔，钻孔一般采用台钻进行。中、低压系统风管法兰的铆钉孔及螺栓孔孔距不应大于 150mm，高压系统风管法兰的铆钉孔及螺栓孔孔距不应大于 100mm；洁净度为 1~5 级的净化空调系统，其铆钉及螺栓的孔距不应大于 65mm；洁净度为 6~9 级的净化空调系统，其铆钉及螺栓的孔距不应大于 100mm。矩形法兰的四角部位必须设有螺栓孔，与风管铆接的法兰螺栓孔应该留出风管翻边的位置。钻孔时，螺栓孔的孔径应比螺栓直径大 1.5mm；同一批量加工的相同规格法兰的螺孔排列应一致，并且孔距准确。这样可以使法兰具有互换性，从而方便安装。

钻孔完成后，需除锈和刷防锈漆，漆干后便可以与风管进行组装。

风管（或管件）与法兰的组装通常有铆接与焊接两种形式。薄壁风管，即风管的闭合采用咬口形式的风管，其与法兰的连接采用铆接；厚壁风管，即风管的闭合可以采用焊接形式的风管，其与法兰的连接也采用焊接连接，焊接后再进行补漆。风管的管壁翻边为 6~10mm，不得重叠且应保证平整。风管与法兰焊接连接时，管端应缩进法兰 4~5mm，先点焊定位，再满焊。

6. 风管加固

对于直径或边长较大的风管，以及长度较长的管段，为了避免风管断面变形、受损，以及减少管壁在系统运转中由于振动而产生的噪声，需要对风管进行加固。风管的加固可采用楞筋（或楞线）、立筋，角钢（内、外加固）、扁钢、加固筋和管内支撑等形式，如图 2-48 所示。楞筋是用专用机械对板材进行压楞处理，需在下料前进行；其他的加固方法可以与法

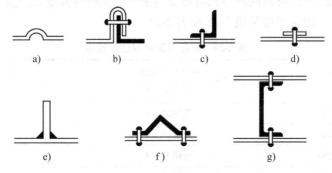

图 2-48 风管加固形式

a）楞筋 b）立筋 c）角钢加固 d）扁钢平加固 e）扁钢立加固 f）加固筋 g）管内支撑

兰安装同时进行。

加固的材料应平整，不应有明显变形；加固筋排列应规则，高度应不大于法兰宽度；铆接形式的风管，铆接间隔不大于220mm，相交处应连接成一体；管内支撑间距及与风管边沿或法兰的距离应不大于950mm。

（1）圆形风管的加固　施工及验收规范规定：圆形风管（不包括螺旋风管）直径大于等于800mm，且其管段长度大于1250mm或管段总表面积大于4m²时，均应采取加固措施。圆形风管可采用扁钢或角钢加固圈加固，并用铆钉固定在风管上；为了防止咬口在运输或吊装时裂开，当圆形风管的直径大于500mm时，其纵向咬口的两端需用铆钉或点焊固定。

（2）矩形风管的加固　施工及验收规范规定：矩形风管的边长大于630mm、保温风管边长大于800mm，管段长度大于1250mm，或低压风管的单边平面积大于1.2m²，中、高压风管大于1.0m²时，均应采取加固措施；高压和中压风管系统的管段，当长度大于1250mm时，还要有加固框补强；高压风管系统的单咬口缝，还应有防止咬口缝胀裂的加固或补强措施。常用的加固方法有以下几种：

1）接头起高的加固法（即采用立咬口）。虽然可节省钢材，但加工工艺复杂，且接头处易漏风，所以目前采用的较少。

2）风管外侧角钢加固。该方法是在风管或弯头中部采用角钢框加固或仅风管大边进行角钢加固，是一种使用较普遍的加固方法。加固框必须铆接在风管的外侧，加固框之间、加固框与管端法兰之间的间距为1200~1400mm；当风管边长在1500~2000mm时，除采用加固框加固外，还应在风管外侧的对角线上铆接L30×4mm的角钢加固条。风管外侧角钢加固施工简单，可节省人工和材料，但其外形不美观，因此，明装风管较少采用。

3）风管内壁设置纵向肋条加固。这种加固方法一般仅用于外形要求美观的明装风管，用1.0~1.5mm厚的镀锌钢板条压成三角棱形作为加固肋条，铆接在风管的内壁上。洁净系统不能使用该方法。

4）风管壁上滚槽加固。风管展开下料后，先将壁板放到滚槽机械上进行十字线或直线滚槽，加工出凸棱，大面上的凸棱呈对角线交叉，然后咬口、合缝，但在风管展开下料时要考虑到滚槽对尺寸的影响。不保温风管的凸棱凸向外侧，保温风管的凸棱凸向内侧。这种方法工艺简单，不需要加固钢材，但仅适用于边长不大的风管，且在空气净化系统中不能使用该加固法。

5）压筋加固处理。此方法与滚槽加固类似，但压筋在风管展开下料之前，需先在压筋机上对薄钢板进行压筋处理，然后再下料和进行风管制作。由于压出的筋不大，所以不影响对风管的制作，但压筋对风管的加强作用较小，对于较大风管和流速较高以及管内风速较高的场合，还应该按规范对风管进行加固。

7. 检验

对风管制作质量的检验与验收，应按其材料、系统类别和使用场所的不同分别进行，主要包括风管的材质、规格、强度、严密性与成品外观质量检验等内容。

（1）材质的检验　主要是查验材料质量合格证明文件、性能检测报告，包括板材的规格厚度尺寸等应符合设计和现行国家标准对于板材材质的相关规定。

（2）风管规格的检验　主要检查风管的规格尺寸是否符合设计要求；风管所用板材的厚度是否符合设计要求，无设计要求时是否符合规范的要求。如前所述，风管以外径或外边长为准，建筑风道以内径或内边长为准。非规则椭圆形风管参照矩形风管。风管管件还需要检验其特征尺寸是否符合设计或规范要求，如弯头的弯曲变径、虾米弯的节数、导流片的制作与设置等。

（3）风管强度的检验 风管的强度要求满足在1.5倍工作压力下接缝处无开裂。实际操作时，应先检查当风管尺寸达到加固要求时，是否采取了加固措施。加固措施除了应符合规范规定的加固要求外，可通过目测法判断加固是否有效。压力试验可以与漏风量测试同时进行。

（4）风管的严密性检验 主要是通过漏光法和漏风量测试法来检验风管的严密性。对系统风管的检测，宜采用分段检测、汇总分析的方法。在严格安装质量管理的基础上，系统风管的检测以总管和干管为主。每一段风管在加工成型后，首先采用漏光法进行检验。漏风量测试可在风管连接之后，按需要分段进行。

漏光法检测是利用光线对小孔的强穿透力，对系统风管严密程度进行检测的方法。检测应采用具有一定强度的安全光源。手持移动光源可采用不低于100W带保护罩的低压照明灯，或其他低压光源。风管漏光检测时，光源可置于风管内侧或外侧，但其相对侧应为暗黑环境。检测光源应沿着被检测的接口部位与接缝作缓慢移动，在另一侧进行观察，若发现有光线射出，则说明查到明显漏风处，应做好记录。当采用漏光法检测系统的严密性时，低压系统风管以每10m接缝，漏光点不大于2处，且100m接缝平均不大于16处为合格；中压系统风管每10m接缝，漏光点不大于1处，且100m接缝平均不大于8处为合格。漏光检测中，对发现的条缝形漏光应作密封处理。

漏风量测试的装置有风管式和风室式两种，风管式测试装置采用孔板做计量元件，风室式测试装置采用喷嘴做计量元件。通过风机向被测风管鼓风（风管工作压力为正压）或抽风（风管工作压力为负压），使被测风管达到其试验压力，通过测量计量元件前、后的压差，计算出风管的漏风量。具体装置、测量方法及计算方法见《通风与空调工程施工质量验收规范》。

风管在制作完成后的自检主要是检验风管的尺寸、感官检测风管的强度和漏光法检测风管的严密性；当进行他检时，还要提供材质的检验材料；对于选用的外购风管，应查看产品合格证明文件或进行强度和严密性的验证，符合要求的风管才可使用。

制作好的风管在检验后，应封口存放。

（四）非金属风管与管件的制作

1. 硬聚氯乙烯塑料风管与管件的制作

硬聚氯乙烯塑料是由聚氯乙烯树脂掺入稳定剂和少许增塑剂加热制成的，具有良好的耐蚀性，在各种酸类、碱类和盐类的作用下本身不会产生化学变化；但在强氧化剂（如浓硝酸、发烟硫酸和芳香族碳水化合物）的作用下是不稳定的。硬聚氯乙烯塑料具有较高的强度和弹性，但热稳定性较差。硬聚氯乙烯塑料风管常用于输送含有腐蚀性气体的通风系统风管和部件中。

硬聚氯乙烯塑料风管与管件制作工艺如图2-49所示。

（1）制模 由于硬聚氯乙烯塑料风管为热成型，因此需要制作相应的成型模具。模具一般用钢管、薄钢板、木料等制成，为了便于脱模，模具均制成可方便拆卸的内模，管件可根据其对称特性制成整体的一半或四分之一模。模具的制作质量直接影响塑料风管的圆弧

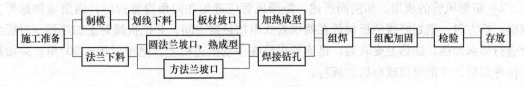

图 2-49 硬聚氯乙烯塑料风管与管件制作工艺

度，尽量用车床车圆，将模具的外表面打磨光滑，保证圆弧正确、均匀并光滑。

（2）划线下料　板材放样划线前，应留出收缩裕量。每批板材加工前均应进行试验，确定焊缝收缩率。放样划线时，应根据设计图样的尺寸和板材规格，以及加热烘箱、加热机具等的具体情况，合理安排放样图形及焊接部位，应尽量减少切割和焊接的工作量。展开划线时，应使用红铅笔或不伤板材表面的软体笔进行。严禁用锋利的金属针或锯条进行划线，不应使板材表面形成伤痕或折裂。

下料时，应考虑焊缝位置的设置，矩形风管应避免在四角设置焊缝（焊接的机械强度较低），四角应加热折方成型；同时，还应使相邻的纵焊缝错开至少 60mm。矩形风管管底宽度小于板材宽度时，不应设置纵焊缝；管底宽度大于板材宽度时，只能设置一条纵缝，并应尽量避免纵焊缝的存在。严禁在圆形风管的管底设置纵焊缝。

用龙门剪床下料时，宜在常温下进行剪切，并应调整刀片间隙。板材在冬天气温较低时或板材杂质与再生材料渗合过重时，应将板材加热到 30℃ 左右，才能进行剪切，防止材料碎裂。锯削时，应将板材紧贴在锯床表面上，均匀地沿割线移动，锯削的速度应控制在 3m/min 的范围内，防止材料过热，发生烧焦和粘住现象。切割时，宜用压缩空气进行冷却。

（3）板材坡口　板材坡口的形式取决于采用什么类型的焊缝，对此《通风与空调工程施工质量验收规范》作出了具体规定，可以对照规范选择焊缝形式，再根据焊缝形式检查坡口形式与坡口尺寸。加工坡口可用锉刀、木工刨床或普通木工刨进行，也可用砂轮机或坡口机进行。采用坡口机或砂轮机进行坡口加工时，应将坡口机或砂轮机底板和挡板调整到需要角度，先对样板进行坡口加工，再检查角度是否符合要求，确认无误后再进行大批量坡口加工。

（4）加热成型　硬聚氯乙烯塑料板为热塑性塑料，当加热到 100～150℃ 时，会形成柔软状态，可在不大的压力下，按需要加工成各种形状的管件。硬聚氯乙烯塑料的加热可用电加热、蒸汽加热和热空气加热等方法，施工现场一般使用电热箱来加热塑料板。由于聚氯乙烯塑料的导热系数较低，所以在加热时应使板材的表面均匀受热。板材不要长时间处于170℃ 以上，以防止在较高的温度状态下形成韧性流动状态，引起板材膨胀、起泡、分层等现象。

1）圆形直管的加热成型。将电热箱的温度保持在 130～150℃，待温度稳定后，把下好料的板材放入电热箱内加热。操作时，必须使板材整个表面均匀受热，加热的时间应根据板材厚度决定。当板材被加热到柔软状态时，将其从电热箱内取出，把板材放在垫有帆布的木模中卷成圆管。待圆管完全冷却后，将其取出。圆形直管的加热成型除采用手工操作的木模法外，还可以采用简易的圆形直管成型机进行加热成型。当板材加热到柔软状态后，可将其从电热箱中取出放到成型机台面上，手摇成型机，将塑料板卷入帆布轮中，再用压缩空气强行冷却后将成型后的塑料管从成型机上取出。

2）矩形风管的成型。如前面所述，矩形风管应避免在四角设置焊缝，四角应加热折方成型。折方时，把划好线的板材放在两根管式电加热器中间，并把折线对正加热器，对折线处进行局部加热。加热处变软后，迅速抽出放在手动扳边机上，把板材折成90°角。待加热部位冷却后，才能取出成型后的板材。

3）管件的成型。对于需要采用成型模具的管件，应将留有裕量的板材放在电热箱中加热，再在模具中成型。

（5）法兰制作　圆形法兰的加工制作是将塑料板在锯床上锯成条形板，下料时放有足够的热胀冷缩余料长度。圆形法兰宜采用两次热成型，第一次将加热成柔软状态的聚氯乙烯板煨成圈带，接头焊牢后，第二次再加热成柔软状态板体在胎模上压平成型。φ150mm以下法兰不宜热成型，可用车床加工。塑料条形板煨成圆形后，应用重物将法兰压平，待冷却后再进行焊接或钻孔。

矩形法兰的加工制作是将塑料板锯成4块条形板，开好坡口后，在平板上焊接。焊接成型时，应注意防止塑料焊接变形，使法兰的表面保持平整。

焊好的法兰钻孔时，为了避免塑料板过热，应间歇地提取钻头或用压缩空气进行冷却。硬聚氯乙烯法兰规格见表2-28。

表2-28　硬聚氯乙烯法兰规格　　　　　　　　　（单位：mm）

风管直径 D	材料（宽×厚）	连接螺栓	风管边长 b	材料（宽×厚）	连接螺栓
$D\leqslant180$	35×6	M6×30	$b\leqslant160$	35×6	M6×30
$180<D\leqslant400$	35×8	M8×35	$160<b\leqslant400$	35×8	M8×35
$400<D\leqslant500$	35×10	M8×40	$400<b\leqslant500$	35×10	M8×40
$500<D\leqslant800$	40×10	M8×40	$500<b\leqslant800$	40×10	M10×40
$800<D\leqslant1400$	45×12	M10×45	$800<b\leqslant1250$	45×12	M10×45
$1400<D\leqslant1600$	50×15	M10×50	$1250<b\leqslant1600$	50×15	M10×50
$1600<D\leqslant2000$	60×15	M10×50	$1600<b\leqslant2000$	60×18	M10×60
$D>2000$	按设计	按设计	$b>2000$	按设计	按设计

（6）组焊　硬聚氯乙烯塑料风管在热成型后，采用焊接的方法封闭成风管，风管本体与法兰之间也采用焊接连接。硬聚氯乙烯塑料的焊接是利用塑料被加热到180～200℃时具有的可塑性和粘附性，使板材与焊条结合并填满焊缝。加热介质是热压缩空气，空气经空气压缩机的油水分离器排除水分和油脂，并使压力保持在0.08～0.1MPa之间，然后由焊枪进行加热和导向。焊枪功率为400～500W，应用36～45V的低压交流电源。压缩空气的加热温度可用调压变压器调节电压和控制压缩空气量来调节。

常见的塑料焊缝形式有对接焊缝、搭接焊缝、填角焊缝和对角焊缝等。其中，对接焊缝的强度最高，其他焊缝形式仅在不能选用对接焊缝时采用。不同的焊缝应开对应形式的坡口，与焊缝形式对应的坡口形式与尺寸可从《通风与空调工程施工质量验收规范》上查到。如前所述，焊缝坡口应在下料后进行。焊条直径依据板材厚度选用：板材厚5mm以下，选用2mm焊条；板材厚在5.5～15mm时，选用3mm焊条；板材厚在16mm以上时，选用3.5mm焊条。一般情况下，首根底焊条宜用2mm。

焊接可分为手工焊接和机械焊接。机械热挤压焊接相比于手工焊接可提高效率，而且焊缝的机械强度接近母材强度，抗弯强度也显著提高。焊接时，应保证焊缝填满，焊条排列整齐，不得出现焦黄、断裂等缺陷，焊缝强度不得低于母材的60%。

（7）组配与加固 加工制作好的风管应根据安装和运输条件，将短风管组配成3m左右的长风管。风管组配采取焊接方式。条件允许时，管道安装也应尽量采用无法兰联接的焊接形式，以避免腐蚀介质对法兰金属螺栓的腐蚀和从法兰间隙中泄漏。圆形风管管径小于500mm，矩形风管大边长度小于400mm，其焊缝形式可采用对接焊缝；圆形风管管径大于560mm，矩形风管大于500mm，应采用硬套管或软套管连接，风管与套管再进行搭接焊接，套管的长度宜为150～250mm，套管厚度不应小于风管的壁厚；当圆形风管的直径≤200mm时，可采用承插连接，插口深度应为40～80mm。粘接处的油污应清除干净，粘接应严密、牢固。

对于较大规格的风管，应根据风管规格给予加固。常用的方法是设加固圈，硬聚氯乙烯塑料风管加固圈的尺寸见表2-29。当风管直径或边长 >500mm 时，连接处加三角支撑，支撑间距为 300～400mm。连接法兰的两个三角支撑应对称，使其受力均匀；矩形风管四角应焊接成型，边长≥630mm 和煨角成型边长≥800mm 的风管管段长度 >1200mm 时，可用与法兰同规格的加固框或加固筋焊接在风管上进行风管加固。

表2-29 硬聚氯乙烯塑料风管加固圈的尺寸 （单位：mm）

风管直径 D	风管壁厚	加固圈规格 宽×厚	间 距	风管边长 b	风管壁厚	加固圈规格 宽×厚	间 距
560 < D ≤ 630	4	40 × 8	≤800	500	4	35 × 8	≤800
700 < D ≤ 800	5	40 × 8	≤800	630 < b ≤ 800	5	40 × 8	≤800
900 < D ≤ 1000	5	45 × 10	≤800	1000	6	45 × 10	≤400
1120 < D ≤ 1400	5	45 × 10	≤800	1250	6	45 × 10	≤400
1600	6	50 × 12	≤400	1600	8	50 × 12	≤400
1800 < D ≤ 2000	6	60 × 12	≤400	2000	8	60 × 15	≤400

2. 有机玻璃钢风管与管件的制作

有机玻璃钢又称为玻璃纤维增强塑料，它是以玻璃纤维及其制品为增强材料，以各种不同树脂为胶粘剂，经过成形工艺制作而成的。有机玻璃钢有阻燃型和非阻燃型两种。有机玻璃钢风管与管件的制作工艺如图2-50所示。

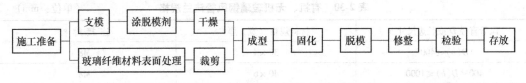

图 2-50 有机玻璃钢风管与管件的制作工艺

有机玻璃钢风管的制作按成形工艺的特点，可分为手糊成形、模压成形、机械缠绕成形、层压成形等方法。手糊成形看起来方法简单，不需要很多设备和工具，但其恰恰是工艺要求严格、需要熟练的操作技术，并不是简单的工艺方法。有机玻璃钢风管与管件一般不现场制作，而是购买成品现场组装。

3. 无机玻璃钢风管与管件的制作

无机玻璃钢风管以前称为改性玻璃纤维氯氧镁水泥通风管，现在也称为整体玻镁风管。无机玻璃钢风管以改性氯氧镁水泥为胶结材料，以中碱或无碱玻璃纤维布为增强材料，加入填充材料和改性剂等，通过模具手工涂敷制作，是整体一次成型的非保温型风管。这种风管具有整体结构性能好、严密性高等优点，可作为输送具有酸、碱性气体的管道；也常应用于各类工业与民用建筑的地下室、车库、厂房以及人防工程等的中、低压通风及防排烟系统工程。其制作工艺过程如图2-51所示。

图2-51 无机玻璃钢风管与管件的制作工艺

（1）施工准备 阅读施工图，结合施工现场的实际情况统计和编制风管加工尺寸；进行风管制作场地准备，保证加工作业场地的平整、干净以及通风良好、光线充足，并应避免阳光直射；准备充足的符合质量要求的轻烧镁粉、卤片、中碱玻璃纤维布和增加剂等材料，配备好施工机具。

（2）模具制作 圆形风管的内模制作，应按设计要求的风管管径选用适当偏小直径的钢管，或用木方、胶合板和铁板制作成圆管。其外径应等于风管的内径，并且要求内表面光滑、便于脱模。

矩形风管模具一般采用木板、胶合板、方木等材料制作而成；圆形风管模具一般采用薄木板、薄钢板、钢管等材料制作而成。模具成型均使用内模，并且是可以拆卸的，以便于脱模。

矩形风管的内模外边尺寸等于矩形风管的内边尺寸，并且内模要考虑脱模。法兰模具用直径为5mm左右的突出物，用自攻螺栓等设置好法兰螺栓孔的位置标记。法兰规格见表2-30。保证同种规格法兰螺栓孔位置的一致性，以便于安装时能够互换，并保证螺栓孔间距符合规范的要求。

（3）涂敷成型 制作浆料宜采用搅拌机拌合，人工拌合时必须保证拌合均匀，不得夹杂生料，浆料必须边拌边用，有结浆的浆料不能使用。

1）风管强度的控制。整体无机玻璃钢风管的强度是由无机胶结材料的质量和玻璃纤维布的性能、层数决定的。无机玻璃钢风管的厚度、玻璃纤维的层数见表2-19。

表2-30 有机、无机玻璃钢风管法兰规格　　　　　　　　　　（单位：mm）

风管直径 D 或长边尺寸 b	材料规格（宽×厚）	连接螺栓
$D(b) \leqslant 400$	30×4	M8
$400 < D(b) \leqslant 1000$	40×6	M8
$1000 < D(b) \leqslant 2000$	50×8	M10

2）风管涂敷的手糊工艺。首先在模具成型面上涂抹脱模剂（或在模具外表面包上一层透明的玻璃纸），待充分干燥后，将加有引发剂（或固化剂）、促进剂等添加剂的氯氧镁水泥均匀涂刷在模具成型面上，随后在其上铺放裁剪好的玻璃布，然后在涂刷好氯氧镁水泥浆

后再铺上剪好的玻璃布，如此重复上述操作，直到达到设计或规范规定的厚度。涂敷时应注意驱除气泡。

（4）脱模养护　风管制作完毕，静置让它进行自然固化后脱模，固化时间要求夏季大于24h，冬季大于36h。脱模时要保证风管外表面的完好，管体的缺棱不得多于两处，且应小于或等于10mm×10mm；风管法兰缺棱不得多于一处，且应小于或等于10mm×10mm，缺棱的深度不得大于法兰厚度的1/3，且不得影响法兰联接的强度。

脱模后的风管要进行养护。养护的温度一般在18～35℃为宜，养护场地应为通风良好且阳光不能直射的地方。若温度过高，会引起水分蒸发加快，干燥速度提高，使部分氧化镁来不及参加化学反应而游离出来，导致产品翘曲和变形，表面会形成一层粉状物，简称泛霜现象。优质产品不允许有泛霜现象，合格产品允许有轻微的泛霜。如果表面形成一层明显的白色粉状颗粒，则为过度泛霜，是不允许的，会影响风管的强度和抗老化能力。若温度过低，产品化学反应速度过慢，会使硬化过程加长，强度亦会降低，同样影响制品的产量。

养护期大于10天才能投入安装使用，温度较低时，要适当增加养护时间。若养护期不到时间就投入安装，会因强度不够而引起风管的直接损坏或发生隐性裂纹，存在安全隐患。

（5）产品检验　无机玻璃钢风管和管件的每节管段、管件均需进行检验，要求现场取样，送到有资质的检验部门进行强度试验检测。风管强度试验的取样方法、样品数量以及强度试验的合格标准应按相关的国家标准执行。

（6）成品存放与保护　成型风管应存放在宽敞、避雨雪的仓库、棚中，并置于干燥防潮的垫架上，按系统、规格和编号堆放整齐，以避免相互碰撞造成表面划伤。要保持所有产品表面的光滑、洁净。风管长时间未安装时，应用塑料薄膜封口。

吊装风管及管件时要先按编号找准、排好，然后再进行吊装。吊装作业时严禁使用钢丝绳，一般采用软质麻绳捆绑。安装时若有破损，应在现场用原材料进行修复。

4. 复合板风管与管件的制作

用于制作复合板风管与管件的复合夹芯板，主要由两层60μm、80μm或200μm的铝箔，中间复合绝热或防火材料而成。其内、外层的铝箔可以是光面或压花，通常风管内壁为光面，外壁为压花铝箔。复合板的芯材可以有很多种，基本是以发泡固化成型为主，如硬质阻燃高分子酚醛泡沫（酚醛复合风管）、难燃性B1级的高密度硬质聚氨酯发泡（聚氨酯复合风管）、难燃硬质聚苯乙烯（XPS聚苯乙烯复合风管）、高密度挤塑EPS泡沫（挤塑复合风管）等。有的复合风管的内、外层不是铝箔，而是其他的高强度无机材料，如玻镁复合风管等。铝箔复合玻璃棉消声风管是由复合铝箔和离心玻璃纤维生成的，外层由铝箔-玻璃纤维布所组成的阻燃型复合铝箔，作为风管板材的外围保护层；内层为玻璃棉板，主要用于风管的保温及吸声；内表层是一层阻燃环保型黑色丙烯酸涂料，该涂料将玻璃纤维紧紧地凝聚在一起，防止其脱离后随风进入室内；内表层也可复合阻燃铝箔玻纤布或微孔吸音铝箔。复合夹芯板的厚度为20mm或21mm；板面尺寸为1.2m×2.4m或1.2m×4m。

复合板风管与管件的制作就是将复合夹芯板材加工成风管的过程。以发泡复合材料为例，其制作工艺如图2-52所示。

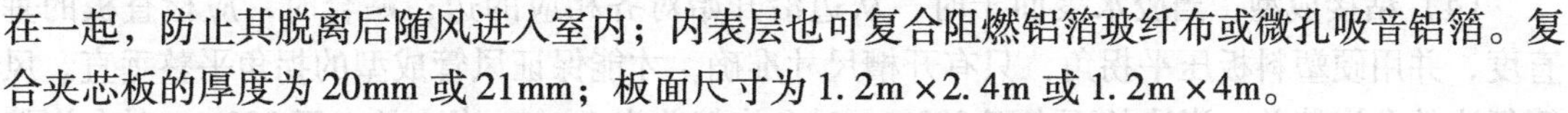

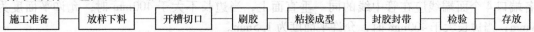

施工准备 —— 放样下料 —— 开槽切口 —— 刷胶 —— 粘接成型 —— 封胶封带 —— 检验 —— 存放

图2-52　复合板风管与管件的制作工艺

（1）放样下料　矩形风管的下料主要考虑一张板材可以连续形成风管的几个边，以尽可能多为原则，这样可以减少封边的工作，也利于风管的粘接成型。根据风管规格和板材的规格，可以连续形成四边、三边、两边。过大的风管，只能4块板分别粘接。图2-53所示为矩形复合板风管下料尺寸。

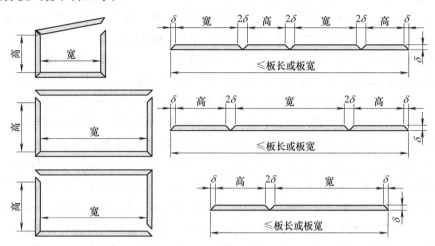

图2-53　矩形复合板风管下料尺寸

风管相邻板的拼接主要是45°对接。当单独拼接时，对接的两板各切成45°端面；当一张板材连续粘接时，则在板材上切成90°槽口，直接折合拼接。因此，下料尺寸主要考虑拼角所需要的裕量。管件的下料按金属管件的展开方法进行各面展开后，分别划线下料。

风管板材不够宽时，可以拼接。当宽度不超过1.6m时，可各切45°直接粘接；当宽度超过1.6m时，需加中间拼接连接件，以增加拼接强度。

（2）开槽切口　板材的45°和90°的槽口可以用专门的电动开槽机和手动开槽工具制作。常用的手动开槽刀具有双刀、左刀、右刀、直刀。开槽时根据风管展开尺寸、刀具尺寸先固定夹持尺，然后用专用刀具沿夹持尺将板材切口和开槽。复合板材除了45°粘接外，也有直角企口连接。

对于管件，需要弯曲的板材在切口后，用手动弯曲机进行弯曲成型。

（3）刷胶　清除切口上的残留物后，即可进行刷胶操作。刷胶时，将专用胶水均匀地涂在需要粘合的两个泡沫面上，并覆盖所有切口表面。复杂的管件，在刷胶粘合前应预组合，并检查拼接缝全部贴合面成90°无误时再上胶。复合板风管所用的粘接胶水应采用复合板厂家配备的专用胶水，如需另行采购，必须做样品试验，并经有关部门检查试验，出具专门合格认可单后才可使用。

（4）粘接成型　当胶水表面干时，从边沿开始对齐相应的边；贴合时，应检查板的垂直度，并用硬塑料板压平拐角，只有开槽尺寸准确，才能保证风管成型的拐角平整垂直。风管每边的允许偏差：当边长不大于300mm时允许偏差为1mm；当边长大于300mm时允许偏差为1.5mm（这个误差可指两对接管的边长之差）。每节风管（包括三通、弯头等管件）的各端口4个面端线应在管中线的同一垂直面上，当边长不大于400mm时，允许平面度为1mm；当边长大于400mm时，允许平面度为1.5mm。

（5）封胶封带　风管成型后，内部各角应使用密封胶密封，以增加风管的密封性，端面需安装法兰等插件的，应先预留，待插件安装完成后再补胶。

所有外层铝箔被切处，粘接后均需贴铝箔胶带密封。应保证密封面的清洁、无油污。密封时，使用划线尺将胶带整齐粘合，使有抹刀或软的刮板刮压胶带，确保胶带下的空气被挤出。

（6）法兰粘接与风管加固 当风管边长小于630mm时，相同材料的风管连接可以直接采用胶水粘接，即将接口做成45°成对切口进行粘接；当风管边长不超过1250mm时，可采用UPVC连接插条；当风管边长大于1250mm时，必须采用铝合金法兰插条连接。安装插条法兰时，法兰平面度：风管边长不超过1000mm时偏差为1mm，风管边长超过1000mm时允许偏差为1.5mm。风管制作及法兰粘贴的整个过程中应经常检验尺寸偏差，及时纠正，防止胶干后，误差难以调整。

当低压矩形风管边长超过1000mm且风管长度超过1200mm时，风管应进行加固。加固时在复合板风管的加固点上穿1根直径为6mm的圆钢（两端套螺纹），管内部分加套DN15的穿线管，风管壁的两侧各垫1块垫片，以增大接触面积和保护管壁。风管的加固也可以采用其他支撑形式，原则是使风管不因受压而胀开，同时能保护风管壁不被破坏。

二、风管、部件及设备的安装

（一）风管的安装

1. 风管安装的一般要求

（1）风管连接 法兰风管连接时，风管接口的连接应严密、牢固。风管法兰的垫片材质应符合系统功能的要求，厚度不应小于3mm。垫片不应进入管内，也不宜突出法兰外；连接法兰的螺栓应均匀拧紧，其螺母宜在同一侧。风管的连接应平直、不扭曲。

净化空调系统风管连接时，法兰垫料应为不产尘、不易老化和具有一定强度和弹性的材料，厚度为5~8mm，不得采用乳胶海绵；法兰垫片应尽量减少拼接，并且不允许直缝对接连接，严禁在垫料表面涂涂料。

无法兰风管连接时，风管的连接处应完整、无缺损，表面应平整，且无明显扭曲；承插式风管的四周缝隙应一致，无明显的弯曲或褶皱；内涂的密封胶应完整，外贴的密封胶带应粘贴牢固、完整无缺损；插条连接的矩形风管，连接后的板面应平整、无明显弯曲；薄钢板法兰形式风管的连接，弹性插条、弹簧夹或紧固螺栓的间隔不应大于150mm，且应分布均匀，无松动现象。

非金属风管连接时，连接两法兰的端面应平行、严密，法兰螺栓两侧应加镀锌垫圈。复合材料风管连接时，其连接处的接缝应牢固、无孔洞和开裂。当采用插接连接时，接口应匹配、无松动，端口缝隙不应大于5mm；采用法兰联接时，应有防冷桥的措施。

风管与砖、混凝土风道的连接接口，应顺着气流方向插入，并应采取密封措施。

（2）支、吊架制作与安装 风管支、吊架的制作，应按国标图集与规范选用强度和刚度相适应的形式和规格。对于直径或边长大于2500mm的超宽、超重等特殊风管的支、吊架制作应按设计规定。吊架的螺孔应采用机械加工。吊杆应平直，螺纹应完整、光洁。安装后，各副支、吊架的受力应均匀，无明显变形。抱箍支架折角应平直，抱箍应紧贴并箍紧风管。安装在支架上的圆形风管应设托座和抱箍，其圆弧应均匀，且与风管外径相一致。

风管支、吊架的安装，当风管水平安装时，直径或长边尺寸应小于等于400mm，间距不应大于4m；当直径大于400mm时，间距不应大于3m（螺旋风管的支、吊架间距可分别延长至5m和3.75m；对于薄钢板法兰的风管，其支、吊架间距不应大于3m）。当风管垂直安装时，间距不应大于4m（非金属风管垂直安装时，支架间距不应大于3m），单根直管至少应有2个固定点。当水平悬吊的主、干风管长度超过20m时，应设置防止摆动的固定点，每个系统不应少于1个。复合材料风管的支、吊架的安装应按产品标准的规定执行。

支、吊架不宜设置在风口、阀门、检查门及自控机构处，距离风口或插接管的距离不宜小于200mm。风管或空调设备使用的可调隔振支、吊架的拉伸或压缩量应按设计的要求进行调整。

风管系统支、吊架采用膨胀螺栓等胀锚方法固定时，必须符合其相应技术文件的规定。

（3）风管安装　风管安装前，应清除内、外杂物，并做好清洁和保护工作；风管安装的位置、标高、走向应符合设计要求。现场风管接口的配置，不得缩小其有效截面积。

为了便于安装时装支架和拧螺母等工作，根据现场情况和风管安装高度，可采用梯子、高凳或脚手架及液压升降台。高凳和梯子应轻便结实，脚手架可用扣件式钢管脚手架，搭设应稳定，并应便于风管安装。风管安装前，应先进行检查，把脚手板铺好，用铅丝固定，防止翘头，避免发生高空坠落事故。

风管安装时，风管内严禁其他管线穿越；输送含有易燃、易爆气体或安装在易燃、易爆环境的风管系统应有良好的接地，通过生活区或其他辅助生产房间时必须严密，并不得设置接口；室外立管的固定拉索严禁拉在避雷针或避雷网上。

明装风管水平安装时，水平度的允许偏差为3/1000，总偏差不应大于20mm。明装风管垂直安装时，垂直度的允许偏差为2/1000，总偏差不应大于20mm。暗装风管的位置应正确、无明显偏差。除尘系统的风管，宜垂直或倾斜敷设，与水平夹角宜大于或等于45°，小坡度和水平管应尽量短。对含有凝结水或其他液体的风管，坡度应符合设计要求，并在最低处设排液装置。

净化空调系统风管安装时，风管、静压箱及其他部件必须擦拭干净，做到无油污和浮尘。当施工停顿或完毕时，端口应封好。风管与洁净室吊顶、隔墙等围护结构的接缝处应严密。

集中式真空吸尘系统的风管制作时，真空吸尘系统弯管的曲率半径不应小于4倍管径，弯管的内壁面应光滑，不得采用褶皱弯管；真空吸尘系统三通的夹角不得大于45°；四通制作应采用两个斜三通的做法。风管安装时，吸尘管道的坡度宜为5/1000，并坡向立管或吸尘点；吸尘嘴与管道的连接应牢固、严密。

非金属风管安装时，应适当增加支、吊架与水平风管的接触面积；硬聚氯乙烯风管的直段连续长度大于20m时，应按设计要求设置伸缩节；支管的重量不得由干管来承受，必须自行设置支、吊架。

在风管穿过需要封闭的防火、防爆墙体或楼板时，应设预埋管或防护套管，其钢板厚度不应小于1.6mm。风管与防护套管之间，应用不燃且对人体无危害的柔性材料封堵；外露风管与防火阀之间可用水泥砂浆密封。风管在穿越变形缝时，中间应设有挡板；穿出屋面处应设有防雨装置。不锈钢板、铝板风管与碳素钢支架的接触处，应有隔绝或防腐绝缘措施。

输送空气温度高于80℃的风管，应按设计规定采取防护措施。

（4）检验　风管系统安装后，必须进行严密性检验，合格后才能交付下道工序。风管系统严密性检验以主、干管为主。在加工工艺得到保证的前提下，低压风管系统可采用漏光法检测。

2. 风管支、吊架的制作与安装

（1）风管支、吊架的制作　管道的支、吊架有固定式和活动式两大类，在中央空调风管系统中，由于风管内空气的温度变化不大，并且风管上一般有软接，法兰密封材料的可塑性强等因素，所以一般采用固定式支、吊架。风管通常安装在吊顶内，故常常采用吊架的形式。圆形风管一般采用抱箍式，矩形风管一般采用梁式，如图 2-54 所示。

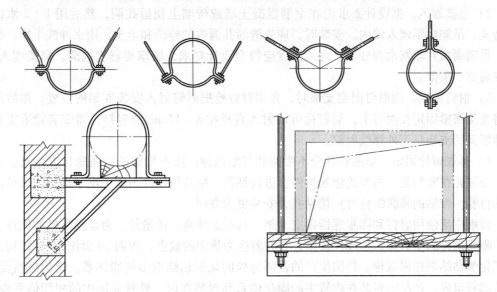

图 2-54　风管支、吊架的形式

支、吊架的具体形式和所采用的材料应根据风管的形式（圆形或方形）、材料、风管的尺寸与质量，并按国标图集、规范制作。固定风管的抱箍或支撑风管的梁可用圆钢、扁钢、角钢等制作，跨度较大的、支撑重量较重的梁还可以用槽钢制成；支架的支撑材料为角钢；吊杆一般采用圆钢，也可以采用角钢制作。支、吊架的制作既要保证支架的强度，又要防止风管变形。支、吊架不得直接支或吊在风管法兰上。

支、吊架在制作前，首先要对型钢进行矫正，矫正的方法分冷矫正和热矫正两种。小型钢材一般采用冷矫正，较大的型钢须加热到 900℃ 左右后进行热矫正。矫正的顺序应按先矫正扭曲、后矫正弯曲进行。

圆形风管与支撑梁接触的地方应采用圆弧形木托座，其夹角应不小于 60°；保温风管的风管与抱箍之间，或风管与支撑梁之间应采用垫木，以防止产生冷桥，垫块厚度应不小于保温层的厚度。

支、吊架，特别是吊架的制作与设置，应该注意在适当的位置增设防止风管摆动的吊架。对于采用单吊杆的吊架，则每隔两个单吊杆设一个双吊杆吊架。

风管支、吊架制作完毕后，应进行除锈，刷一遍防锈漆。用于不锈钢、铝板风管的支架，抱箍应按设计要求做好防腐绝缘处理（如采用非金属垫块），防止电化学腐蚀。

（2）风管支、吊架的固定　风管支（托）、吊架应在风管吊装前，先固定在建筑结构上。圆形风管的标高以风管的轴线标高为准，矩形风管的标高以管底标高为准。对于支架，风管的水平定位决定了支架的制作尺寸，风管的标高决定了支架的安装高度，安装时应根据风管标高与支架的间距，在其固定的墙或梁等垂直建筑面上画出定位标记，然后固定；对于吊架，风管的标高决定了吊杆的长度，风管的水平定位决定了吊杆在建筑顶面上的固定位置，安装时应根据风管的水平定位与支架间距，在建筑顶面上画出吊杆的定位标记，然后固定吊杆。支、吊架的固定方式有预埋钢板焊接、直接埋入、射钉固定以及膨胀螺栓固定。

1）预埋钢板焊接。钢筋混凝土构件上的管道支、吊架，可在预制或现场浇钢筋混凝土时，在各支、吊架的位置预埋钢板，然后将支、吊架横梁焊接在预埋的钢板上。

2）直接埋入。据设计要求先在钢筋混凝土墙或砖墙上预留孔洞，然后用 1∶3 水泥砂浆将支、吊架横梁埋入墙内。安装时，应先清除孔洞内的碎砖和尘土，用水冲洗干净，再埋支、吊架横梁并填塞水泥砂浆，埋入深度应符合设计要求，填塞要密实饱满。横梁埋入后，再安装支、吊架。

3）射钉固定。用射钉固定支架时，先用射钉枪把射钉射入安装支架的位置，然后用螺母将支架横梁固定在射钉上，射钉枪可以射入直径在 8～12mm 的射钉，而安装管道支架及其他器具的支架是用外螺纹射钉。

4）膨胀螺栓固定。膨胀螺栓分不带钻和带钻两种。用不带钻的膨胀螺栓安装支、吊架时，必须先在安装支、吊架的建筑构件上进行钻孔。钻孔可用冲击式手电钻进行，也可以用电钻打孔。带钻的膨胀螺栓可直接钻孔，安装更为方便。

目前广泛使用射钉和膨胀螺栓固定支架，具有工效高、质量好、劳动强度低的优点。但由于膨胀螺栓的受力状态是线性接触，存在着应力集中的缺点。因而 20 世纪 80 年代初，又用了化学粘结剂锚固螺栓。我国生产的锚固螺栓的化学粘结剂由树脂体系、固化体系及内、外玻璃管组成，产品由封装在内管中的固化体系和封装在内、外管夹层中的树脂体系构成。使用时只要旋入螺栓，将玻璃管挤碎，使锚固剂的各部分良好混合，便能形成快速固化的复合材料粘结层，其中起粘结作用的是树脂基体。

采用膨胀螺栓固定支、吊架时，必须根据膨胀螺栓能承受的负荷认真选用。膨胀螺栓锚固件的技术性能见表 2-31。

表 2-31　膨胀螺栓锚固件的技术性能

规格/mm	埋深/mm	拉力/N		剪力/N	
		允　许　值	极　限　值	允　许　值	极　限　值
M6×70	35	1000	3050	700	2000
M8×70	45	2250	6750	1050	3191
M8×90	60	4100	11350	1600	4500
M10×85	55	3900	11750	1650	5000
M10×110	65	4400	13250	2450	7340
M12×105	65	4400	13250	2450	7340
M16×140	90	5000	1500	4600	13800
M6×55	35	2450	6100	800	2000
M8×70	45	5400	13500	1500	3750
M10×85	55	9400	23500	2350	5880
M12×105	65	10600	26500	3450	8630
M16×140	90	12500	31000	6500	16250

（3）风管支、吊架的设置位置 风管支、吊架的间距应根据风管规格尺寸、风管材料与厚度、风管的保温情况等综合确定，应符合国家标准与规范的要求，或者按设计规定。表 2-32 给出了非保温风管支、吊架间距的推荐值，保温风管可按表中数据乘以 0.85 修正。

表 2-32 非保温风管支、吊架间距的推荐值

圆形风管直径或矩形风管长边/mm	水平风管的支、吊架间距/m	垂直风管的支、吊架间距/m	最少支、吊架数
≤400	≤4	≤4	2
≤1000	≤3	≤3.5	2
>1000	≤2	≤2	2

以下的部位应增设支、吊架：风管转弯处的两端；干管上有较长的支管时，支管上必须设置支、吊架，以免干管承受支管的重量而损坏；风管与通风机、空调设备及其他振动设备的连接处，应设置支、吊架，以免设备承受风管的重量；在风管穿越楼板或穿越屋面处，应加设固定支架，具体做法可参考相关标准图集。

风管支、吊架不得安装在风口、阀门、检查孔及自控机构处，以免妨碍操作；与风口或插接管的距离不宜小于 200mm。

3. 风管的无法兰连接

（1）圆形风管的无法兰连接

1）抱箍连接。用抱箍抱紧两个管端（在箍内加垫料以密封），在耳环中用螺栓紧固即可。

2）圆形风管的插入连接。带凸棱短管的插接连接：连接时，在风管端部插入连接短管，接口外部用抽芯铆钉或自攻螺钉固定，并在插口处用胶带或其他膏剂密封。

3）带有凹槽、内嵌胶垫短管的插接连接。风管插入时，胶垫圈与风管内壁挤紧以密封。

4）橡胶圈短管的插接连接：橡胶圈的外缘在圆管插接头的两端呈自然外翻，风管连接后，橡胶圈就能紧贴风管内壁以密封。其优点是施工简便，能自由地补偿一定的轴间尺寸伸缩量或误差。

（2）矩形风管的无法兰连接

1）直接连接。边长小于 300mm 的矩形风管连接前，两段管子的管端分别向外加工，然后相连压紧，每边四角用铆钉加固。

2）矩形风管的插条连接。平插条用于长边小于 460mm 的风管连接，连接时，用插条先插接大边，再插接两立边，然后将折耳在角边复折，用自攻螺钉或抽芯铆钉固定。立插条用于长边为 500～1000mm 的风管，角式插条用于长边≥1000mm 的风管，平 S 形插条用于边长≤760mm 的风管，立 S 形插条用于边长较大的风管。风管插条连接后，再用铝箔胶带沿插条接缝粘贴密封。

3）共板法兰连接。共板式法兰风管是近年新兴起的一种新型的风管制作与连接方式，它集风管制作与法兰制作于一体，在风管的两端由风管自身材料折起成法兰形式，四角用法兰组件（角码）插入，使法兰与风管成一整体。因其不需要单独用角钢制作法兰，制作工艺类似于无法兰连接，故又称无法兰风管。连接时，共板法兰的四角（角码）用螺栓和螺母连接固定，法兰中间应根据其长度采用法兰夹夹紧。

共板法兰风管的制作形式比传统的矩形风管加工速度更快捷、更方便。其优点是节省材料，减少工程投资，颇受施工企业欢迎。但由于其只在四角采用螺栓和螺母进行连接固定，其他采用法兰夹进行坚固，因此实际应用起来不如角钢法兰牢固，漏风量也较大。通常只应用于新风系统以及要求不高的舒适性空调系统等，排烟系统、净化系统和要求较高的空调系统经常用角钢法兰连接的风管。

风管的无法兰连接的具体形式与要求，可查阅《通风与空调工程施工质量验收规范》的规定。

4. 风管的法兰联接

法兰联接应用比较普遍，主要包括角钢法兰联接、组合式法兰联接、组装式法兰联接，以及共板法兰式联接。

（1）角钢法兰联接　目前，空调工程中的管道一般采用角钢法兰联接。一般情况下，角钢法兰现场制作，先根据现场和图样统计出法兰的规格和数量，然后下料、焊接、打孔及上防锈漆后存放。在制作风管时，根据需要取用法兰组装成带法兰的风管管段，最后再连接风管。

在上法兰螺栓时，应先把两个法兰对正，能穿过螺栓的螺孔先穿上螺栓，并带上螺母，但不要上紧，然后将用圆钢制作的别棍塞到穿不上螺栓的螺孔中，把两个法兰的螺孔别正。所有的螺孔都穿上螺栓带上螺母后，再把螺母拧紧。为了避免螺栓滑扣，上螺母时不要一个挨一个地顺序拧紧，而应采用十字交叉的方法逐步均匀地拧紧。法兰上的螺母要尽量拧紧，拧紧后的法兰，其厚度差不要超过 2mm。为了安装上的方便和美观，所有螺母应在法兰的同侧。

（2）矩形风管的组合式法兰联接　组合式法兰适用于矩形风管各管段之间的连接，它是一种新颖的风管连接件。组合式法兰由法兰组件和连接扁角钢（法兰镶角）两部分组成。法兰组件用厚度为 0.75 ~ 1.2mm 的镀锌钢板模压而成，其长度可按风管边长而定，一般按风管标准尺寸系列加工成形。连接扁角钢用厚度为 2.8 ~ 4.0mm 的钢板冲压而成。

组装时，将 4 个扁角钢分别插入法兰组件的两端，组成一个方法兰。再将风管端部从组件的开口边处插入，并用铆钉铆住，即成管段。管段连接时，将法兰的四角用 4 个螺栓紧固即可。

（3）矩形风管的组装式法兰联接　组装式法兰是用 4 根角钢在两端作弯曲加工，然后在 4 个角上用螺栓连接而成的。其优点是适应性强，有利于工厂加工现场组装，运输方便。

风管采用何种连接形式视风管所使用的场合、风管承受的压力等因素而定，应符合相应的规范或技术要求。

5. 法兰垫片

为了使法兰接口处严密不漏风，连接的接口处应加垫片，法兰垫片的厚度宜为 3 ~ 5mm。在加垫料时，垫片不要突入管内，否则将会增大空气流动的阻力，减小风管的有效面积，并形成涡流，增加风管内的积尘。

法兰垫片的材质，如无设计要求则应符合下列规定：

1）输送空气温度低于 70℃ 的风管，应用橡胶板、闭孔海绵橡胶板等。

2）输送空气或烟气温度高于 70℃ 的风管，应用石棉绳或石棉橡胶板等。

3）输送含有腐蚀性介质气体的风管，应用耐酸橡胶板或软聚氯乙烯板等。

4）输送产生凝结水或含有蒸汽的潮湿空气的风管，应用橡胶板或闭孔海绵橡胶板等。

5）除尘系统的风管，应采用橡胶板作为法兰垫片。

6. 风管的吊装

风管的连接尽量在平整的地面进行，地面连接的长度视风管规格、现场吊装条件、风管安装的复杂程度等决定。风管在地面连接成段后，便可进行吊装。在风管安装前，应检查支架、吊架、托架等固定件的位置是否正确，是否安装牢固；并应根据施工现场情况和现有的施工机具条件选用滑轮、麻绳吊装或液压升降台吊装。采用滑轮、麻绳吊装时，先把滑轮穿上麻绳，并根据现场的具体情况挂好滑轮，一般可挂在梁、柱的节点上；其受力点应牢靠，吊装用的麻绳必须结实，没有损伤，绳扣要绑扎结实。

吊装时，先把水平干管绑扎牢靠，然后才可进行起吊。起吊时，先慢慢拉紧系重绳，使绳子受力均衡保持正确的重心。当风管离地 200～300mm 时，应停止起吊，再次检查滑轮的受力点和所绑的麻绳与绳扣。如没有问题，再继续吊到安装高度，把风管放在托架上或安装到吊架上，然后才可解开绳扣，去掉绳子。

对于不便悬挂滑轮或因风管连接得较短、质量较轻的风管，可用麻绳把风管拉到脚手架上，然后再抬到支架上，分段进行安装。稳固一段后，再起吊另一段风管。

垂直风管和水平风管一样，便于挂滑轮的可连接得长些，用滑轮进行吊装；风管较短，不便于挂滑轮的，可分段用人力抬起风管，对正法兰，逐根进行连接。

（二）风管部件的安装

风管部件主要是指各种风阀、各类风口与柔性短管等。各类风管部件及操作机构的安装，应能保证其正常的使用功能，并便于操作。

1. 风阀安装

（1）风阀安装的一般要求　各种风阀在安装前应检查并确认其结构牢固，调节、制动、定位等装置应准确灵活。风阀应安装在便于操作及检修的部位，安装后的手动或电动操作装置应灵活、可靠，阀板关闭应保持严密。在安装时，要把风阀的法兰与风管或设备上的法兰对正，加上密封垫片，上紧螺钉，使其连接得牢固、严密。当风阀重量可能引起风管过度受力时，应设置独立的支、吊架。例如，当风管直径或长边尺寸大于等于 630mm 时，需设独立的支、吊架。

斜插板风阀的安装，阀板必须为向上开启；水平安装时，阀板还应为顺气流方向插入。止回风阀、自动排气活门的安装方向应正确。除尘系统吸入管段的调节阀，宜安装在垂直管段上。

分支管风量调节阀调节各送风口的风量平衡，阀板的开启程度取决于柔性钢丝绳的弹性，因此在安装时应该特别注意调节阀所处的部位。

余压阀是保证洁净室内静压能维持恒定的主要部件。它安装在洁净室墙壁的下方，应保证阀体与墙壁连接后的严密性，而且注意阀板的位置应处于洁净室的外墙，以使室内气流在静压升高时流出；并且应注意阀板的平整和重锤调节杆不受撞击变形，保证重锤调整灵活。

（2）防火阀的安装　防火阀的结构与普通风阀基本类似，它多了一个感温部件，当温度超过规定值时，易熔元件熔断，防火阀在弹簧机构的作用下使阀关闭，因此它与风管的连接与普通风阀一样。由于防火阀总是设置在防火分区的分界面上，因此对于与防火阀相连接的风管穿越防火界面的处理，就显得特别重要。

风管穿过需要密闭的防火、防爆的墙体或楼板时，应设预埋管或防护套管，其钢板厚度不应小于1.6mm。风管与防护套管之间，应用不燃且对人体无危害的柔性材料封堵，其安装示意图如图2-55、图2-56所示。

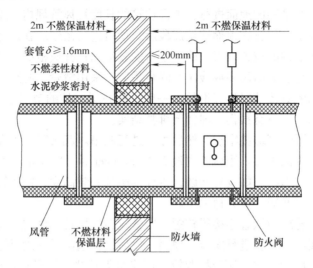

图2-55 风管穿过防火墙时防火阀的安装

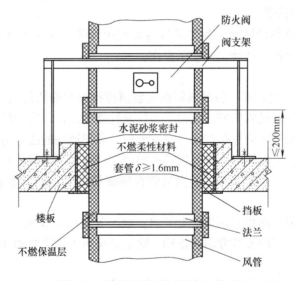

图2-56 风管穿过楼板时防火阀的安装

防火阀安装时，除安装方向、位置应正确外，还应注意防火阀的动作温度应与图样要求一致。同样的，当防火阀直径或长边尺寸不小于630mm时，宜设独立的支、吊架。

防火分区隔墙两侧的防火阀与墙表面的距离不应大于200mm。防火分区隔墙两侧2m以内的风管保温应采用不燃型保温材料。

2. 风口安装

风口一般装于墙面或顶棚上，因此风口的安装除了应满足设计要求外，还应充分注意其外观要求，总体上要做到整齐、美观，与室内装修相适应。风口安装的要求具体有以下几个方面：

1）各类送、回风口安装应与土建装饰工程配合进行，在无特殊要求的情况下，风口的外露表面部分应与室内线条平行；室内安装的同类型风口应对称分布，风口应满足室内气流组织的要求并配合其他墙面和吊顶设备合理布局；同一厅室、房间内相同风口的安装高度应一致，排列应整齐。

2）风口与风管的连接应严密、牢固，与装饰面紧贴；严禁用螺栓固定；表面应平整、不变形，调节应灵活、可靠。条形风口的安装，接缝处应衔接自然，无明显缝隙。

3）装于顶棚上的风口应与顶棚单独固定，而不固定在垂直风管上。对于高效送风口，应单独设可调节高度的吊杆，风口与风管应采用柔性短管连接，以保证送风口的外壳边缘与顶棚紧密地连接。

4）应注意风口与风管间的密封，特别是洁净室的回风、排风口。

5）净化空调系统风口安装前应擦拭干净，其风口的边框与洁净室的顶棚或墙面之间的缝隙处，应用密封垫料或密封胶进行密封处理，不能漏风。

6）有调节和转动装置的风口（如带调节阀的风口、管式条缝散流器、球形旋转风口等），应注意其安装的顺序，安装后应可操作，并保持原来的灵活程度；同一方向的风口，其调节装置应在同一侧。

7）防火排烟风口。目前工程上应用 FHFK 系列防火风口，这种风口是在百叶风口设置超薄型防火调节阀而成的。平时它可作送风口或回风口使用，且能够无节点调节风量。当建筑物发生火灾时，它能够比安装在风管上的防火阀提前隔断火源，防止火势蔓延。因此，在安装这种防火风口时，要同时满足风口和防火阀的安装要求。当防火风口直接安装于墙上时，应根据防火风口的规格要求进行预留洞及风口固定框的预埋。

8）明装无吊顶的风口，安装位置和标高偏差不应大于 10mm。风口水平安装时，水平度的偏差不应大于 3/1000；风口垂直安装时，垂直度的偏差不应大于 2/1000。

3. 柔性短管安装

柔性短管常用于振动设备（如风机、风机盘管、组合式空调机组）与风管间的连接，以减少系统的机械振动。当风管与末端设备或末端设备与风口之间空间狭窄，预留位置难以确定时，为安装方便，也采用柔性短管进行风管或末端设备与风口之间的连接。如空气洁净系统中，高效过滤器风口与支风管的连接就采用柔性短管。

柔性短管可用柔性材料现场制作，也可直接选用定型的产品。常用的柔性短管是由金属（铝箔、镀锌薄钢板、不锈钢薄板）和涂塑化纤织物（聚酯、聚乙烯、聚氯乙烯薄膜）为管壁材料，采用机械缠绕工艺，以金属螺旋线咬接而成；也有的是用铝箔、石棉布和防火塑料缝制而成的。有很多软管具有弯曲、伸缩、防火、耐湿、抗振、防腐、安装简便等特点。另外，还有带隔热层和微穿孔消声管的特殊用途的柔性短管。

柔性短管的安装应注意以下几点：

1）柔性短管安装后应与风管同一中心，不能扭曲，松紧应比安装前短 10mm，不得过松、过紧。风机入口的柔性短管，可装得紧一些，防止风机起动时被吸入而减小截面尺寸。

2）柔性短管在水平或垂直安装时，应使管道充分地伸展，确保柔性短管的直线性，一般应在管道端头施加 150N 拉力使管道舒展。应适当地增设管道支架，以消除管道的弧形下垂，并且可增加外形的美观和减少管道的阻力损失。

3）安装系统风管跨越建筑物沉降缝、伸缩缝时的柔性短管，其长度应视沉降缝的宽度适当加长。

4）柔性短管作为空调系统的支管与风口连接时，由于受空间位置的限制，可折成一定的角度，不需要施加拉力而舒展。但应该特别注意，在连接柔性短管时，不能将柔性短管当做找平、找正的连接管或异径管用。

4. 风帽安装

风帽可在室外沿墙绕过檐口伸出屋面，或在室内直接穿过屋面板伸出屋顶。不连接风管的筒形风帽，可用法兰固定在屋面板上的混凝土或木底座上。当排、送湿度较大的空气时，为了避免产生的凝结水滴漏入室内，应在底座下设置滴水盘和排水装置。风帽高度高出屋面1.5m时，应用镀锌钢丝或圆钢拉索固定，防止被风吹倒。拉索不应少于3根，拉索可加花篮螺钉拉紧。拉索可固定在屋面板上预留的拉索座上。

（三）风管系统的设备安装

风管系统的设备一般包括：空气处理设备、风机、消声器、过滤器等。空气处理设备有很多种形式，如风机盘管、各类空调箱、组合式空气处理机组、各种直接膨胀式空气处理设备等。风机盘管的安装在本节不做阐述，详见"风机盘管的施工"章节，本节的空气处理设备主要阐述组合式空气处理机组的安装。空调系统中的送风机一般都在空气处理设备当中，独立的风机通常是排风机、通风系统中的通风机、防排烟系统的正压送风机和排烟风机。消声器安装在风管系统中用来降低风机的噪声，简单的消声器可以做成消声风管的形式，这种在风管四壁上安装吸音结构的消声器和消声弯头有时也可以看成是风管的一种部件。过滤器包括粗、中效过滤器和高效过滤器，粗、中效过滤器的安装比较简单，而且常常是在空气处理设备内；高效过滤器的安装要求较高，因为它是洁净室洁净度得以保证的最关键的设备。

1. 空气处理设备的安装

空气处理设备在这里主要是指组合式空气处理机组，由各功能段组成。组合式空调机组的特点是将空气处理按功能分成各个功能段，根据空调系统的需要进行功能段的组合，形成空气处理设备。小风量的组合式空气处理机组出厂时各功能段是成品，现场进行功能段的连接；对于大风量的空气处理机组，由于体积庞大，功能段不能做成成品运输，需要把各部件、框架、壁板运输到现场，现场进行组装。

对于成品功能段组合式空气处理机组的安装，由于安装简单，一般厂家不提供现场安装服务或指导安装的服务，而由空调工程施工单位完成。此类机组安装时应注意下列问题：

1）设备基础的制作。可以采用型钢制作，也可以采用混凝土平台基础。型钢制作基础时，选用的型钢支撑面尺寸应大于空气处理设备的底架边框尺寸，并应使设备底架边框位于基础型钢的中间位置，基础长度方向考虑留出段位拼接伸缩裕量；基础横向型钢的设置应该根据设备底架设置，段位拼接处应设置横向支撑；基础高度不低于设备安装说明书要求，并应该根据现场凝结水排放的实际放坡情况确定基础高。采用混凝土平台基础时，基础的长度及宽度应按照设备的外形尺寸向外各加大100mm，基础高度的确定同型钢基础。设备基础平面必须水平，对角线水平误差应不超过5mm，型钢基础上面的焊缝应磨平。

2）机组的检验。机组运输到现场后，应进行开箱检查和清单核对。在机组安装时，也应该进行各段位的外观检查、参数核对，以及方向与左右式、接管位置与大小的核对，并对段位连接企口的完好情况进行检查，在拆除段面的密封塑料布后，即可以进行就位连接。

3）机组的连接。段位拼接时，应按产品说明要求的顺序依次拼接。没有特别要求时，可以先就位较重的段位（风机段或表冷段）。通常情况下，由于风机已经安装了减振器，所以整机可以不安装减振垫而直接安装在基础上，在条件允许或减振隔音要求较高的场合，应在机组底架与基础之间安装减振垫。段位的底架上通常安装有水平调节装置，可以方便地进行段位的水平度调节；应该在前一段位调整好水平后，再连接下一段位。两段位水平调整并对正后，就可进行连接紧固，段位间的密封垫通常是机组自带的，不需要另配。

4）机组段位连接好后，应检验连接处的漏风量。拼接合格后，应对机组的进、出口进行密封，防止杂物进入。

对于需要现场进行组装的大型空气处理机组，由于组装工序与工艺复杂，通常工程施工企业不具备安装能力，而由厂家的专业安装施工人员进行现场组装，或是进行现场的安装指导。现场施工只需做好设备基础，做好安装配合工作，同时核对相关技术参数，机组的安装方向、左右式，接管位置等，按要求收集好相关的施工技术文件。现场组装的组合式空气处理机组，应做漏风量的检测，其漏风量必须符合国家标准的规定。

2. 过滤器的安装

（1）粗、中效过滤器的安装　粗、中效过滤器的种类较多，根据使用的滤料不同可分为聚氨酯泡沫塑料过滤器、金属网格浸油过滤器、自动浸油过滤器、无纺布过滤器等。在安装时，除了需根据各过滤器自身的特点及产品说明书进行安装外，还应使过滤器与框架、框架与空调器之间保持严密，并特别注意过滤器应便于拆卸和更换滤料。

大多数系统，滤网和粗、中效过滤器均在新风、回风口和空气处理机组内，不需要单独安装。有些净化系统会在新风入口设置独立的粗、中效过滤装置，此时才会涉及粗、中效过滤器的安装。

（2）高效过滤器的安装　高效过滤器主要用于洁净室中。高效过滤器的安装必须在空气洁净系统安装完毕，空调器、高效过滤器箱、风管内及洁净房间经过清扫，空调系统各单体设备试运转完毕并且风管内吹出的灰尘量稳定后才能进行。安装前，还应检查过滤器密封框架的安装质量是否达到密封要求。

高效过滤器安装时，应保证气流方向与外框上箭头标志方向一致。用波纹板组装的高效过滤器在竖向安装时，波纹板必须垂直于地面，不得反向。安装时，要对过滤器轻拿轻放，不得污染，不能用工具敲打、撞击，严禁用手或工具触摸滤纸，防止滤料和密封胶损伤。

高效过滤器的安装关键是过滤器与框架间的密封，其方法一般采用顶紧法和压紧法。对于洁净度要求严格的 5 级以上洁净系统，有的也采用刀架式高效过滤器液槽密封装置密封。

1）顶紧法和压紧法是利用闭孔海绵橡胶板或氯丁橡胶板作为密封垫（厚度常采用 6 ~ 8mm），将过滤器与框架紧压在一起，达到密封的效果。安装后密封垫的压缩率应在 25% ~ 50%。有时为加强密封效果，也采用硅橡胶涂抹密封。这两种方法要求过滤器框架端面平整度的允许偏差不大于 1mm。

2）液槽密封是为提高洁净室的洁净度而发展的一种密封方法，它克服了压紧法由于框架端面平整度差，而使过滤器密封不严密或密封垫层老化泄漏及更换拆装周期较长等缺点。液槽密封的装置是用铝合金板压制成二通、三通、四通沟槽连接件，用螺钉连接装配而成，液槽内用具有不挥发、不爬油、无腐蚀、耐酸碱、无毒性、有一定流动性及良好介电性能和稳定电气绝缘性能的惰性液体（非牛顿密封液）密封。其方法是将刀架式高效过滤器浸插在密封槽内。

在安装过程中，液槽的吊装、连接应尽量做到平整。平面精度要求液槽就位后纵横中心线的偏差不大于 5mm；而垂直方向上液槽纵横中心线高差不应大于 3mm，以防止液槽系统运行到液面差接近最大值，而使液槽露底、鼓泡、漏气或局部液体外溢。框架与液槽连接后，应用硅橡胶、环氧树脂胶或其他密封胶来密封所有的接缝缝隙。然后，将密封液用水浴加温至 80℃左右溶化后，迅速注入槽内达到 2/3 槽深，待密封液冷凝之后，即可安装高效过滤器。

安装过滤器时，刀架应避免接触槽壁，以免形成泄漏边界；刀架要轻轻插入液槽内密封。一般情况下，操作人员应在框架上从上面放下过滤器，也可根据过滤器的外形尺寸情况，从下面斜着把过滤器托过液槽再对准放下。如果已安装好的过滤器需要移动位置，可将过滤器往上提一下，然后再轻轻放下插入槽内。不能将已安装好的过滤器使劲推动，以免液体溢出或损坏过滤器。更换过滤器时，应事先准备好托板，当过滤器刀架从液槽中取出时，立即将托板置于过滤器下面，避免刀架上附着的液体滴入洁净室内或污染已安装好的过滤器。

3. 风机的安装

风机是通风空调系统中的主要设备之一。在通风工程和防排烟工程中，风机安装是风系统设备安装的主要项目。在空调系统中，由于承担主要送风功能的风机一般与换热器、过滤器等集成在一起，成为空气处理设备，因此很少需要单独安装送风机，而往往只需要安装风量较小的排风机。

风机常用的类型有离心风机与轴流风机，风量和压头较小时，也采用贯流风机与斜流风机。在通风工程中，用于全排的风机因其压头小、风量大，常采用轴流风机；用于局部排风的风机，因所需压头较大而常采用离心风机。在防排烟系统中，正压送风的防烟风机多采用通用的离心风机，有时也采用轴流式；由于排烟时需要风机在高温下运行，所以排烟风机应采用专用风机。在普通空调系统的排风上，由于风量与压头均不大，根据实际情况，会采用离心、轴流和斜流风机。

（1）安装前的检查与吊装　安装前风机的检查包括：风机的产品检查（如技术资料、型号规格、各几何尺寸和有关性能参数等）、风机的清洁检查、风机的平衡检查（安装时可不进行此项工作）、风机吸气短管的间隙检查以及风机有无明显损伤的质量检查。

风机的搬运和吊装主要应注意对风机叶轮、机壳的保护，特别是涂敷保护层的输送特殊介质的风机应严加保护，不能损伤。

（2）离心风机的安装　小型的离心风机全部采用整体直联结构，因此只要机壳不受损，安装时只需要注意安装方向以及风机与风管连接的形式（风管与风机的连接应采用最佳形式，以免连接不当影响风机性能）。大、中型离心风机的轴和电动机的轴是分开的，采用弹性联轴器联接或三角传动带传动。风机、联轴器和电动机分别有基础支撑，其安装要求如下：

1）风机轴的润滑及清洗。现场组装的离心风机，安装前应进行拆卸、清洗。

2）直接安装风机的混凝土基础的尺寸应符合设计要求，应用比基础高一级标号的混凝土灌地脚螺栓孔，风机应调正校平，地脚螺栓应带有垫圈和防松螺母。若使用减振器，则各减振器所承受的荷载压缩量应均匀，不得偏心。安装后应采取保护措施，防止损坏。

3）安装大型整体式和散装风机，应先后找正找平轴承箱组合件、叶轮、机壳和电动机，要求机壳的壁面和叶轮面平行，机壳轴孔中心和叶轮中心重合，机壳支座的法兰面保持水平。一般应控制轴向间隙为叶轮外径的 1/100，径向间隙应均匀分布，其数值应为叶轮外径的 3/2000 ~ 3/1000（外径小者取大值）。力求间隙小一些，以提高风机效率。风机轴与电动机轴的同轴度应保证径向位移不应超过 0.05mm；倾斜不应超过 2/10000。

4）输送产生凝结水的潮湿空气及室外风机，机壳底部应安装一个直径为 15 ~ 20mm 的放水阀或存水弯管，以便排除积水。

5）风机的 V 带外露部分应加装防护罩。风机室外安装的电动机及靠背轮传动轴部分应加装防雨罩，防止受潮及锈蚀。

（3）轴流风机的安装 轴流风机分为整体机组和现场组装的散装机组两种安装形式。一般通风空调系统多使用整体机组，而现场组装机组常用于大型工业项目。

直接安装在基础上的整体轴流风机的安装方法与离心式通风机基本相同，用成对斜垫铁找正找平，最后灌浆。安装在无减振器的支架上时，应垫上厚度为 4 ~ 5mm 的橡胶板，找正找平后固定，并注意风机的气流方向。

排风采用轴流式通风机，一般安装在风管中间和墙洞内。

1）在风管中间安装轴流式通风机时，风机安装在角钢支（吊）架上（垫上厚度为 4 ~ 5mm 的橡胶板），然后连接并对正风管。为了检查和接线方便，应设检查孔。

2）在墙洞内安装时，应在土建施工时预留孔洞、预埋地脚螺栓或风机框架和支座，在墙外侧应装上 45°防雨、防雪的弯头和铝质调节百叶，以免风机在停止使用期间室外雨雪倒流进入室内。安装轴流风机时，注意叶轮与风筒的间隙应均匀，其间隙一般不应超过叶轮直径的 0.5%。

风机安装结束后，应安装传动带安全罩或联轴器保护罩。进气口如不与风管或其他设备连接时，应安装网孔为 20 ~ 25mm 的入口保护网。与风管连接时，风管的质量不应加在机壳上，其间应加装柔性短管。

4. 消声器的安装

消声器是用吸声材料按不同的消声原理设计而成的消声装置。在通风、空调系统中，消声器一般安装在风机出口水平总风管上，用来降低风机产生的空气动力性噪声，阻止或降低噪声传播到空调房间内。在空调系统中，有的也将消声器安装在干管、支管及各个送风口前的弯头内，这种消声装置常称为消声弯头。空气洁净系统一般不设置消声器，以避免吸声材料内的灰尘污染洁净系统，应尽量采取其他综合措施来满足空气洁净系统的要求。如果必须使用消声器，应选用不易产尘和积尘的结构及吸声材料，如穿孔板消声器等。

（1）消声器的种类与功能 消声器的种类和结构形式较多，按消声器的原理可分为 4 种基本类型，即阻式消声器、抗式消声器、共振式消声器及宽频带复合式消声器。

1）阻式消声器是利用多孔松散材料消耗声能以降低噪声的。这类消声器有片式、管式、蜂窝式、折板式、迷宫式及声流式等形式。它对中、高频噪声有良好的消声作用。

2）抗式消声器又称为膨胀式消声器，是利用管道内截面突变使沿管道传播的声波向声源方向反射回去，而起到消声作用。它对低频噪声有较好的消声效果。这类消声器有单节、多节和外接式、内插式等形式。

3）共振式消声器是利用穿孔板小孔的空气柱和空腔（即共振腔）内的空气，构成一个弹性系统，其固有频率为 f，当外界噪声频率和弹性系统的固有频率相同时，将引起小孔处空气柱的强烈共振，使空气柱小孔壁发生剧烈摩擦而消耗声能。它可用于消除噪声的低频部分。

4）宽频带复合式消声器吸收了阻式、抗式及共振式消声器的优点，从低频到高频都具有良好的消声效果。它是利用管道截面突变的抗式消声器原理和腔面构成共振吸声，并利用多孔吸声材料的阻性消声原理，消除高频和大部分中频的噪声。

（2）消声器的安装 消声器的安装与风管的连接方法相同，应符合下列要求：

1）消声器在运输和吊装过程中，应力求避免振动，防止消声器的变形，影响消声效果。特别对于填充消声多孔材料的阻式、抗式消声器，应防止由于振动而损坏填充材料。因为振动不但降低消声效果，而且也会污染空调环境。

2）消声器安装前，其消声材料应有完整的包装措施，两端法兰面应有防尘保护措施，法兰面不得向上，防止消声材料雨淋受潮和尘土污染。消声器安装前，应将杂物等清理干净，达到无油污和浮尘。

3）消声片单体安装时应位置正确，片距均匀，气流方向应正确，消声片与周边缝隙必须填实，不得漏风。消声片的消声材料不得有明显下沉，消声片与周边的固定必须牢固可靠。

4）消声器、消声弯头应单独设置独立的支、吊架，其数量不得少于两副，以保证安装的稳固。消声器的重量不得由风管承担，这样有利于单独拆卸、检查和更换。

5）组合式消声器消声组件的排列、方向和位置应符合设计要求。在同一系统中，选用相同类型和数量的消声器时，由于配置的部位和方式不同，会使整个系统噪声衰减有很大的差别。在系统内配置消声器一般不少于两个。它们的正确配置是风机进、出口处各一个，以便从声源处降低噪声；在冷气总管进入空调房间的分流口部位设置一个，回风系统也同样处理。这样配置可以消除旁路噪声进入已经消声的管道，防止相邻房间的串音。将两个消声器拉开距离比紧接着安装的消声性能要好。

三、风管的绝热

风管的绝热就是用绝热材料敷于风管外层，将风管内、外的传热降到最小。风管的绝热也就是常说的风管的保温，而实际上保温与保冷还是有区别的，以下所述保温是指绝热。在空调系统中，对风管进行保温的主要目的是减少冷和热的损失，和防止风管结露（保冷情况下）。下面先对常用的保温材料、结构与制作方法进行简要介绍，然后再介绍空调风管系统的常用风管保温。

（一）常用保温材料

保温材料应具有热导率小，密度小（一般在 450kg/m^3 以下）、有一定机械强度（一般能承受 0.3MPa 以上的压力）、吸湿率低、抗水蒸气渗透性强、耐热、不燃、无毒、无臭味、不腐蚀金属、能避免鼠咬虫蛀、不易霉烂、经久耐用、施工方便、价格便宜等特点。

实际的保温材料不可能全部满足上述要求。这就需要根据具体保温工程情况，首先考虑材料的性能、工作条件和施工方案等因素。例如，低温系统应首先考虑保温材料的密度小、热导率小、吸湿率低等因素；高温系统应首先考虑保温材料在高温下的热稳定性。对运行中有振动的管道和设备，应选用强度较好的保温材料，以免因振动导致保温材料破碎；对间歇运行的系统，应采用热容量小的保温材料等。

目前常用的保温材料种类较多，空调工程中的保温材料有岩棉、玻璃棉、矿渣棉、珍珠岩、硅藻土、石棉、水泥蛭石、碳化软木、聚苯乙烯泡沫塑料、聚氨酯泡沫塑料等。

（二）常用保温结构与保温方法

1. 保温层的一般结构

保温层一般由防锈层、保温层、防潮层（对保冷结构而言）、保护层、防腐层及识别标志等构成。

保冷结构和保温结构的区别在于保冷结构的绝热层外必须设有防潮层，而保温结构一般不设置防潮层。这主要是因为保冷会使大气中的水蒸气在分压差的作用下随热流渗入到绝热材料内，并在其保冷结构内产生凝结水等现象，导致绝热材料的保冷性能降低，造成保冷结构开裂、发霉腐烂，甚至损坏等后果。保温结构和保冷结构所用的防锈层材料不同：保温结构用防锈漆涂料；保冷结构用沥青冷底子油或其他防锈力强的涂料，直接涂刷于干燥洁净的管道或设备表面上，以防止金属受潮后产生锈蚀。

防潮层的作用是防止水蒸气或雨水渗入保温层，应设置在保温层的外面。目前防潮层常用材料有沥青及沥青油毡、玻璃丝布、聚乙烯薄膜、铝箔等。

保护层的主要作用是保护保温层或防潮层不受机械损伤，改善保温效果，使外表美观，应设置在保温层或防潮层外面。保护层常用材料有石棉石膏、石棉水泥、玻璃丝布及金属薄板等。

某些场合保温结构最外面还有防腐蚀及识别标志层。其作用是保护保护层不被腐蚀，一般采用耐气候性较强的涂料直接涂刷在保护层上。同时，为区别管道内的不同介质，常用不同颜色的涂料涂刷，所以防腐蚀层同时起识别标志作用。

2. 常用的保温方法

保温的施工方法取决于保温材料的形状和特性。常用的保温方法有以下几种。

（1）涂抹法保温　涂抹法保温适用于膨胀珍珠岩、膨胀蛭石、石棉白云石粉、石棉纤维等不定形的散状材料。涂抹法保温整体性好，保温层和保温面结合紧密，且不受保温物体形状的限制，多用于热力管道和设备的保温。

（2）绑扎法保温　绑扎法保温适用于预制保温瓦或板块料。其方法是用镀锌铁丝将保温材料绑扎在管道的防锈层表面上。

（3）粘贴法保温　粘贴法保温适用于各种加工成形的保温预制品。它用粘结剂与保温物体表面固定，多用于空调和制冷系统的保温。

（4）缠包法保温　缠包法保温适用于矿渣棉毡、玻璃棉毡等保温材料。保温施工时，先根据管径的大小将保温材料裁成适当宽度的条带，以螺旋状包缠到管道的防锈层表面。或者按管子的外圆周长加上搭接宽度，把保温材料剪成适当纵向长度的条块，将其平包到管道的防锈层表面。缠包保温棉毡时，若棉毡的厚度达不到厚度要求，可适当增加缠包层数，直至达到保温厚度要求为止。

（5）套筒式保温　套筒式保温是将矿纤材料加工成形的保温筒直接套在管道上的一种保温方法。施工时，只要将保温筒上的轴向切口扒开，借助矿纤材料的弹性便可将保温筒紧紧地套在管道上。对保温筒的横向接口和切口，可用带胶的铝箔带粘接。

为便于现场施工，保温筒在工厂生产时，多在表面涂有一层胶状保护层，因此，对一般室内管道保温时，可不需再设外保护层。这种施工方法简便，工效高。

（6）聚氨酯硬质泡沫塑料保温　聚氨酯硬质泡沫塑料由聚醚和多元异氰酸酯加催化剂、发泡剂、稳定剂等原料按比例配制发泡而成。保温施工时，把原料组合成两组（A 组和 B 组，或称黑液、白液），A 组为聚醚和其他原料的混合液，B 组为异氰酸酯，两种液体均匀混合在一起，即发泡生成硬质泡沫塑料。

聚氨酯硬质泡沫塑料保温材料的吸水率极小，耐腐蚀，易成型，易与金属和非金属粘接。可喷涂也可灌注，施工工艺简单，操作方便，施工效率高，适用于热媒温度为 −100 ~ 120℃ 的保温工程中。其缺点是异氰酸酯及催化剂有毒，对上呼吸道、眼睛和皮肤有强烈的刺激作用。

（7）钉贴法保温　钉贴法保温是矩形风管常采用的一种保温方法，它用保温钉代替粘结剂将泡沫塑料保温板固定在风管表面上。

（三）空调风管系统的常用保温

目前空调风管的常用保温有离心玻璃棉保温、PEF 保温和橡塑保温。离心玻璃棉采用铝箔为防潮层；而 PEF 和橡塑为闭孔材料，不吸湿，因此无需防潮层。由于空调风管基本都在室内的吊顶或机房内，因此无保护层。风管材料大多数采用镀锌板，加上三种保温材料都有很稳定的化学性能，故也无需防锈层和防腐层。

1. 离心玻璃棉保温

离心玻璃棉属于玻璃纤维中的一个类别，是一种人造无机纤维。采用石灰石、白云石等天然矿石为主要原料，配合一些纯碱、硼砂等原料熔成玻璃；在融化的状态下，采用离心法将玻璃棉甩成絮状细纤维，纤维和纤维之间为立体交叉，互相缠绕在一起，呈现出许多细小的间隙，因此玻璃棉可视为多孔材料。离心玻璃棉具有不燃、无毒、耐腐蚀、密度轻、热导率低、化学稳定性强、憎水率高等诸多优点，是目前公认性能优越的保温、隔热、吸声材料，具有十分广泛的用途。

离心玻璃棉板为超细棉玻璃添加酚醛树脂粘结剂，加压加温固化成形的板状材料，表面可粘贴 PVC 膜面料也可粘贴铝箔，空调风管工程中常用铝箔离心玻璃棉板保温。离心玻璃棉板保温常用厚度与密度两个参数标定，空调风管保温的厚度可为 25 ~ 100mm，密度为 25 ~ 65kg/m^3，热导率为 0.03 ~ 0.05W/m·℃。

离心玻璃棉板保温采用的是钉贴法。施工时，先用粘结剂将保温钉粘贴在风管表面上，要求顶面不少于 8 个/m^2，侧面不少于 10 个/m^2，底面不少于 16 个/m^2；保温钉粘牢后，用手或木方将保温板（铝箔层在外）向风管上拍打，直到保温层贴到风管壁，保温钉穿过铝箔；然后套上垫片，将钉的外露部分扳倒（自锁垫片压紧即可）；最后在拼接部分用铝箔胶带密封，防止离心玻璃棉外露吸湿。

2. 聚乙烯保温

聚乙烯保温板即高压聚乙烯保温板，又称 PEF 保温板。由于用于空调系统中的 PEF 保温板是灰色的，因此聚乙烯保温板也被称作灰保温。PEF 保温板采用先进的发泡技术生产线，以高压聚乙烯、阻燃剂、发泡剂、交联剂等多种原料共混，经过密炼、开炼把聚烯烃通过化学架桥的高信率发泡，形成网状高分子结构的均衡气泡产品。其特点是绝热效果好、施工简易、使用寿命长、综合成本低、耐热性好、无毒性、缓冲性强等。

PEF 保温板的规格用厚度与密度参数标定，常用厚度规格为 3 ~ 100mm 不等，密度通常为 20 ~ 50kg/m³，其热导率为 0.04W/m·℃左右。

PEF 保温板采用的是粘贴法保温。施工时，先在风管表面上刷专用胶水，然后把下好料的保温板贴在风管上，最后用自粘性的 PEF 薄保温板密封拼接处，使整体保温具有更好的封闭性。也可直接采用自粘性的 PEF 保温板，施工时，先根据风管的形状、规格下料，然后撕去不粘层，直接把 PEF 保温板贴在干净的风管表面。

由于 PEF 表面软，极易变形和受损，因此在施工时应特别当心，否则不仅影响保温层的美观，严重时还会影响保温性能。

3. 橡塑保温

橡塑是橡胶和塑料产业的统称，它们都是石油的附属产品。橡塑发泡保温材料以丁腈橡胶、聚氯乙烯为主要原料，经密炼、硫化发泡等特殊工艺制成。

橡塑保温的特点：

1）热导率低。平均温度为 0℃时，热导率不超过 0.034W/m·℃，而它的表面放热系数高，因此在相同的外界条件下，橡塑保温有更好的保温效果。

2）阻燃性能好。橡塑保温材料中含有大量阻燃减烟原料，燃烧时产生的烟浓度极低，而且遇火不熔化，不会滴下着火的火球，材料具有自熄特征，为 B1 级难燃材料。

3）安装方便，外形美观。因为橡塑保温具有较好的柔软性，耐曲绕，安装简易方便；又因其外表有橡胶的光滑平整，橡塑保温为闭孔弹性材料，不需另加隔气层、防护层，减少了施工中的麻烦，也保证了外形美观、平整。

橡塑保温的施工方法与 PEF 类似，但橡塑没有自粘性的材料，所以施工时必须先刷胶水再粘橡塑的保温板。另外，风管的橡塑保温没有水管的橡塑保温严格，不需要橡塑对接的专用胶水，风管施工只需把橡塑板材粘到风管上，而不需要对接，所采用的胶水不一样。在橡塑板粘在风管上后，再用薄的自粘性橡塑胶带封好橡塑板的拼接处。

由于橡塑保温具有柔韧性，表面又有橡胶的特性，使得橡塑保温比 PEF 保温美观、更易施工且不易受损，所以橡塑保温的使用更为普遍。但由于橡塑保温的防火性能是难燃 B1 级，所以在特殊场合或是系统的某些防火要求高的部分（防火墙近 2m 以内，风管电加热器前、后 800mm 内），仍需要采用不燃型保温材料（如离心玻璃棉保温）。

四、风系统施工验收记录

为了保证工程的施工质量，需要对工程的各个环节进行质量验收。施工单位就需要根据施工的情况及时做好记录，即填写各施工质量验收记录表，请监理工程师对施工的相应项目进行验收。监理工程师验收合格后，应在验收记录上签字确认。施工单位将所有验收合格的验收记录装订成册，作为工程竣工验收的资料之一。

工程施工质量验收的最小单位是分项工程的检验批。检验批是质量验收的起点，一个分项工程的所有检验批合格，则该分项工程合格；一个分部工程的所有分项工程合格，则该分部工程合格。

通风与空调工程的分部工程与分项工程见表 2-33。一般情况下，整个通风与空调系统工程本身从属于一个更大工程项目的分部工程，那么其下属的分部工程则变为子分部工程。每个分部工程的分项工程不变。

表 2-33　通风与空调工程的分部工程与分项工程

分 部 工 程	分 项 工 程	
送、排风系统	风管与配件制作 部件制作 风管系统安装 风管与设备防腐 风机安装 系统调试	通风设备安装，消声设备制作与安装
防、排烟系统		排烟风口，常闭正压风口与设备安装
除尘通风系统		除尘器与排污设备安装
空调风管系统		空调设备安装，消声设备制作与安装，风管与设备绝热
净化空调系统		空调设备安装，消声设备制作与安装，风管与设备绝热，高效过滤器安装，净化设备安装
制冷系统	制冷机组安装，制冷剂管道及配件安装，制冷附属设备安装，管道及设备的防腐与绝热，系统调试	
空调水系统	冷、热水管道系统安装，冷却水管道系统安装，冷凝水管道系统安装，阀门及部件安装，冷却塔安装，水泵及附属设备安装，管道及设备的防腐与绝热，系统调试	

为方便查阅，空调工程质量验收记录用表整理在项目四的"水系统施工验收记录"中。

1. 分项工程检验批质量验收记录

通风与空调工程的分部工程的检验批质量验收记录由施工项目本专业质量检验员填写，监理工程师（建设单位项目专业技术负责人）组织项目专业质量检查员等进行验收，并按各个分项工程的检验批质量验收表的要求记录。

1）风管与配件制作检验批质量验收记录（见项目 4，后同）。

2）风管部件与消声器制作检验批质量验收记录。

3）风管系统安装检验批质量验收记录。

4）通风机安装检验批质量验收记录。

5）通风与空调设备安装检验批质量验收记录。

6）空调制冷系统安装检验批质量验收记录。

7）空调水系统安装检验批质量验收记录。

8）防腐与绝热施工检验批质量验收记录。

9）工程系统调试检验批质量验收记录。

其中，除第 6）、第 7）项及第 8）项的管道系统记录以外，其他均与风系统的施工安装有关。

2. 分项工程质量验收记录

通风与空调分部工程的分项工程质量验收记录由监理工程师（建设单位项目专业技术负责人）组织施工项目经理和有关专业设计负责人等进行验收、记录。

3. 分部（子分部）工程质量验收记录

通风与空调分部工程的分部（子分部）工程的质量验收记录由总监理工程师（建设单位项目专业技术负责人）组织项目专业质量检查员等进行验收，并按各个分部（子分部）工程的质量验收记录表记录。

1）送、排风系统分部（子分部）工程。

2）防、排烟系统分部（子分部）工程。

3）除尘通风系统分部（子分部）工程。

4）空调风管系统分部（子分部）工程。

5）净化空调系统分部（子分部）工程。

6）制冷系统分部（子分部）工程。

7）空调水系统分部（子分部）工程。

其中，除第6）、第7）项以外，其他均与风系统的施工质量验收有关。

整个通风与空调工程（分部工程）的质量验收记录见项目4。

五、风系统的调试

在空调系统的风管系统、水管系统（冷、热源系统可含在水系统内）及电气控制系统全部施工安装完成后，即进入空调系统的测定和调整（简称调试）阶段。系统调试应包括：设备单机试运转及调试和系统无产生负荷下的联合试运转及调试。集中式中央空调系统的调试流程如图2-57所示。

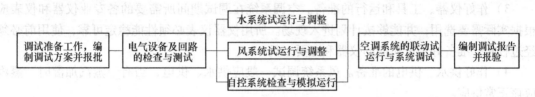

图2-57　集中式中央空调系统的调试流程

本节所述风系统的调试是指风系统的测定与调整。它不是空调系统调试的一个阶段，而是作为空调系统调试的一个部分，包含在从调试准备到编制调试报告的各个环节。一般空调风系统与净化空调风系统的调试流程如图2-58、图2-59所示。

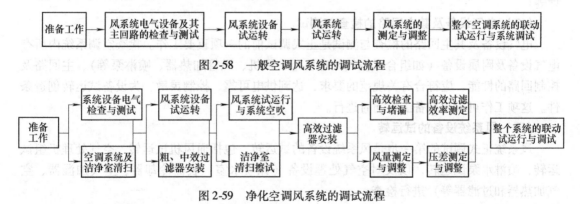

图2-58　一般空调风系统的调试流程

图2-59　净化空调风系统的调试流程

（一）调试前的准备

1. 资料准备

1）熟悉风系统全部设计资料（包括图样和有关技术文件），充分领会设计意图，详细了解系统的运行工况和服务对象的工艺要求，以及各种设计参数（包括温度、湿度、空气流速、压力、洁净度和噪声等技术指标）。

2）熟悉风系统设备的性能及使用方法等。了解设备的性能参数和技术特点、它与相关设备的联系和作用；了解设备调试的内容、程序、方法和质量要求。

3）熟悉有关风系统的参数与调试方法。弄清送风系统、回风系统、新风与排风系统及其自动控制系统的特点，注意调节装置和检验仪表所在位置；弄清风系统各参数测定与调整的方法。

4）编制试调计划与调试方案。根据前面工作的准备情况以及工程特点制订试调计划，内容包括：试调的目的、要求、程序、进度及人员安排等；编制调试方案，内容包括：系统概况、调试依据、调试的程序与具体内容、参数测定与调整的方法以及调试参数的记录。

2. 现场准备

1）风系统施工验收。风系统调试时，必须按要求施工安装完毕，并按施工质量要求完成各个施工环节的质量检验并且应合格。

2）与风系统相关的房间的检查。检查风系统所作用的房间应装修完成，门窗的开闭正常，室内无其他杂物，并清扫干净，具备调试条件；检查设备间和风系统所经过的建筑结构应装修完成，具备调试条件。

3）作好仪器、工具和运行的准备。空调系统在调试期间所需要的各专业仪器和仪表应根据实际需要选用，并能够按计划进入现场。所用仪器仪表必须性能稳定可靠，使用前必须经过校正。准备好调试所需的仪器和必要工具。

4）作好供水、供电的准备。风系统调试一般应供水、供电，当有干蒸汽加湿时，蒸汽应该正常供应。

3. 系统检查

除前面所讲述的准备工作之外，在风系统调试之前，还应检查系统所有的手动风量调节阀门应处于最大开度，定风量机构应处于设定值，其他阀门应处于设计要求的启闭状态；检查所有的风口应完好，并处于正常工作状态；检查系统的仪表应完好，如压差计，温、湿度计等。

（二）电气设备及其主回路的检查与测试

电气设备及其主回路的检查与测试是正式调试前的一项重要工作。检查空调系统内所有电气设备及附属设备（如组合式空气处理机组、风机、风管加热器、喷淋泵等）、主回路及控制回路的性能，应符合有关规范的要求，达到供电可靠、控制灵敏，为设备试运转创造条件。这项工作可以与准备工作同时进行。

（三）风系统设备的试运转

风系统正式调试的第一步是风系统设备的试运转，包括通风机试运转，空气处理机组试运转，喷淋水泵试运转，以及对空气处理设备（如喷水室、表面冷却器、空气加湿器、空气加热器和过滤器等）进行检查。

1. 风机试运转

风系统中所有风机都必须先进行试运转，大型风机应单独试运转，设备内的风机要根据设备结构和工作特点，按设备技术文件的要求试运转。

（1）试运转的准备工作　风机试运转准备工作一般为对风机的外观检查和风管系统检查，存在的问题应全部解决，且应润滑良好，具备试运行条件。

1）风机的外观检查，包括：① 清理场地，防止杂物吸入风机和风管中；② 核对风机、电动机的规格、型号及传动带轮直径是否与设计或设备技术文件相符；③ 检查风机、电动机两个传动带轮的中心是否在一条直线上或联轴器是否同心、地脚螺钉是否拧紧；④ 对于传动带传动，传动带松紧应适度。若太紧易使传动带磨损，同时增加电动机负荷；若太松易使传动带打滑，降低风机的效率，使风量和风压达不到要求（新装 V 带用手按中间位置，有一定力度回弹为好；试运行测出风机和电动机的转速后，可以检查传动带传动系数）；⑤ 检查风机进、出口柔性接管是否严密；⑥ 检查轴承处是否有足够的润滑油，如不足则应加足，加注润滑油的种类和数量应符合设备技术文件的规定；⑦ 用手转动风机，检查叶轮和机壳是否有摩擦和异物卡塞，转动是否正常；如果转动感到异常和吃力，则可能是联轴器不对中或轴承出现故障；⑧ 检查风机、电动机、风管接地线连接应可靠；⑨ 风机传动装置的外露部位，以及直通大气的进、出口，必须装设防护罩（网）或安装其他安全设施；⑩ 空调机功能段内的风机需要打开面板，或由人直接进入功能段内才能操作，要注意保护段体设备并做好人员安全保护工作。

2）风管系统的风阀、风口检查，包括：① 关好空调器上的检查门和风管上的检查人孔门；② 风管系统的新、回风口调节阀，干、支管风量调节阀全部开启；风管防火阀位于开启位置；三通调节阀处于中间位置；③ 送、回（排）、排烟、正压送风口处于全开位置；④ 组合式空调器的新风，一、二次回风口和加热器前的调节阀应开启到最大的位置，使风系统阻力处于最小状态，加热器的旁通阀应处于关闭状态；⑤ 风机起动阀或总管风量调节阀应关闭，使风机在风量等于零的状态下起动。轴流风机应开阀起动。

（2）风机的起动与运转

1）风机起动时要做的工作。风机初次起动时应进行点动，达到额定转速后立即停止运行；随即检查叶轮旋转方向是否与机壳箭头标志方向一致，如果不一致应停机，改变接线，保证风机正转。起动中应观察风机运转响声是否正常，检查叶轮与机壳有无摩擦和不正常的声音，如果有异常则应停机检查。风机起动后若机壳内落有螺钉、石子等杂物时，会发出不正常的"啪、啪"的响声，应立即停止风机的运转，设法取出杂物。

2）风机起动后要做的工作。

① 风机起动时，用钳形电流表测量电动机的起动电流，应符合要求。起动后，缓慢打开起动阀或总管风量调节阀，然后测量电动机的运转电流和电动机三相电流，防止超过额定值。如果运转电流值超过电动机额定电流值，应将总风量调节阀逐渐关小，直至达到或略小于额定电流值。因此，在风机试运转时，其运转电流值必须控制在额定范围内，防止由于超载而将电动机烧坏。电动机的电压和电流各相之间应平衡。

② 风机正常运行中用转速表测定转速，转速应与设计和设备说明书一致，以保证风机的风压和风量满足设计要求。

③ 风机运转一段时间后，用表面温度计测量轴承温度。一般情况下，风机滑动轴承允许最高温度为70℃，最高温升为35℃；滚动轴承允许最高温度为80℃，最高温升为40℃。运行中应监控温度变化，但结果以风机正常运行 2h 以后的测定值为准。风机运转中的径向振幅应符合表 2-34 的要求。

表 2-34　风机运转中的径向振幅（双向值）

转速/(r/min)	<375	375~550	550~750	750~1000	1000~1450	1450~3000	>6000
振幅值/mm	<0.18	<0.15	<0.12	<0.10	<0.08	<0.06	<0.04

④ 在风机正常运转过程中，应利用金属棒或长柄螺钉旋具仔细监听轴承内有无噪声，以判定风机轴承是否有损坏或润滑油中是否混入杂物。

⑤ 对特殊风机，如大型风机，建议先试电动机，电动机运转正常后再联动试机组。风机试运行时间不应少于 2h。按技术文件规定检查，如果发现超过规定值则应停机检查。如果运转正常，则风机试运转可以结束。

风机运转正常后，应对风机的转速进行测定，并将测量结果与风机铭牌或设计给定的参数进行核对，以保证风机的风压和风量满足设计的要求。试运转后应填写风机试运行记录，内容包括：风机的起动电流和工作电流、风机轴承温度、风机转速以及风机试运转中的异常情况和处理结果。

2. 水泵试运转

风系统中会涉及到水泵的调试，水泵试运转见"项目四　中央空调水系统的施工"中"水泵试运转"的相关内容。

3. 空气处理机组试运转

中央空调风系统中的空气处理设备一般包括过滤器、表面式换热器、电加热器、加湿器、风机等功能段，而空气处理机组试运转的关键是机组内风机的试运转。因此，在机组试运转前，同样需对机组的安装情况进行检查，对其所在的风系统的各个风阀、风口等部件进行检查，在系统处于正确的运行状态下才能对空气处理机组的风机进行试运转。对于现场组装式大型机组而言，应按上述步骤进行风机的试运转；对于成品段位拼装式机组而言，风机的试运转主要是为了确保风机转向的正确，风机的其他运行参数厂家已经检验。在机组试运转起动后应对其他功能段进行检查，确保各功能段正常工作。

（四）风系统试运转

各单体风系统设备及附属设备试运转合格后，即可进行系统试运转。对于集中式空调系统和净化空调系统可按如下的程序进行：

1）风系统风管上的风阀全部开启，使送风阀的总开度保持在风机电动机允许的运转电流范围内。对于空气洁净系统，必须将空调器和风管清扫、擦拭干净，并将回风、新风的吸入口处和初、中效过滤器前设置临时过滤器，再开启风机。

2）对于单独设置风管电加热器、加湿器的风系统，应在系统送风机运转后再进行设备的试运转，检查设备的运转与各控制动作是否正常。

3）检查风系统各段风管与风管设备的运行状态是否正常。还应检查每个房间的送、回风口的运行状态，以保证风量分配的基本正确。

（五）风系统参数测定与调整

根据风系统的调试要求，空调风系统测定与调整的参数有：各种风量的测定与调整，室内温、湿度的测定与调整，室内风速的测定与调整，压差的测定与调整，室内洁净度的测定与调整，噪声的测定与调整。

除风量的测定与调整外，其他各参数的测定与调整都相对简单。例如，温、湿度的测定，只需要按照相关规范的要求，在室内的相应位置用温湿度计进行测定，然后按照对应的计算方法对各点实测值进行计算，最终得到室内温、湿度的测定值；调整时，只需要找到引起温、湿度参数变化的因素，即可以对温、湿度进行改变和调整，如改变换热器的进、出水温，调整控制参数，排除引起参数不正常的故障等。风速、压差、噪声、洁净度参数的测定与调整和温、湿度的测定调整类似。而在空调的风系统中，最为复杂的就是系统风量的测定与调整，下面就风量的测定与调整进行详细介绍。

1. 空调系统管内风量的测定

（1）测定截面位置的确定　为保证测量结果的准确性和可靠性，测定截面的位置原则上应选择在气流比较均匀、稳定的直管段上，即尽量选择远离产生涡流的局部构件（如三通、风门、弯头、风口等）的地方。

按气流方向，一般选择在产生局部阻力（如风阀、弯头、三通等）部位之后 4~5 倍管径（或风管大边尺寸），以及产生局部阻力部件之前 1.5~2 倍管径（或风管大边尺寸）的直管段上。若现场条件达不到上述要求，可适当降低，但也应使测定截面到前一个产生涡流部件的距离大于测定截面到后一个产生涡流部件的距离，同时应适当增加测定截面上测定点的数目。

（2）测定截面内测点位置的确定　由于管道截面往往因为内壁对空气流动产生摩擦而引起风速分布不均匀，所以需要按一定的截面划分方法，在同一个截面布置多个测点，分别测得各点动压，求出风速，然后将各点风速相加除以测点数，得出平均风速。测定截面内测点的位置和数目，主要按风管形状和尺寸而定。根据风管截面的形状和大小，划分成若干个相等的小截面，在每一个小截面的中心布置测点。

1）矩形截面测点的位置。将矩形风管截面划分成若干个相等的小截面，并使各小截面尽可能接近于正方形，其截面的面积不得大于 0.05m^2（即边长小于 200mm 左右），测点位于各小截面的中心处。至于测点开在风管的大边或小边，以方便操作为原则，视现场情况而定。矩形截面测点的位置如图 2-60a 所示。

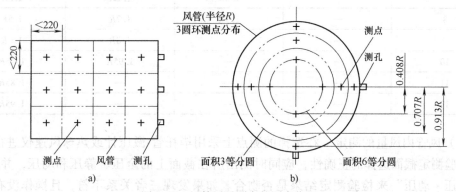

图 2-60　风管风量测定的测点位置
a）矩形截面测点的位置　b）圆形截面测点的位置

2）圆形截面测点的位置。在圆形风管截面内测量平均风速时，应根据风管直径的大小，将截面分成若干个面积相等的同心圆环。圆环数由直径大小决定，每一个圆环测 4 个点，并且 4 个测量点应在互相垂直的两个直径上。圆形风管所划分的圆环数可按表 2-35 选用。圆形截面测点的位置如图 2-60b 所示。

表 2-35　圆形风管划分圆环数表

圆形风管直径/mm	200 以下	200~400	400~700	700 以上
圆环数/个	3	4	5	5~6

各测点距圆心的距离按下式计算：

$$R_n = R\sqrt{\frac{2n-1}{2m}}$$

式中　R——风管截面半径（mm）；

　　　R_n——从风管中心到第 n 个测点的距离（mm）；

　　　n——从风管中心算起的测点顺序（即圆环顺序）号；

　　　m——风管划分的圆环数。

实际测定时，用上式计算比较麻烦，可将各测点到风管中心的距离换算成测点至管壁的距离。圆环上测点至测孔的距离见表2-36。

表2-36　圆环上测点至测孔的距离表

圆环数 测点	3	4	5	6
1	0.1R	0.1R	0.05R	0.05R
2	0.3R	0.2R	0.2R	0.15R
3	0.6R	0.4R	0.3R	0.25R
4	1.4R	0.7R	0.5R	0.35R
5	1.7R	1.3R	0.7R	0.5R
6	1.9R	1.6R	1.3R	0.7R
7	—	1.8R	1.5R	1.3R
8	—	1.9R	1.7R	1.5R
9	—	—	1.8R	1.6R
10	—	—	1.95R	1.75R
11	—	—	—	1.85R
12	—	—	—	1.95R

（3）风管内风量的测定　在选择的测点上采用毕托管-微压计或热球风速仪进行测定。为了检验测定截面选择的正确性，应同时测出所在截面上的全压、静压和动压，并用"全压＝静压＋动压"来检验测定结果是否吻合。如果发现三者关系不符，且操作没有错误，则说明气流不稳定，测点需重新选择。

（4）风管内风量的计算方法

1）测定截面上的平均动压值。当各测点的动压值相差不大时，其平均动压值可按测定值的算术平均计算，即

$$P_{db} = \frac{P_{d1} + P_{d2} + P_{d3} + \cdots + P_{dn}}{n}$$

如果各测点相差较大时，其平均动压值应按均方根计算：

$$P' = \frac{\sqrt{P_{d1}}}{n} + \frac{\sqrt{P_{d2}} + \sqrt{P_{d3}} + \cdots + \sqrt{P_{dn}}}{n}$$

式中　P_{d1}、P_{d2}、$\cdots$、P_{dn}——测定截面上各测点的动压值。

2）平均风速。已知测定截面的平均动压后，平均风速可按下式计算：

$$v = \sqrt{\frac{2P_{db}}{\rho}}$$

式中 P_{db}——平均动压（Pa）；

       ρ——风管内空气的密度（kg/m³），常温下 $\rho = 1.2 \text{kg/m}^3$。

通过风管截面积的风量可按下式计算：

$$L = 3600Av$$

式中 A——风管测定截面的截面积（m²）；

       v——风管测定截面内平均风速（m/s）。

在实际测量中，测量截面可能处于气流不稳定区域。因此，在测量仪器使用正确的情况下，测量的动压可能出现负值，这表明某些测点产生了涡流。在一般工程测量中，遇到这种情况，可在计算平均动压时，近似假设负值为零，但测点数不能取消。

2. 风口风量测定

（1）测量方法   对于空调房间的风量或各个风口的风量，如果无法在各分支管上测定，可以在送、回风口处直接测定风量，一般可采用热球式风速仪或叶轮风速仪。

1）加罩法。当空气从带有格栅或网格及散流器等形式的送风口送出时，将出现网格的有效面积与外框面积相差很大或气流出现贴附等现象，很难测出准确的风量。对于要求较高的系统，为了测出风口的准确风速，通常采用加罩法测定，即在风口外直接加一个罩子，罩子与风口的接缝处不得漏风。这样使得气流稳定，便于准确测量。

在风口外加罩子会使气流阻力增加，造成所测风量小于实际风量。但对于风管系统阻力较大的场合（如风口加装高效过滤器的系统）影响较小。如果风管系统阻力不大，则应采用图 2-61 所示的罩子。因为这种罩子对风量影响很小，使用简便又能保证足够的准确性，故在风口风量的测定中常用此法。

2）静压法。在洁净系统中，采用的扩散孔板风口较多，如果直接测量风口的风量极为困难，除在高效过滤器安装前测量或在安装后用辅助风管法测量外，也可采用孔板静压法。其工作原理是扩散板的风量决定于孔板内静压值。因此可取一个扩散孔板先测其孔板内的静压，然后再测定其扩散孔板连接的支管风速，即可换算出风量。可绘

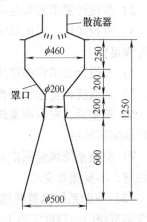

图 2-61   加罩法测定送风口风量

制静压与风管的风速曲线，只要扩散孔板风口的规格相同，则测出各个扩散孔板内的静压后，即可按曲线查出各风口对应的风量。

回风口处由于气流均匀，可以直接在贴近回风口格栅或网格处用测量仪器测定风量。

（2）测点位置和测点数   测点位置是将截面按大小划分成等面积小块，测风速点的位置。测点数应大于 4 点。

（3）风口平均风速的计算   按算术平均值计算风口平均风速：

$$v = \frac{v_1 + v_2 + \cdots + v_n}{n}$$

式中 v——平均风速（m/s）；

v_1、$v_2 \cdots v_n$——各测点的风速（m/s）；

n——测点数。

（4）风口风量的计算　一般按下式计算风口风量：

$$L = 3600A_w vK$$

式中　L——风口风量（m³/h）；

A_w——风口外框面积（m²）；

v——风口平均风速（m/s）；

K——考虑格栅等的影响引入的修正系数，取 0.7 ~ 1.0。

3. 空调系统风量调整

调整空调系统风量的目的是使经处理后的空气能按设计要求沿着干管、支干管及支管和送风口输送到各空调房间，为空调房间所需要的温度和湿度环境提供保证。其内容包括送风量、新风量、回风量、排风量，以及房间压差和气流速度等。

对于一个正常工作的空调系统来说，各空调房间送风口的实测送风量的总和应等于总的送风量，回风口吸入的总回风量应等于各空调房间回风口实测的风量之和。

在空调系统运行过程中，允许各空调房间全部送风口测得的风量之和与送风机出口处测得的总送风量之和有 ±10% 的误差。

（1）空调系统风量测定和调整的顺序

1）初测各干管、支干管、支管及送风口和回风口的风量。

2）按设计要求调整送风、回风干管、支干管及各送风口和回风口的风量。

3）进行送风、回风系统的风量调整时，应同时测定与调整新风量，并检查系统新风比是否满足要求。

4）按设计要求调整送风机的总风量。

5）在系统风量达到平衡后，按设计要求进一步调整送风机的总风量。

6）调整后，在空调系统各部分调节阀不变动的情况下，重新测定各处的风量，以作为最后的实测风量。

7）空调系统风量测定和调整完毕后，用红漆在所有阀门把柄上做好标记，并将阀门位置固定，不要随意变动。

（2）空调系统风量调整的原理　调整空调系统风量是通过改变阀门的开启度来实现的。改变调节阀门开启度实质上是改变阀门在管网中的阻力特性，进而改变管网中管段的阻力，阻力改变后，风量也相应地发生变化。

风量调整的依据是流体力学的基本原理，风管系统内空气任一管段的阻力与风量之间存在如下关系：

$$\Delta p = KL^2$$

式中　Δp——风管系统的阻力（Pa）；

L——风管内的风量（m³/h）；

K——风管系统的阻力特性系数。

就任一风管的管段而言，风管的压力损失（即阻力）Δp 与风量 L 的平方成正比，其比值即为该段的阻力特性系数 K。K 是与空气性质、风管长度、尺寸、局部管件阻力系数与摩擦阻力系数有关的比例常数。在给定的管网中，如果只改变风量，其他（包括阀门）都不变，则 K 值基本不变。

风管系统由大小、长短不同的管段组成，各管段间也存在上述关系。图 2-62 所示的风管系统中，有两根支管，管段 1 的风量为 L_1，阻力特性系数为 K_1，风管阻力为 Δp_1；管段 2 的风量为 L_2，阻力特性系数为 K_2，风管阻力为 Δp_2，则

$$\Delta p_1 = K_1 L_1^2 \qquad \Delta p_2 = K_2 L_2^2$$

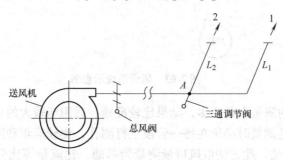

图 2-62　风量分配示意图

由于管段 1 和管段 2 为并联管段，所以 $\Delta p_1 = \Delta p_2$，即有

$$\frac{L_1}{L_2} = \sqrt{\frac{K_2}{K_1}}$$

若图中 A 点处的三通调节阀的位置不变，即 K_1、K_2 不变，仅改变送风机出口处的总调节阀，使总风量改变，则管段 1 和管段 2 的风量相应地变化为 L_1' 和 L_2'。

由上式可知

$$\frac{L_1}{L_2} = \frac{L_1'}{L_2'}$$

上式表明，只要三通调节阀的位置不变，即系统阻力特性系数 K 不变，无论总风量如何变化，管段 1 和管段 2 的风量总是按固定比例进行分配的。也就是说，若已知各风口的设计风量的比值，就可以不管此时总风量是否满足设计要求，只要调整好各风口的实际风量，使它们的比值与设计风量的比值相等，然后调整总风量达到要求值，则各风口的送风量必然会按设计比值分配，并等于各风口的设计风量。

只有当 A 点处的三通调节阀进行调节时，才能使两支风管的风量比例发生变化。

（3）空调系统风量调整的方法　空调系统风量调整的具体方法有：流量等比分配法、基准风口调整法和逐段分支调整法。由于逐段分支调整法太费时，所以只介绍前两种调整风量的方法。

1）流量等比分配法。流量等比分配法是靠测量风管内的风量进行调整的方法。其方法是由最远管的最不利风口开始，逐步调整直到风机出口为止。在图 2-63 所示的系统中，空调系统风量的调整应从最远房间的送风支管开始，逐步调向风机出口，风量的调整步骤是

① 调整 L_1 与 L_2、L_3 与 L_4、L_7 与 L_8，使它们分别等于对应的设计风量之比。

② 调整 L_5 与 L_6，使之等于对应的设计风量之比。

③ 调整 L_9 与 L_{10}，使之等于对应的设计风量之比。

④ 调整 L_{11}，使其等于设计的总风量。

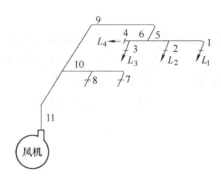

图 2-63　风管系统示意图

流量等比分配法的测量次数不多，结果比较准确，适用于较大的集中式空调系统的风量调整。该方法的缺点是测量时必须在每一管段上打测孔，比较麻烦和困难。

2）基准风口调整法。此方法以风口量测量为基础，比流量等比分配法方便，不需要在每支管段上打测孔；适用于大型建筑空调系统风门数量较多的风量测量与调整。

调整前，先用风速仪将全部风口的送风量初测一遍，并将计算出来的各个风口的实测风量与设计风量的比值记录到预先编制的风量记录表中，从表中找出各支管比值最小的风口；然后，选用各支管比值最小的风口为各自的基准风口，以此来对各支管的风口进行调整，使各风口的实测风量与设计风量的比值近似相等。这样就完成了各支管的风口之间风量的调整，然后便可以进行各支管之间的风量调整。

各支管风量的调整，用调节支管的调节阀使相邻支管的基准风口的实测风量与设计风量比值近似相等，只要相邻两支管的基准风口调整后达到平衡，则说明两支管也达到平衡。最后，调整总风量达到设计值，再测量一遍风口风量，即为风口的实际风量。

（六）调试报告

系统调试工作结束后，应将测定和调整后得到的大量原始数据进行计算和整理，并与设计的指标和验收规范的要求进行比较，用以评价被测系统能否满足要求。同时，针对调试过程中所发现的问题，提出恰当的改进措施，使系统更加完善，达到经济运行和实用的目的。

调试报告的内容与调试方案相似，一般包括工程概况、技术依据、调试程序与方法、测试数据与数据处理，结论与建议。

项目四 中央空调水系统的施工

学习目标

1）具备中央空调水系统的管道加工制作能力。
2）具备中央空调水系统的管道、部件安装能力。
3）具备空调水系统的常用设备安装能力。
4）掌握空调水系统的调试与运行方法。

工作任务

1）编制水管制作与安装的施工工艺，进行水系统的制作与安装。
针对某空调工程的一段水管及部件进行加工制作与管道安装。
2）进行中央空调水管工程的施工验收。
针对某空调工程，填写其水管系统工程的施工验收记录。
3）进行水管系统调试。
针对某空调工程拟定调试方案，编制调试报告。

相关知识

一、水系统管道的加工制作
二、水系统管道的安装
三、水系统部件的安装
四、水系统设备的安装
五、水系统施工验收记录
六、水系统的调试

一、水系统管道的加工制作

（一）空调水系统常用管材

空调水系统常用的管材有焊接钢管、无缝钢管、复合管和塑料管。

1. 焊接钢管

焊接钢管通常被称为有缝钢管，而水、煤气的输送主要采用有缝钢管，故有缝钢管又被称为水煤气管。水煤气管一般采用碳素软钢制成，可分成镀锌管（白铁管）和不镀锌管（黑铁管）；按压力不同分可以分为普通管（公称压力为 1MPa）和加厚管，一般采用公称直径（如 DN50）进行表示。

2. 无缝钢管

无缝钢管常用于高层建筑给水系统，其外径和壁厚应符合 GB/T 17395—2008《无缝钢管尺寸、外形、重量及允许偏差》，材质一般为普通碳素钢和优质碳素钢。无缝钢管的规格是以壁厚和外径表示的，如 $\phi133mm\times4mm$ 即表示外径为 $133mm$，壁厚为 $4mm$ 的无缝钢管，其常用规格参见表2-37。

表2-37 空调水系统中常用的一般无缝钢管规格表（摘自 GB/T 17395—2008）

公称直径/mm	外径/mm	壁厚/mm	单位长度理论质量/（kg/m）
10	14	3.0	0.814
15	18	3.0	1.11
20	25	3.0	1.63
25	32	3.5	2.46
32	38	3.5	2.98
40	45	3.5	3.58
50	57	3.5	4.62
65	76	4.0	7.10
80	89	4.0	8.38
100	108	4.0	10.26
125	133	4.0	12.73
150	159	4.5	17.15
200	219	6.0	31.54
250	273	7.0	45.92
300	325	8.0	62.54
400	426	9.0	92.55
500	530	9.0	105.50

3. 复合管

复合管一般由工作层、支承层、保护层组成，由于各层材料不同，形成了不同类型的复合管。

铝塑复合管是中间层为铝管，内、外层为聚乙烯或交联聚乙烯，层间为热熔胶黏合而成的多层复合管。铝塑复合管具有聚乙烯塑料管耐腐蚀和金属管耐高压的优点，保温性能好，内壁光滑、不易腐蚀，流体阻力小，可随意弯曲，安装施工方便。

塑钢复合管是以钢管为增强体，由内、外双面复合交联聚乙烯制作而成的多层复合管材。其强度、刚度、抗压性能均高于铝塑复合管，但质量较铝塑管大，多用于大、中直径主干供水管和立管。

4. 塑料管

塑料管分为热塑性塑料管和热固性塑料管。常用的热塑性塑料管有硬聚氯乙烯管（UP-VC）、聚乙烯管（PE）、聚丙烯管（PP）、聚丁烯管（PB）、苯乙烯管（ABS 工程塑料）等；热固性塑料管即玻璃纤维增强树脂塑料管。

（二）管子调直、切断与套螺纹

1. 管子调直

管子由于运输装卸或堆放不当，容易产生弯曲，因此在安装和加工前，需要进行调直。

（1）检查管子弯曲的方法

1）检查短管。检查短管时，将管子一端抬起，用一只眼睛从一端向另一端看，管子表面多点都在一条线上为直的；反之，就是弯曲的。对弯曲的管子要进行调直。

2）检查长管。长管的检查采用滚动法。将管子平放在两根平行的角钢（或调直的钢管）上轻轻滚动，当管子以均匀的速度滚动而无摆动，并能于任意位置停止时，说明管子为直管。如果管子滚动有快有慢，而且来回摆动，在停止时每次都是同一面向下，则说明管子有弯曲或凸面向下，如图 2-64 所示。

（2）管子调直的方法 调直管子有热调和冷调两种方法。冷调是将管子在常温状态下调直，一般在管子弯曲变形不大、管径较小（50mm 以下）的情况下采用，如图 2-65 所示。热调是将管子在加热的状态下调直，一般在管子弯曲程度较大、管径较大（50mm 以上）的情况下采用，如图 2-66 所示。

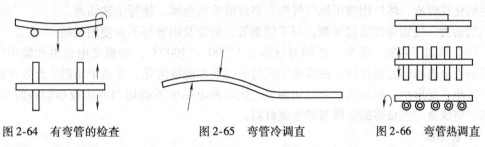

图 2-64　有弯管的检查　　　　图 2-65　弯管冷调直　　　　图 2-66　弯管热调直

1）冷调。当确定管子弯曲后，用两把锤子，一把顶在管子弯曲（凹面）的短端作支点，另一把则敲打背面（凸面）高点。

两把锤子不能对着打，应保持一定的距离。长管调直时，把长管平放在长木板上，一人在管子的一端观察管子的弯曲部位，另一人按观察者的指点，用锤子在弯曲部位敲打，经过几个翻转，管子就能调直。

2）热调。先将管子弯曲部分（不装砂子）放在烘炉上加热到 600～800℃（火红色），然后平着抬放在用 4 根以上管子组成的滚动支承架上滚动，使火口处在中央，管子的重量分别支承在火口两端的管子上。由管子组成的滚动支承在同一水平面上，所以热状态的管子在其上面滚动，就可以利用重力弯曲的道理而变直。弯曲大者可以在弯背向上轻轻向下压直再滚，为加速冷却可用废机油均匀地涂在火口上。

对弯曲较大的大管（管径在 100mm 以上），一般不予调直，可切断用在短管上。

铝管因质软易弯曲，可用木锤轻轻敲打调直。为便于检查和操作，常把铝管紧贴在槽钢内侧的短边上，根据管子和槽钢短边的间隙拍打。铝管除调直外，还需调圆，方法是用硬木制成外径与管子内径相同的圆柱形胎模，将头部削圆，穿上线绳，用线绳将胎模穿过管内，使变形部位被胎模撑圆。

2. 管子切断

切断管子的方法有锯削、刀割、錾切、氧气切割、等离子切割、磨割等。

（1）锯削 锯削是常用的方法，用于切断钢管、有色金属管及塑料管。锯削可采用手工切断和机械切断。

1）手工切断。手工切断管子可用钢锯或割管器两种工具。

钢锯由锯弓及锯条组成，锯条有粗齿和细齿两种。使用细齿锯切管子时，因齿距小，会有几个锯齿同时与管壁的断面接触，锯齿吃力小，不会卡掉锯齿，较省力，但切断速度较慢，适用于切断直径为40mm以下的管材。使用粗齿锯条切管子，在管子将被切断时，锯齿与管壁断面接触的齿数较少，锯齿的吃力量大，容易卡掉锯齿，较费力，但切断速度较快，适用于切断直径为50~200mm的管材。

用割管器切断管子，通常切断管径小于100mm的钢管。

2）机械切断。机械切断，是将管子固定在锯床上，锯条对准切断线即可切断，或用无齿锯切割。

（2）磨割　磨割常用于金属管、塑料管等管材的切断。方法是在砂轮机上装以厚度为2~3mm的砂轮片，使片口对准管子切割线将其磨断，然后修平磨口即可。直径较大的管子也可用角向磨光机（手把砂轮）装上切割砂轮片对准切割线进行切割。

（3）气割　气割是利用氧气和乙炔燃烧时产生的热能，使切割的金属在高温下熔化，产生氧化铁焊渣，然后用高压氧气气流，将焊渣吹离金属，使管子被切断。

切断大口径钢管宜采用气割，但不锈钢管、铜管及铝管等不宜使用气割。

（4）等离子切割　等离子弧的温度高达15000~33000℃，能量比电弧更加集中。现有的高熔点金属和非金属材料，在等离子弧的高温下都能被熔化。等离子切割生产效率高、热影响区小、变形小、质量高、可以切割氧乙炔焰和电弧所不能切割或比较难切割的不锈钢、铜铝、铸铁及一些难熔的金属与非金属材料。

3. 套螺纹

套螺纹是指用工具在棒料或管头上套出外螺纹螺扣。棒料套螺纹工具是板牙，管头套螺纹工具是代丝板或套螺纹板，也可用套螺纹机加工螺纹螺扣。

（1）手工套螺纹　套螺纹前，要选好与管子相应的管子铰板、板牙、管钳、管子台虎钳、手锯和油壶等工具材料，清理好现场。然后把要加工的管子固定在管子台虎钳上，加工的一端伸出钳口150mm左右。将板扣按顺时针方向上到底，并使前挡板与管子公称直径相应的刻度标记线对准本体上的"O"标记线，上紧带柄螺母，再将板口按逆时针方向上到底。随后，将后挡板套入管内直至与板牙接触，关紧后挡板顶杆（不要太紧或太松）。人站在管端的前方，一手扶住机身向前推进，一手以顺时针方向转动扳把。当切削管子进入2~3扣时，在切削端加上机油润滑和冷却板牙，然后站在右侧继续均匀用力转动扳把，慢慢推进。

为了连接紧密，管子一般都加工出螺纹尾部。螺纹尾部是利用在套螺纹的过程中逐渐松开管子铰板来达到的。因此，螺纹加工将达到规定长度时，应边转动扳把边松开松扣柄，松扣柄在切削出2~3扣后才能松完，松完后螺纹加工完成。大管径管子套螺纹时，可由2~4人操作。

为了操作省力及防止板牙过度磨损，一般在加工管径1in以下螺纹时，可一次套成，1~(11/2)in管径的应两次套成，2in及2in以上要分三次套成。若分几次套成时，第一次或第二次铰板的前挡板对准本体上刻度时，要略大于相应的刻度。

（2）机械套螺纹　使用机械套螺纹常用的设备有车床和套螺纹机。套螺纹机有两种类型：一种是把管子固定起来，用电动机带动套螺纹板旋转；另一种是固定套螺纹板，用电动机带动管子旋转。前一种套螺纹机一般质量较小，后一种套螺纹机一般质量较大，但一般都带有割刀，可以进行切管。

（3）管螺纹加工长度 管螺纹加工长度应是螺纹工作长度加螺纹尾的长度，同时与管径有关。管螺纹加工长度见表2-38。

表2-38 管螺纹加工长度

管径/in	1/2	3/4	1	11/4	11/2	2	21/2	3	4
螺纹长度/mm	14	16	18	20	22	24	27	30	36
螺纹扣数/扣	8	9	8	9	10	11	12	12	15

注：1in = 0.0254m。

（4）螺纹加工注意事项

1）螺扣要完整，否则会影响管螺纹连接的严密性和强度。当螺扣损伤占全螺纹的10%以上时，必须报废不能使用。

2）螺扣表面要光滑，如果不光滑，在进行安装时容易将缠上去的填料割断和降低连接的严密性。

3）螺扣的松紧程度要适当。套好的螺扣上紧后，在管件外部应以露3~4扣为宜。如果管扣过松，连接后的严密性差，螺扣很快就会被管道中的介质蚀坏；如果管扣过紧，连接时容易将管件撑裂。

（三）管件煨弯

1. 一般规定

1）弯管的最小弯曲半径应符合《工业金属管道工程施工规范》GB 50235—2010 的规定。

2）不锈钢管宜冷弯，铝锰合金管不得冷弯，其他材质的管子可冷弯或热弯。

3）管子加热时，升温宜缓慢、均匀，保证管子热透，防止烧过和渗碳。铜、铝管热弯时，应用木柴、木炭或电炉加热，不宜使用氧乙炔焰或焦炭加热。铝管宜采用氢氧焰或蒸汽加热。

4）不锈钢或有色金属管内装填砂子时，不得用铁锤敲打，铝管热弯时，不得装砂。

5）常用管子热弯温度及热处理条件应符合有关规定。

6）高、中合金钢管热弯时，不得浇水，低合金钢管一般不宜浇水，热弯后应在5℃以上的静止空气中缓慢冷却，中频弯管按有关规定进行。

7）碳素钢、合金钢管在冷弯后应按规定进行热处理。有应力腐蚀（如介质为苛性碱等）的弯管，不论管壁厚度大小均应作消除应力的热处理，常用钢管冷弯后的热处理条件应符合《工业金属管道工程施工规范》GB 50235—2010 的规定。

8）合金钢弯管热处理后，需检查硬度，其值应符合标准要求。

9）弯制有缝管时，其纵向焊缝应放在中性线45°的地方，制作折皱弯头时，焊缝应当在非加热区的边缘。

10）中、低压管弯曲角度的偏差值，在现场弯制时不论是机械还是手工弯管都不得超过±3mm/m；当直管长度大于3m时，其总偏差度最大不得超过10mm/m。

2. 管件煨弯

弯管按制作方法的不同，可分为冷煨和热煨，弯管尺寸由管径、弯曲角度和弯曲半径三者确定。弯曲角度应根据图样及施工现场实际情况，制出样板，样板可用圆钢煨制，弯曲半径按管径大小或设计要求而定。常用弯管的最小弯曲半径见表2-39。

表2-39 常用弯管的最小弯曲半径

管 子 类 别	弯管制作方式	最小弯曲半径/mm
中、低压钢管	热弯	$3.5D_w$
	冷弯	$4.0D_w$
	褶皱弯	$2.5D_w$
	压制	$1.0D_w$
	热推弯	$1.5D_w$
	焊制	DN≤250　　$1.0D_w$ DN>250　　$1.75D_w$
高压钢管	冷、热弯	$5.0D_w$
	压制	$1.5D_w$
有色金属管	冷、热弯	$3.5D_w$

注：DN 为公称直径，D_w 为外径。

煨制时，为了保持正确的尺寸，必须事先确定起弯点和弧长。起弯点是弯管和直管段的相交点，也称切点。

（1）冷煨　直径在20mm以下、弯曲半径大于50mm的小直径钢管，可用手动弯管机煨弯；直径大于25mm的钢管，可用电动或液压传动的弯管机及顶管机煨弯。冷煨用的胎模必须和管子外径相符。一般管子冷煨不需装砂子，但当管子较大或管壁较薄时需装砂或装芯棒。

1）手动煨弯机煨制。手动煨弯机由支承板用三个螺栓固定在工作台上。要煨弯的管子放入定胎轮与动胎轮之间，用管子夹持器将管子的一端固定，然后搬动煨杠，使之绕定胎轮转动，管子便产生弯曲，直至所要求的弯曲角度为止。将煨杠转回原位，便可把管子取出。管子煨成的弯曲半径与定胎轮的半径是相对应的。每一对动、定胎轮相对于一种管径，只能煨此种管径的弯管。

2）电动煨管机煨制。煨管时，将管子塞入相应直径的弯管模中并以管子夹持器予以紧固。当开动电动机后，活动弯管模就围绕固定弯管模回转，从而将管子弯曲到所要求的角度。最大的弯曲角度可达到180°。

3）顶管机煨制。顶管机可以是电动的，也可以是液压的。使用顶管机煨制时，应使顶管机的胎模和管子配套，否则，管子会扁，而且胎模凹槽要深于管子半径5mm以上。

4）管子在冷煨前的检查。在冷煨前，应对管子作外观检查，要求其表面无裂纹、缩孔、夹渣、折叠和重皮等缺陷，且锈蚀和凹陷不能超过壁厚负偏差。

（2）热煨　管径大于3in、管壁较厚的管子，弯曲角度大、弯曲半径小的管子，以及在没有冷煨机具的情况下，须采用热煨法煨管。

管子热煨步骤为划线、灌砂、加热、煨弯及清砂等。

1）划线。计算加热长度，确定起弯点。

2）灌砂。为了防止管子被煨瘪，管子在加热前必须先灌砂子。由于砂子受热后体积膨胀不大且熔点较高、耐高温（1000℃以上），也容易从管子中被清出，并且具有较好的蓄热能力，故可用来保证煨弯质量。

3）煨弯。热煨必须选择在平整、宽敞的场地进行，以便设置热煨设备。

4）清砂。弯管冷却后，即在可将管内的砂子清除。去掉管子两端的管堵，将弯管向上吊起，管口向下把砂子倒净，管壁内粘有的砂粒用压缩空气吹净，以免安装后增加管阻力或造成管道的堵塞，甚至损坏机器阀件等。

（3）氧乙炔焰加热煨弯　当工程量小时，可以用氧乙炔焰加热弯曲部分。煨弯前，应先做样板、划线、灌砂，然后将管子固定在台虎钳上，接着用氧乙炔焰加热弯曲部分，一般碳素钢管加热到管子表面呈现橙红色时，即可扳动管端进行弯曲。

（四）管道制作放样、下料

1. 划线

划线工作是管道及部件制作过程的一个重要工序。正确而熟练地掌握划线工作，对保证产品质量，节省原材料和提高劳动生产率有很大的意义。

常用的划线工具包括不锈钢板、钢直尺、角尺、划规、长划规、量角器、划针、样冲。使用划线工具时应注意以下问题：

1）划规及划针的端部应保持足够的尖锐度，否则将使划线太粗，误差太大。

2）钢直尺的边一定要直，不得凸出和凹入，使用前可进行检查。先顺尺边划一条直线，然后把尺翻转，使尺边靠在已划的直线上，如果尺边上所有的点都与所划的直线重合，则该尺是直的，否则就不正确，需要修整。

3）角尺的角度必须保持90°。使用前应先对角尺进行检查，方法是先将角尺一条边靠在直尺上，作直尺的垂直线，然后直尺不动，将角尺翻转并靠在直尺上，直角边重合或平行时，说明角尺的角度为90°，是正确的；如果下部重合上部开口，或上部重合下部开口时，都是不正确的，应进行修正。

2. 展开下料

展开就是依照配件施工图的要求，把配件的表面按实际的大小，铺平在制作样板的材料上所画出的平面图形。展开的方法有三种：

（1）平行线展开法　凡是表面由假想平行构成的管道和配件都可以用平行线法进行展开。展开步骤如下：

1）画出立面图和平面图。

2）将圆周长分为若干个等份。等分数的多少根据圆周长来决定，等分越多，误差越小。一般可做12或16等分。

3）这些分点实际上是立面图上各投影线在平面上的投影。过分点引线到立面图上，就能表示出与各分点相对应的投影线的位置和长度。

4）将端节的圆周长展开，截取各分点，过这些点画垂直线，并根据立面图中所表示的各投影线的高度来截取垂线，连接各截点就得到展开图。

（2）放射线法　配件的表面是由交于一点的斜线所构成，都可以用放射线法来展开。

（3）三角线法　凡是不宜用平行线法和放射线法展开的配件都可以用三角线法展开。

在识图基础中曾讲过：直线倾斜于投影面时，它的投影是缩短了的直线。许多配件表面的投影线就属于这一类。为了求得它的真实长度，以便画展开图，可把管件分成一组或多组三角形，利用直角三角形来求实长。因为直角三角形的斜边（相当倾斜于投影面的直线）

在平面图中等于三角形的底长，而在立面图中等于三角形的高。所以，只要在平面图和立面图中找到底长和高，直角三角形的斜边长就不难求出。

二、水系统管道的安装

管道的连接方式是根据材质和管径来决定的。在水系统中，有直径较大的主干供水管，也有直径较小的用户供水支管。对于金属管道，其管径≥32mm宜采用焊接或法兰联接，管径＜32mm宜采用螺纹联接，对于非金属管道则采用粘接或热熔焊接。管道安装的基本程序首先是与土建工程的配合中的预留和预埋，再进行支、吊架的制作安装、管道的安装、管道的强度和严密性试验、管道的冲洗和保温等。

（一）套管的安装

管道穿墙或穿楼板时应加装套管。套管根据使用场合的不同，可分为普通套管、柔性防水套管及刚性防水套管。普通套管常用于内墙和楼板；柔性防水套管常用于穿结构外墙或有严密防水要求的部位；刚性防水套管常用于有防水要求的部位。套管安装应注意下列事项：

1）套管安装应与土建施工密切配合，即在混凝土结构浇筑或墙体砌筑时进行。

2）在混凝土墙上预埋套管时，应在设计要求的位置及标高处用点焊或钢丝捆扎在钢筋上。套管的长度应与墙体的厚度一致，与墙面平齐。两端管口应与模板严密接触，并在管内塞入湿废纸后用塑料布封闭，防止水泥浆进入堵塞。

3）在混凝土楼板预埋套管时，应在楼板底模板支上后将套管固定在模板上。套管的下口应与楼板平齐，上口高于楼板20~30mm。其下端管口封闭方法与墙体相同，套管的上端可采用薄钢板点焊封口。

4）在砖墙上预留套管时，应在墙体砌筑过程中将套管固定在预定的部位。为防止套管移位，砖墙局部可改用混凝土。

（二）管道支、吊架的安装

管道支、吊架是空调水管道系统的重要组成部分，能够起到支承管道质量、平衡介质反力、限制管道的位移和防止振动等作用。

管道支、吊架按其用途的不同，可分为活动支架（如滑动支架等）、固定支架、导向支架、一般刚性支、吊架及弹簧支、吊架等。

1. 管道支、吊架的设置原则

1）在管道上无垂直位移或有很小垂直位移的部位，应设置活动支架或刚性吊架来承受管道重量，增加管道的稳定性。

2）在管道上不能有任何位移的部位，应设置固定支架来承受管道质量、水平推力和力矩。

3）水平管道上只允许管道单向水平位移的部位，应在阀件的两侧和矩形补偿器两侧4DN处设置导向支架。

4）轴向波形补偿器的导向支架，应根据波纹管的要求和设计的规定设置。

5）设有补偿器的管道，其导向支架、固定支架的结构形式和固定位置应符合设计要求。

6）如果设计无明确要求，钢管支、吊架的间距应符合钢管道支、吊架最大间距的规定，见表2-40。

表 2-40　钢管道支、吊架最大间距

公称直径/mm		15	20	25	32	40	50	70	80	100	125	150	200	250	300
支、吊架最大间距/m	L_1	1.5	2.0	2.5	2.5	3.0	3.5	4.0	5.0	5.0	5.5	6.5	7.5	8.5	9.5
	L_2	2.5	3.0	3.5	4.0	4.5	5.0	6.0	6.5	6.5	7.5	7.5	9.0	9.5	10.5
		对 >300mm 的管道可参考 300mm，但需经计算													

注：1. 适用于工作压力≤2.0MPa、不保温或保温材料密度≤200kg/m³ 的管道系统。
　　2. L_1 适用于保温管道，L_2 适用于不保温管道。

7）非金属管道的刚性差，而且线膨胀系数比金属管道大，其支、吊架的间距比金属管道要小。冷水管和热水管的支、吊最大间距见表 2-41 和表 2-42 所列。

表 2-41　冷水管支、吊架最大间距

公称外径/mm	20	25	32	40	50	63	75	90	110
横管/m	0.40	0.50	0.65	0.80	1.00	1.20	1.30	1.50	1.60
立管/m	0.70	0.80	0.90	1.20	1.40	1.60	1.80	2.00	2.20

表 2-42　热水管支、吊架最大间距

公称外径/mm	20	25	32	40	50	63	75	90	110
横管/m	0.30	0.40	0.50	0.65	0.70	0.80	1.00	1.10	1.20
立管/m	0.60	0.70	0.80	0.90	1.10	1.20	1.40	1.60	1.80

2. 支、吊架的安装要求

1）支、吊架的横梁长度方向应水平，顶面与管道中心线平行。

2）无热位移吊架的吊杆应与管道垂直；有热位移吊架的吊杆应倾向位移相反方向，按位移值的一半倾斜安装。

3）固定支架必须安装在设计规定的部位，并应使管道牢固地固定在其上；在无补偿器而有位移的直管段上，只能安装一个固定支架。

4）活动支架安装位置应从支承面中心向位移反向偏移，偏移值应为位移值的一半；保温层不得阻碍管道在活动支架的热位移。

5）应在补偿器两侧安装 1~2 个导向支架，以保证管道在支架上伸缩不偏移中心线。

3. 安装前的准备工作

管道支架安装前，应按管道的标高，将同一水平直管段两端的支架按设计部位确定；对于有坡度要求的管道，应根据管道系统开始和终点两点距离和坡度的大小，确定两点间的高度差，在两点间拉线再确定各支架的具体位置。对于系统中设有补偿器的管道，应首先按设计要求确定固定支架和补偿器的位置。

支架安装如果采用墙上预留孔洞，或在混凝土构件上预埋焊接支架的钢板，应检查预留孔洞或预埋钢板的标高及位置是否合乎要求。预埋钢板的厚度要根据承重来选择，钢板上应焊钢筋爪钩以便与钢筋固定生根，不能用直筋插入绑扎的钢筋中。

4. 支、吊架的安装

1）如果墙上有预留孔洞，可将支架横梁埋入墙内。埋入前应清除孔洞内的碎砖等杂物,用水润湿后将横梁插入,用1:2的水泥砂浆填塞密实、饱满。

2)如果钢筋混凝土构件设有预埋钢板,支架横梁应焊接在预埋钢板上。

3)如果建筑构件无预留孔洞和预埋钢板,可用膨胀螺栓或射钉安装支架。但不能安装推力较大的固定支架。膨胀螺栓应与建筑构件垂直,并且应将套管全部进入,套管的端口与构件面相平。

4)吊架的吊杆与楼板的连接常采用打洞穿吊杆或用膨胀螺栓与楼板连接。采用打洞连接时,应用钢板或十字支架固定,其钢板或十字支架的大小要超出孔洞的边缘(一般超出50~100mm)。

5)减振吊架的吊杆安装与一般吊杆相同。减振吊架的螺栓直径应比吊杆螺栓直径大一号。

6)对非金属管道应注意:卡箍与管道之间应垫有隔离的垫片,防止磨损管道;热水管道还应加宽管卡和增大横梁的接触面积。

(三)管道的安装

1. 管道的敷设

1)施工现场应具备安装条件才能进行管道的安装。例如:与管道安装有关的土建施工已结束、与管道连接的空调设备已就位固定、管道的除锈防腐及管道内部清理已完成。

2)空调冷(热)水管和冷凝水管有坡度要求,在各种管道交叉作业施工中,应尽量先行安装。

3)管道系统的布置应布局合理、整齐美观。特别是机房内的管道,各环路应清晰,各种管道不能交叉。

4)管道与支架应接触良好,不得有间隙,以保证各支架受力的均衡。对于冷水管道,必须采用木垫式支架,以防止冷桥现象。

5)管道成排明装时,其直管段应平行,弯管曲线部分的曲率半径应相等。

6)管道从梁底或与其他管道的局部部位绕过时,如果高于或低于管道的水平走向,其最高点应安装排气阀门,最低点应安装泄水阀门。

7)冷(热)水管道安装必须保证要求的坡度和坡向,绝不允许倒坡。对于楼层较低而水平管道较长的冷(热)水管道,如果无法保证设计要求的坡度值,可减小坡度,呈水平略抬头的走势,但绝不能倒坡。

8)管道安装的阀门、压力表、温度计等附件,应设置在便于操作和观察的部位。

9)焊接钢管和镀锌钢管不允许采用热煨弯,无缝钢管弯管的曲率半径应符合表2-39的规定。

10)弯管的椭圆率:管径≤150mm时,不得大于8%;管径≤200mm时,不得大于6%。管壁减薄率不得超过原壁厚的5%。

2. 室内干管或支干管安装

1)根据施工图经实测确定各管段下料的管径和长度,并编号和开好焊接的坡口,为组对连接做好准备。

2)将预制的管段按编号要求吊装到支架上,管道在支架上应采取临时固定措施。

3)管道支架在固定时虽已考虑到坡度和坡向,但在管道连接后,必须再次进行复核,确认合格后将管道固定到支架上。

4）在配管过程中，应注意干管或支干管的弯管和坡口部位不能与支管连接，如果需要连接支管，则支管必须距离坡口一个管径的距离，但不能小于 100mm。

5）热水管、冷水管及上水消防管在上下平行敷设时，热水管应敷设在其他管子上方。

3. 室内立管安装

1）管道的外壁应距离抹灰墙面 30 ~ 50mm。如果管道有保温层或保冷层，则管道与抹灰墙的距离应增加保温层或保冷层的厚度。

2）立管安装时，可将下料的管道临时固定在立管支架上，待立管连接后再进行正式固定。立管用的管卡、托架安装在墙壁上，其支架的间距为 3 ~ 4m。立管的底端支架必须支撑坚固，立管中间的管卡安装的松紧程度不能影响立管的胀缩。

3）立管安装应保持垂直，其允许偏差应符合要求。

4）立管上开三通口连接的支干管的位置，必须达到支管的坡度要求。

4. 空调设备的配管

空调设备的配管主要是指空调水系统与冷水机组、换热器、水泵、水处理设备及各种空气处理设备等的连接。

空调设备配管应注意下列事项：

1）空调设备配管时应设独立、牢固的支、吊架，不能将管道的质量压在设备或设备的连接处。

2）空调水管道与冷水机组、水泵、风机盘管等设备应采用橡胶软接头柔性连接。

3）采用橡胶软接头与设备连接时必须同心，不能有形变、挠曲、位移等现象。

4）与水泵入口连接的管道应设置水过滤器，以去除管道中的杂质，防止设备的堵塞。水过滤器安装的位置应便于操作、维修和清理。

5）与水泵的出、入口连接的管道直径应大于水泵的出、入口直径，其变径的长度应大于变径管两端大小管径差的 5 ~ 7 倍。

6）与水泵连接的吸入管应尽量减少弯头，其直管段长度应大于水泵入口直径的 3 倍，并注意管路内不应有窝气的部位。

7）水泵的出口管路应设置止回阀，止回阀安装方向应正确。

8）空调设备的表冷器或加热器与管道连接时应注意串、并联和顺、逆流。

（四）管道的连接

管道连接是按照设计图样的要求，将管子连接成一个严密的整体。管道的连接应根据不同的管子、管径，采取不同的连接形式。管道的连接常采用焊接、螺纹联接和法兰联接，个别管道采用沟槽式连接、热熔连接等方法。

1. 焊接

（1）焊接种类　通风空调工程中使用的焊接有电焊、氩弧焊、气焊和锡焊。

1）电焊。电焊用于厚度 $\delta > 1.2$mm 的普通薄钢板风管与角钢法兰间的连接。

2）气焊。气焊适用于厚度 $\delta = 0.8 ~ 3$mm 的薄钢板板间的连接，也用于厚度 $\delta > 1.5$mm 的铝板间的连接。对不锈钢板的连接，不得采用气焊，因为气焊时在金属内部发生增碳作用或氧化作用，使该处的耐腐蚀性能降低，且不锈钢热导率小，膨胀系数大，气焊时加热范围大，易使不锈钢板材发生变形。

3）氩弧焊。不锈钢板厚度 $\delta > 1$mm 和铝板厚度 $\delta > 1.5$mm 时，可采用氩弧焊焊接。采用氩弧焊焊接时，由于有氩气保护金属，故熔焊接头有很高的强度和耐腐蚀性能，且由于加热集中，使热影响区减小，材料不易发生挠曲，因此，其焊接质量优于电焊质量。

4）锡焊。锡焊仅用于厚度 $\delta < 1.2mm$ 的薄钢板的连接，其焊接强度低，耐温低，故一般用于镀锌钢板风管咬接的密封。

（2）焊缝形式　选用焊缝形式时，应根据风管的结构需要和焊接方法确定。对板材的拼接缝、横向缝或纵向闭合缝，可采用对接缝。对矩形风管和配件的纵向闭合缝或矩形弯头、三通的转角缝以及圆形、矩形风管封头闭合缝，可采用角缝。对矩形风管和配件以及拼接板材较薄且用气焊时，采用搬边缝和搬边角缝。

（3）管道焊接注意事项

1）管道焊接选用的焊条、焊丝等焊接材料应与管材相匹配，其品种、规格、性能应符合设计要求。

2）焊条直径的选择主要取决于焊件厚度、焊接接头形式、焊接位置及焊接层次等因素。管壁厚度较大时可用直径大些的焊条。搭接和 T 形接头焊缝、平焊缝可用直径大些的焊条（最大为6mm）。多层焊是为了焊透，第一层用直径为 $3.2 \sim 4mm$ 的焊条，以后各层可用较大直径的焊条。

3）管道焊接坡口的组对和坡口形式应符合表 2-43 的规定。管道对口后的平直度为 $1/100$，全长 $\leqslant 10mm$。

表 2-43　管道焊接坡口形式和尺寸

项次	厚度 T /mm	坡口名称	坡口形式	坡口尺寸			备　注
				间隙 C/mm	钝边 P/mm	坡口角度 α(°)	
1	$1 \sim 3$	I 形坡口		$0 \sim 1.5$			内壁错边量 $\leqslant 0.1T$，且 $\leqslant 2mm$；外壁 $\leqslant 3mm$
	$3 \sim 6$			$1 \sim 2.5$			
2	$6 \sim 9$	V 形坡口		$0 \sim 2.0$	$0 \sim 2$	$65 \sim 75$	
	$9 \sim 26$			$0 \sim 3.0$	$0 \sim 3$	$55 \sim 65$	
3	$2 \sim 30$	T 形坡口		$0 \sim 2.0$			

① 焊条在使用前应按出厂说明书的要求进行烘干。焊条在使用中应保持干燥，超过 4h 应重新烘干，但重复烘干的次数不要超过两次。受潮或药皮脱落、裂纹显著的焊条不能使用。

② 在冬季，或雨、雪天、刮风等恶劣环境施焊时，应采取可靠的技术措施。

③ 管道的固定坡口应远离设备，但不应与设备接口中心线重合。

④ 焊接电流的大小根据焊条类型、焊条直径、焊件厚度、接头形式和焊缝位置及焊接层次而定。其中主要影响因素是焊条直径和焊缝位置。

⑤ 在焊接中，电弧不宜过长，否则会出现电弧燃烧不稳、增加金属飞溅、减少熔深、产生咬边等问题，同时还会由于空气中的氧、氮侵入，而使焊缝产生气孔。一般情况下要求弧长不超过焊条直径。

2. 螺纹联接

螺纹联接是通过外螺纹和内螺纹相互啮合，达到管子与管件或管子与阀门、设备间的连接。为使接头严密，内、外螺纹间应加密封填料。螺纹间的密封填料种类较多，应根据输送的介质和使用的温度来选用。目前，广泛采用聚四氟乙烯生料带和橡胶型的密封胶作为填料，易于施工。

内、外螺纹间的配合形式有圆锥内螺纹和圆锥内螺纹、圆锥外螺纹和圆柱内螺纹、圆柱外螺纹和圆柱内螺纹三种。前两种配合形式为严密性连接，属于短螺纹连接，用于与内螺纹阀门及其他内螺纹管件等连接，拧紧后外露螺纹为 1～2 扣。最后一种配合形式为非严密性的连接，用于代替活接头，作为管道可拆卸的连接件。以下为两种常见的管道螺纹联接方法。

（1）纯铜管的螺纹联接。其连接的形式有：全接头连接，即两端都为螺纹联接，如图 2-67a 所示；半接头连接，如图 2-67b 所示，即左面铜管用螺纹联接，右面铜管与接头焊接。后一种连接形式应用较为普遍。连接时，在纯铜管套上接扣后，管口用扩口工具夹住，再把管口胀成喇叭口形，然后将接扣的阴螺纹与接头的阳螺纹接上并旋紧。但应注意喇叭口不能有裂缝，否则会泄漏制冷剂。

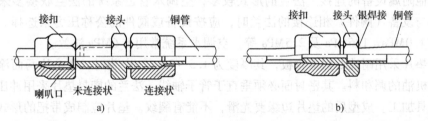

图 2-67 纯铜管的螺纹联接
a）全接头连接 b）半接头连接

（2）无缝钢管的螺纹联接 安装时可涂抹一层氧化铝和甘油配制的浆糊状的混合物，或绕以聚四氟乙烯生料带。连接前先将螺纹处擦洗干净，除去油腻、污垢及杂质并将螺扣擦干；在螺扣上涂抹一层胶浆，然后相互拧紧。使用时应注意以下几点：

1）胶浆切勿挤入管口，以防胶浆干固后凝结减小管子截面面积。

2）氧化铝与甘油的混合物干固较快，必须随用随配。

3）如果使用受潮的原料配制，则长久不会干固，用后影响质量，容易导致渗漏，故氧化铝及甘油的容器在取用后必须盖紧，以免受潮。

4）对于管壁较薄的无缝钢管，如果与螺扣管件连接时，则可用一段厚壁钢管，俗称水汀管。连接时，一端套螺纹与阀门或管件连接，另一端与无缝钢管焊接。有些螺扣阀门附有连接短管，安装时就方便得多。

螺纹联接应注意下列事项：

1）管道套螺纹可采用人工套螺纹和机械套螺纹。其螺纹应端正、完整、光滑，螺纹表面不能有裂纹、乱丝、毛刺等缺陷，缺丝长度不能超过整个螺纹长度的 10%。并应防止爆丝和管端变形。

2）螺纹联接的填料一般采用铅油麻丝或聚四氟乙烯生料带。螺纹联接应牢固，接口处根部外露螺纹为 2~3 扣，螺纹外的填料应清理干净。

3）钢塑复合管螺纹联接的深度及紧固转矩应符合表 2-44 的要求。

表 2-44　钢塑复合管螺纹联接深度及紧固转矩

公称直径/mm		15	20	25	32	40	50	65	80	100
螺纹联接	深度/mm	11	13	15	17	18	20	23	27	33
	牙数	6.0	6.5	7.0	7.5	8.0	9.0	10.0	11.5	13.5
转矩/（N·m）		40	60	100	120	150	200	250	300	400

4）钢塑复合管不能与铜管、塑料管及阀门等直接连接，应采用专用的过渡管接头；管子与配件连接不能采用非衬塑可锻铸铁管件。

5）钢塑复合管连接采用内衬塑的内、外螺纹专用过渡接头与其他材质的管配件、附件连接时，应在外螺纹的端部进行防腐处理。

3. 法兰联接

用法兰将管子和管件等联接组成系统，是管道安装经常采用的连接方法，常用于管道与阀门或其他附属设备的连接。法兰的形式较多，空调水管道系统的法兰联接多采用平焊法兰。选择与设备（阀件）相连接的法兰时，应按设备或阀件的公称压力来选择。法兰的国家标准有 1.0MPa、1.6MPa 及 2.5MPa 等，空调水系统常用 1.6MPa 法兰。

法兰垫片采用耐油石棉橡胶板，其厚度为 1.5~3mm。安装时，在垫片两面涂以润滑脂或石墨与机油的调和料。其密封面必须垂直于管子轴线。法兰的密封垫片采用冲压或垫片专用切割工具加工。成型后的垫片边缘要光滑，不能有裂纹。垫片应制成带把的形式。法兰的密封垫片安装时易错位，垫片内径应略大于法兰的内径；而垫片外径应略小于法兰密封面的外径，可防止垫片错位而减小管道截面面积，且便于安放和更换。

法兰与管子联接时要注意法兰螺孔位置，防止其影响管件和阀门的朝向。管子插入法兰的深度，应使管端平面到法兰密封面有 1.3~1.5 倍于管壁厚度的距离，且不允许法兰内侧焊缝露出密封面。当法兰装上管子时，其密封面与管子中心线的垂直偏差最大不应超过 0.5mm。

法兰联接使用的螺栓规格应相同，单头螺栓的插入方向应一致，法兰阀门上的螺母应在阀门侧，便于拆卸。同一对法兰的紧固受力程度应均匀一致，并有不少于两次的重复过程。螺栓紧固后的外露螺纹最多不应超过两个螺距。法兰紧固后，其密封面的平行度可用塞尺检验法兰边缘最大和最小间隙，其差不大于法兰外径的 1.5%，且不大于 2mm 为合格。不允许用斜垫片或强紧螺栓的办法消除歪斜，和用双垫片的方法弥补间隙。为便于装拆法兰螺钉，法兰与墙面或其他平面之间的距离应不小于 200mm。工作温度高于 100℃ 的管道的法兰，在其螺栓的螺纹上可涂以石墨粉和机油的调和料，以避免日久锈蚀而不易拆卸。

4. 沟槽式连接

沟槽式连接常用于公称直径≥65mm 的钢管和钢塑复合管的连接，其沟槽、橡胶圈、卡箍套必须采用合格的配套产品。沟槽式连接时应注意下列事项：

1）橡胶密封圈必须与管道的沟槽及卡箍套匹配，并将密封圈涂上润滑剂，分别将其套在管端上。

2）将卡箍套在密封圈外，并将边缘卡入沟槽中。

3）卡箍上的螺栓与螺母须拧紧，并要防止由于用力不均而使密封圈起皱。

4）沟槽式连接为弹性连接，在水平管任意两个卡箍之间必须设置支、吊架。支、吊架的间距应符合表 2-45 的要求。

表 2-45 沟槽式连接管道的沟槽深度及支、吊架的间距

公称直径/mm	沟槽深度/mm	允许偏差/mm	支、吊架的间距/m	端面垂直度允许偏差/mm
65 ~ 100	2.20	0 ~ + 0.3	3.5	1.0
125 ~ 150	2.20	0 ~ + 0.3	4.2	1.5
200	2.50	0 ~ + 0.3	4.2	
225 ~ 250	2.50	0 ~ + 0.3	5.0	
300	3.0	0 ~ + 0.5	5.0	

注：1. 连接管的端面应平整、光滑、无毛刺；若沟槽过深，则为废品，不得使用。

2. 支、吊架不得支承在连接头上，水平管的任意两个接头之间必须有支、吊架。

（五）管道的水压试验

管道系统安装后，为检查管道各连接处的严密性，在保温或保冷前应进行水压试验。水压试验应根据系统的具体情况采取分区、分层和系统试压相结合的方法。一般系统应采用系统试压的方法。试压前应将与设备联接的法兰拆除，用盲板对设备进行隔断。

1）水压试验的试验压力为：当工作压力≤1.0MPa 时，为 1.5 倍工作压力，但最低不小于 0.6MPa；当工作压力 >1.0MPa 时，为工作压力加 0.5MPa。

2）分区、分层水压试验：对相对独立的局部区域的管道进行试压，在其试验压力下稳压 10min，压力不得下降；再将系统压力降至工作压力，在 60min 内压力不得下降，且外观检查无渗漏为合格。

3）系统试压：在各分区管道与系统主、干管全部连通后，对整个系统的管道进行系统试压。试验压力以最低点的压力为准，但最低点的压力不得超过管道和组成件的承受压力。当压力升至试验压力后，稳压 10min，如果压力下降≤0.02MPa，再将系统压力降至工作压力，外观检查无渗漏为合格。

4）当压力达到试验压力后应保持 5min，然后降至工作压力进行检查，用质量小于 1.5kg 的小锤轻敲焊缝。如果焊缝及其他接口无渗水、漏水现象即为合格。

5）在水压试验前，支、吊架的安装、坡口的焊接、热处理工作应结束，所用压力表应经过校验并合格。在试验中，当压力超过 0.5MPa 时，禁止再拧接口螺栓。试验中，禁止人员在正对接口处停留。

6）凝结水系统采用充水试验，应以不渗漏为合格。

7）对于焊缝和其他应进行检查的接口，水压试验合格后才能保温。

8）当环境温度低于5℃时，进行水压试验时要采取防冻措施。

（六）管道的清洗

为了清洗管道中的脏、杂物，在进行严密性试验后要进行管道清洗。水管道要用澄清水冲洗。清洗的排水应尽量从管道末端接出。排水管的截面面积应不小于被冲洗管道的60%。清洗前，可先将管道系统中的滤网、温度计和调节阀及止回阀的阀芯拆除。水冲洗应在系统内能够达到的最大压力和最大流量的条件下进行连续冲洗，待出口水色、透明度与入口处目测一致时即为合格。

管道清洗的另一种方法是吹洗。吹洗压力为管道设计工作压力的75%，但最高不得超过6MPa，吹洗中应尽量维持上述压力。吹洗压力最低不低于工作压力的25%。吹洗流量为管道设计流量的40%～60%。吹洗次数应不少于2次，中间间隔为6～8h，每次吹洗15～20min。管路清洗后，对可能留存脏、杂物的部位应进行人工清扫。

（七）水管的防腐

水管的防腐应按设计要求及国家验收规范施工，所有型钢支架及管道镀锌层破损处和外露螺扣要补刷防锈漆。非镀锌钢管在涂漆前应进行表面防锈去污，非保温管道应刷铁红防锈漆一道，面漆两道；保温管道外表面应刷防锈漆两道，面漆两道。镀锌钢管应在镀锌表面缺损处涂防锈漆，管道和设备的支、吊架均应除锈后刷防锈漆两遍。

阀门、膨胀伸缩器、连接器、装配件、支架等外露钢制成品也须做油漆保护。油漆保护要求如下：不受水渗漏影响的部件，需根据要求做一般性油漆保护；受水渗漏影响或需在潮湿环境下操作的部件，需根据要求做底层防锈漆、内层涂漆、面层涂漆至少三层油漆保护。

（八）水管的保温

为了减少管道的能量损失，防止冷水管道表面结露以及保证进入空调设备和末端空调机组的供水温度，空调水系统管道及其附件均应采取保温措施。空调工程常用的保温材料、结构与制作方法可参见第二篇项目三中"风管的绝热"的内容。空调水管保温层经济厚度的确定与很多因素有关，如材料的物理特性，材料费用和系统运行时间等，通常情况下可以参考表2-46选用。

表2-46 保温层厚度选用参考表

冷水管（或热水管）公称直径/mm		≤32	40～55	80～150	200～300	>300
保温层厚度/mm	聚苯乙烯（自熄型）	40～45	45～50	55～60	60～65	70
	玻璃棉	35	40	45	50	50

注：其他管道如冷凝水管、室外明装的冷却塔出水管以及膨胀水箱的保温层厚度一般取25mm。

保温施工的一般要求如下：

1）需要保温的设备和管道，必须完成所需的各项系统测试后，才能进行保温安装。

2）须在清洁、干燥且没有任何污染物的表面进行保温工作。所有冷热水管道在安装保温材料前，要先清除表面铁锈，并进行防腐处理。

3）必须使用清洁及干燥的保温材料。

4）凡穿过保温层与管道表面接触的金属构件，均需进行防潮密封处理。

5）穿越套管和孔洞的管道保温须保持连续不断。

6）空调水系统的阀门、过滤器、法兰和其他配件等应按与其连接管道的保温厚度作相同厚度的保温处理。阀门的外壳应覆盖至阀杆并应设有箱盖方便阀门操作；在邻近接驳法兰两侧的管道保温需整齐地折入，以方便法兰的螺栓装拆。

7）空调水系统应在承托支架位置设置硬木管垫作为管道的承托和保温，而硬木管垫的宽度须比管道托架的宽度每边至少长 25mm。

三、水系统部件的安装

中央空调的冷（热）水循环系统中常用的附件除水泵和水处理设备外，还有各种阀件（截止阀、闸阀、蝶阀、止回阀等）、温度计压力表、膨胀水箱、伸缩器、集水器和分水器、水过滤器、集气罐及减振柔性接头等。

（一）阀门的安装

1. 阀门的种类

阀门是控制管路内流体流动的装置。在水系统中，常用的阀门有闸阀、蝶阀、截止阀、止回阀和电动调节阀。水系统中小直径水管上常采用截止阀，大直径水管主要采用闸阀和蝶阀。止回阀用于泵的出口，防止水倒流。蝶阀或闸阀的结构和调节性能特点，仅适用于全开或全关的部位，不得用于调节的部位。截止阀常用于有调节要求的部位，如水泵的吸入端和压出端、集水器和分水器的各支干管及各系统的支、干管等部位。由于连续管道在管架处具有较大的弯曲应力，不利于管道与阀门连接的密封性，因而阀门不能安装在管架上。

2. 阀门安装的注意事项

1）阀门安装前必须进行外观检查，对于工作压力 >1.0MPa 及在主干管上起到切断作用的阀门，应进行强度和严密性试验，合格后才能使用。其他阀门可不单独进行试验，待在系统试运转中检验。

2）阀门、阀件除连接应紧密牢固外，其安装位置、高度、进口方向、出口方向应按设计图样的要求，并应安装在便于操作和观察的位置。

3）机房内的阀门安装高度、方向应整齐一致；安装在分水器和集水器的阀门，其阀门手轮的中心或阀门的下口应安装在同一水平线上。

4）电动调节阀安装时应注意下列事项：

① 安装电动调节阀时，对于二通调节阀应使介质的流向与阀体标示的箭头方向一致；三通调节阀用于混合或分配时，介质流向应与箭头方向一致。

② 安装电动调节阀时，传动部分应垂直向上，并留有拆装外罩的足够空间。

③ 安装电动调节阀前应将管路清洗干净，或安装旁路用于管路清洗，以免杂质进入阀内破坏密封部位或卡死阀芯。为减少介质中杂质对阀使用寿命的影响，应在阀前的管道安装 Y 形过滤器。

（二）温度计、压力表的安装

温度计、压力表应安装于便于观察的部位，在机房成排设备上安装时高度方位应整齐一致。

温度计常用类型为工业内标式玻璃温度计。安装时，应确保温度计温包部分在管道的中心线上，温度计应插入插座内，插座内应充满机油。

压力表常用类型为弹簧管压力表。压力表的取压口应安装在直管段上，其前、后 5 倍管径处不能有弯管、变径管、阀门等设备；安装时必须使表盘垂直于地面，若安装位高于视平线时，应使表盘略向前倾斜，以便观测；应安装在便于观察和维修的起压点，取压管应有足够的长度，避免将弯管式旋塞包在保温结构中。

（三）膨胀水箱的安装

由于中央空调水系统中一般采用闭式系统，因而膨胀水箱已成为中央空调水系统中的主要部件之一。其作用是收容和补偿系统中的水量，特别是在冬季工况，由于系统中的循环水受热时体积膨胀，为了收贮这些水量，必须在系统中设置膨胀水箱。膨胀水箱一般设置在系统的最高点处，通常接在循环水泵吸水口附近的回水干管上。膨胀水箱容量可根据系统存水量计算确定。

膨胀水箱有方形和圆形两种，常根据国家标准图 T905 制作。膨胀水箱包括给水管、膨胀管、循环管、信号管、溢水管及排水管。对于膨胀水箱在屋顶直接补水的，其构造如图 2-68 所示。各接管在系统中的连接部位如下：

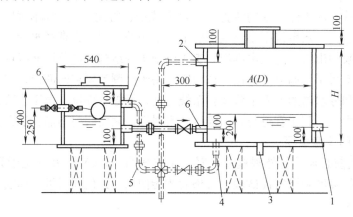

图 2-68 带补水箱的膨胀水箱

1—循环管 2、7—溢水管 3—膨胀管 4—排水管 5—信号管 6—给水管

1）膨胀管：因温度升高而引起的体积增加将系统中的水转入膨胀水箱。空调水系统为机械循环系统，膨胀管应接至水泵入口前的位置，作为系统的定压点。

2）循环管：在水箱和膨胀管可能发生冻结时，用来使水正常循环。循环管应接至系统定压点前的水平回水干管上，使热水有一部分缓慢地通过膨胀管而循环，防止水箱里的水结冰。

3）信号管：又称为检查管，用于监督水箱内的水位；一般接至机房内的水池或排水沟，以便检查膨胀水箱内是否断水。

4）溢水管：用于排出水箱内超过规定水位的水，系统内水受热膨胀而容积增加超出水箱的容积，通过溢水管将多余的水排至附近的下水管道或屋面上。

5）排水管：用于清洗水箱及排空，与溢水管连接在一起将水排至附近的下水管道或屋面上。

（四）分水器和集水器的安装

在中央空调系统中，为了各空调分区流量的分配和调节灵活，常在冷水系统的供、回水干管上分别设置分水器（供水）和集水器（回水），再分别连接各空调分区的供水管和回水管。

分水器和集水器在机房内是为了便于连接通向各个环路的多根并联管道而设置的，而且还起到均压作用。分水器和集水器属于二级压力容器，应由具备二级压力容器制造资质的单位制作。分水器和集水器一般选用标准的无缝钢管（公称直径为DN200～DN500）。

分水器和集水器各支管配管的间距，应考虑阀门之间的手轮操作方便，并保持阀安装在同一水平位置。分水器和集水器上应多留出一只支管的位置备用，并留有压力表、温度计及排水短管。分水器和集水器上连接管的规格、间距和排列关系，应依据设计要求和现场实际翻样，在加工订货时给出具体的技术交底。注意考虑各支管的保温和支管上附件的安装位置，一般按管间保温后净距≥100mm确定。

分水器和集水器一般安装在钢支架上，应根据机房墙壁的具体情况采用墙上安装或落地安装，其支架按有关的标准图制作、安装。

（五）管道补偿器的安装

由于输送介质温度的高低或周围环境的影响，管道在安装与运转时温度相差很大，将会引起管道长度和直径相应的变化，当温度差所产生的热应力超过管材的允许应力时，会使管子处于随时损坏或危险状态中。因此，为了空调水系统管道在热状态条件下的稳定和安全，减少管道在热胀冷缩时产生的应力，必须在管路上安装一定的装置来使管子有伸缩的余地，即在管道热胀冷缩时起作用的补偿器。

补偿的方法是将直管道分成若干一定长度的管段，通常为30～40m一段，每段两端用固定支架支承，中间用活动支架支承。每段中间配有补偿器，使该段管道热变形得以自由伸缩。常用的补偿器有填料套筒式补偿器和波形补偿器。

1. 套筒式补偿器的安装注意事项

1）套筒式补偿器必须与管道同心，不能偏心，否则，将使管道系统投入运行时产生补偿器外壳与导管卡住而扭坏的现象。

2）套筒式补偿器的两侧必须按设计要求设置导向支架，以保证管道系统在运行时不致偏离中心线，使补偿器自由伸缩。

3）套筒式补偿器应考虑气温变化而留有剩余收缩量，预留剩余收缩量的允许误差为±5mm。

4）套管式补偿器的伸缩摩擦部位应涂润滑油，保证伸缩灵活。填料石棉绳应涂石墨粉，并逐圈装入，逐圈压紧，各圈的接口应错开，以保证补偿的严密性。

2. 波形补偿器的安装注意事项

1）波形补偿器由钢板制成。安装时要注意方向，并且应与管道保持同心。伸缩节内的衬套与管外壳焊接的一端应朝向坡度的上方，以防大量冷凝水流到波形皱折的凹槽里。补偿器内套筒有焊缝的一端，在水平管道应随介质流向安装，在垂直管道应置于上端。

2）在直管段中两个固定支架间只允许安装一只波形补偿器。

3）轴向型波形补偿器一端应安装在靠近固定支架处；另一端的第一个导向的滑动支架与补偿器的间距为4倍公称直径，第二个导向滑动支架距第一个导向滑动支架的间距为14倍公称直径，其他中间导向滑动支架的间隙可按有关公式计算。

4）波形补偿器安装前，应按照施工图规定数值以零点温度为参考进行预拉伸或预压缩，在待接管道上留出补偿器的位置，再用拉管器将补偿器拉长或缩短后与管子连接。水平安装时，每个凸面式补偿器下端应安装放水装置。补偿器的预拉伸或预压缩应在地面上进行。为保证调节圆周受力均匀，其用力应分 2~3 次逐渐增加，拉伸量或压缩量的误差应小于 5mm，当达到要求的拉伸量或压缩量时，应立即安装固定。

（六）管路其他附件的安装

1. 水过滤器

水过滤器在空调水系统中常安装在水泵总入口处，防止将冷水机组的蒸发器和冷凝器堵塞；同时，在空调系统的末端设备入口处安装，以防止在水系统冲洗过程中发生堵塞，特别是风机盘管系统，在水系统末端的 2~3 台风机盘管的入口侧，必须安装水过滤器。

空调水系统常用的过滤器规格为 10 目、14 目或 20 目，常用的是 Y 型过滤器，其特点是安装和清洗方便。在考虑水泵扬程时，过滤器的压力损失可参照厂家提供的技术数据。

过滤器只能安装在水平管道中，介质的流动方向必须与外壳上标明的箭头方向一致。过滤器与测量仪器或执行机构的距离一般为公称直径的 6~10 倍，并应定期清洗。

2. 平衡阀

平衡阀在空调水系统中，主要作用是使各分支管路的流量达到平衡状态，防止出现水力失调现象而影响各空调系统的使用效果。大型空调系统的分支管路均应安装。

平衡阀与普通截止阀的不同处在于阀体上有开度指示、开度锁定装置及两个测压小阀。在管网平衡调整测试时，可通过两个测压小阀测出压差值，按特性曲线图即可得出对应的流量，也可由专用智能仪表显示流经平衡阀的流量值。另外，向专用智能仪表输入该平衡阀处要求的流量值后，仪表经计算、分析，可显示出管路系统达到平衡时该平衡阀的开度值。平衡阀公称直径在 DN15~DN50 时为螺纹联接，大于 DN65 时为法兰联接。

平衡阀的选用及安装要求如下：

1）设有平衡阀的管路系统应进行水力平衡计算，平衡阀可定量消除剩余压头及检测流量。在施工图或设计说明书上应注明流经平衡阀的设计流量，便于管路系统的平衡调试。

2）为使流经平衡阀的水温接近环境温度，以及使末端装置静压相对一致，平衡阀应安装在回水管路中。对于总管上的平衡阀，应安装在水泵吸入端的回水管路中。

3）为保证水量测量的准确性，平衡阀应安装在水流稳定的直管段处。

4）平衡阀的阀径应与管径相同，使之达到截止阀的功能。

5）管路系统安装结束后，应进行系统的平衡调试，并将调整后的各阀锁定。

6）管路系统进行平衡调试后，不能变动平衡阀的开度和定位锁紧装置。

四、水系统设备的安装

（一）水泵的安装

水泵是中央空调系统的主要动力设备之一。常用的水泵有单级单吸清水离心泵和管道泵两种。当流量较大时，也采用单级双吸离心水泵，使冷（热）水、冷却水不间断地循环。

大多数水泵都安装在混凝土基础上，小型管道泵直接安装在管道上，不做基础，其安装的方法和安装法兰阀门一样，只要将水泵的两个法兰与管道上的法兰相连即可。

1. 水泵安装前应复查的项目

1）开箱检查箱号和箱数，以及包装情况。

2）基础的尺寸、位置、标高应符合设计的要求，基础上平面的水平度应符合设备基础的质量要求。

3）检查水泵的型号、规格及水泵铭牌的技术参数，应符合设计要求。

4）开箱检查不应有铁件、损坏和锈蚀等情况，进、出管口保护物和封盖应完好。

5）水泵盘车应灵活，无阻滞、卡阻现象，并且无异常的声音。

2. 水泵的安装

中央空调系统中冷却水及冷（热）水循环系统采用的水泵大多是整体出厂，即由生产厂在出厂前先将水泵与电动机组合安装在同一个铸铁底座上，并经过调试、检验，然后整体包装运送到安装现场。安装单位不需要对泵体的各个组成部分再进行组合，经过外观检查未发现异常时，一般不进行解体检查；若发现有明显的与订货合同不符处，需要进行解体检查时，也应通知供货单位，由生产厂方来完成。

水泵安装可分为无隔振要求和有隔振要求两种安装形式。

（1）无隔振要求的水泵安装　无隔振要求的水泵安装工艺中找平、找正及二次灌浆等，可参考制冷机组的安装。

（2）有隔振要求的水泵安装　水泵是产生噪声的主要来源，而水泵工作时产生的噪声主要来自振动。为了确保正常生产、生活和满足环境保护的要求，在工业建筑、邻近居住建筑和公共建筑的独立水泵以及有人员操作管理的工业企业集中泵房内的水泵宜采取隔振措施。

水泵隔振措施有：① 水泵机组设隔振元件，即在水泵基座下安装橡胶隔振垫、橡胶隔振器、橡胶减振器等；② 在水泵进、出水管上安装可挠曲橡胶接头；③ 管道支架采用弹性吊架、弹性托架；④ 在管道穿墙或楼板处，采取防振措施，其孔口外径与管道间填以玻璃纤维。

常用隔振装置有两种，一种为橡胶隔振垫，另一种为减振器。

（1）橡胶隔振垫的安装　橡胶隔振垫由丁腈橡胶制成，具有耐油、耐腐蚀、耐老化等性能。它是以剪切受力为主的隔振垫，具有固有频率低、结构简单、使用方便等特点，广泛应用于各类振动机械设备的隔振、降噪。

水泵隔振垫安装时应注意下列事项：

1）水泵基础台面应平整，以保证安装后的水平度。

2）水泵固定采用锚固时，应根据水泵的螺孔位置预留孔洞或预埋钢板，使地脚螺栓固定的尺寸准确。

3）在水泵就位前应将隔振垫按要求的支承点摆放在基础台面上。

4）隔振垫应为偶数，按水泵的中轴线对应布置在基座的四角或周边，应保证各支承点荷载均匀。

5）同一台水泵的隔振垫采用的面积、硬度及层数应一致。

（2）减振器的安装　常用的减振器有 JC 型剪切减振器、Z 型圆锥形减振器及 TJ 型弹簧减振器等。

减振器安装时，除要求基础平面平整外，还要注意各组减振器承受荷载的压缩量应均匀，不得偏心；安装后应采取保护措施（如加装与减振器高度相同的垫块），以保护减振器在施工过程中不承受荷载，待水泵配管工作完成后，在水泵试运转时可将垫块撤除。

减振器与水泵基础的固定应根据具体情况，采取预留孔洞、预埋钢板及用膨胀螺栓等方法。

安装减振器应按设计要求选择和布置，防止发生减振器布置的位置不当和受力不均的现象。图2-69和图2-70所示分别为采用JC型剪切减振器的立式和卧式离心泵的安装示意图。

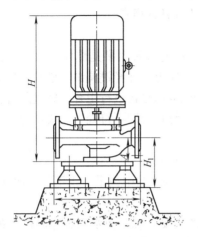

图2-69　立式离心泵JC型剪切减振器安装示意图　　图2-70　卧式离心泵JC型剪切减振器安装示意图

3. 水泵的吊装、找正与调平

（1）水泵的吊装　水泵的安装是以将放于基础脚下的水泵吊放到基础上开始的。整体水泵的安装必须在水泵基础已达到强度的情况下进行。安装时，应先在水泵基础面和水泵底座面上划出水泵中心线，然后进行水泵整体起吊。

吊装工具可用三脚架和倒链滑车。起吊时，绳索应系在泵体和电动机吊环上，不允许系在轴承座或轴上，以免损伤轴承座和使轴弯曲。在基础上放好垫板，将整体的水泵吊装在垫板上，套上地脚螺栓和螺母，调整底座位置，使底座上的中心线和基础上的中心线一致。泵体的纵向中心线是指泵轴中心线，横向中心线一般都符合图样要求，偏差在图样尺寸的±5mm范围之内，且应实现与其他设备的良好连接。

（2）水泵的找正　水泵应上位到规定的部位，使水泵的纵、横中心线与基础上的中心线对正。水泵的标高和平面位置的偏差应符合规范的要求。泵体的水平允许偏差一般为0.3~0.5mm/m。用钢直尺检查水泵轴中心线的标高，以保证水泵能在允许的吸水高度内工作。

（3）水泵的调平　对无隔振和有隔振要求的水泵调平，可在下列部位进行测量：

1）在水泵的轴上用水平仪测轴向水平度。

2）在水泵的底座加工面或出口法兰上用水平仪测纵、横水平。

3）用线坠吊垂线，测量水泵进口法兰垂直面与垂线平行。

水泵的调平如果采用无隔振安装的方式，应用垫铁进行调整；如果采用有隔振的安装方式，应对基础平面的水平度进行严格的检查，使之达到要求后才能安装，以减少水平度调整的难度。

当水泵找正、调平后，才可向地脚螺栓孔和基础与水泵底座之间的空隙内灌注混凝土，待混凝土凝固后再拧紧地脚螺栓，并对水泵的位置和水平进行复查，以防在二次灌浆或拧紧地脚螺栓过程中使水泵发生移动。水泵安装的允许偏差应符合规范的要求。

（二）冷却塔的安装

冷却塔的形式较多，一般按通风方式、淋水方式及水和空气的流动方向等进行分类，按通风方式可分为自然通风和机械通风式；按淋水方式可分为点滴式、点滴薄膜式、薄膜式和喷水式；按水和空气的流动方向可分为逆流式和横流式。

空调制冷系统多采用逆流式和横流式的冷却塔，其淋水装置采用薄膜式的。一般单座塔和小型塔多采用逆流圆形冷却塔，而多座塔和大型塔多采用横流式冷却塔。

1. 冷却塔安装应具备的条件

冷却塔安装前应进行检查，并具备下列条件才能安装：

1）冷却塔应安装在通风良好的部位，其进风口与周围的建筑物应保持一定的距离，保证新的空气能进入冷却塔；应避免安装在通风不良和出现湿空气回流的场合，降低冷却塔的冷却能力。

2）冷却塔应避免安装在变电所、锅炉等有热源的场所，也应避免安装在粉尘飞扬场所的下风口，且不能布置在煤堆、化学物堆放处；塔体要远离明火。

3）冷却塔混凝土基础的位置应符合设计要求，其养护的强度应达到安装承重的要求。

4）基础的预埋钢板或预留的地脚螺栓孔洞的位置应正确。

5）冷却塔各基础的标高须进行检查，应符合设计要求，其允许偏差为 ±20mm。

6）冷却塔的部件应现场检查验收完毕。

7）冷却塔入风口端与相邻建筑物之间的最短距离不小于 1.5 倍塔高。

8）冷却塔不宜装在腐蚀性气体存在的地方，如烟囱旁及温泉地区等。

2. 冷却塔的安装

冷却塔有高位安装和低位安装两种形式。安装的具体位置应根据冷却塔的形式及建筑物的布置而定。

冷却塔的高位安装是将其安装在冷冻站建筑物的屋顶上。对于冷库或高层民用建筑的空调制冷系统，普遍采用冷却塔高位安装，这样可减少占地面积。冷却塔的高位安装将需要处理的冷水从蓄水池（或冷凝器）经水泵送至冷却塔，冷却降温后从塔底集水盘向下自流，再压入冷凝器中，以此不断地循环。补水过程一般由蓄水池或冷却塔集水盘中的浮球阀自动控制。

冷却塔的低位安装是将其安装在冷冻站附近的地面上。其缺点是占地面积较大，一般常用于混凝土或混合结构的大型工业冷却塔。

冷却塔按照规格的不同，可分为整机安装和现场拼装两种形式。现场拼装的冷却塔在安装时由三部分组成，即主体拼装、填料的填充和附属部件的安装。

（1）冷却塔主体的拼装　冷却塔的主体拼装包括塔支架、托架的安装及塔下体和上体的拼装两大部分，拼装时应注意以下事项：

1）塔体主柱脚应与基础预埋钢板或地脚螺栓连接，并找平找正，使之达到牢固稳定。

2）各连接部位的紧固件应采用热镀锌或不锈钢螺栓和螺母。

3）各连接部位的紧固件的紧固程度应一致，达到接缝严密，表面平整。

4）集水盘拼缝处应加密封垫片或糊同质材料以保证严密无渗漏。

5）冷却塔安装后，单台的水平度、铅垂度允许偏差为 2/1000。

6）在安装中，钢构件所有焊接处应做防腐处理。

7）冷却塔主体安装过程中的焊接要有防火安全技术措施，特别是填料装入后应禁止焊接。

（2）填料的填充

1）填料片要求亲水性好、安装方便、不易阻塞、不易燃烧。若使用塑料填料片，宜采用阻燃性良好的改性聚氯乙烯。

2）填料安装时，要求间隙均匀、上表面平整、无塌落和叠片现象，填料不得有穿孔破裂。填料片最外层应与冷却塔内壁紧贴，且片体之间无空隙。

（3）附属部件的安装　冷却塔附属部件包括布水装置、通风设备、收水器及消声装置等。

1）布水装置安装的总原则是做到有效布水和均匀布水。冷却塔的出水管、喷嘴的方向及位置应正确，布水系统的水平管路安装应保持水平，连接的喷嘴支管应垂直向下，并保证喷嘴底面在同一水平面内。安装布水装置时还应注意下列事项：

① 采用旋转布水器布水时，应保证布水管正常运转，布水管管端小塔体间隙为50mm，布水管与填料间隙不小于20mm。水管开孔方向应正确，孔口光滑，旋转时无明显摆动。

② 采用喷嘴布水时，要减少中空现象。

③ 横流冷却塔采用池式布水，配水槽应水平，孔口应光滑，最小积水深度为50mm。

2）通风设备的安装应注意：

① 安装轴流风机时，应保证风筒的圆度和喉部尺寸。

② 在安装风机齿轮箱和电动机前，应先检查各部件有无损坏，且安装前必须对底座进行找平。

③ 应对各部件的连接件、密封件进行检查，不应有松动现象。

④ 对于可调整角度的叶片，其角度必须一致，而且叶片顶端与风筒内壁的径向间隙应均匀。

五、水系统施工验收记录

按照《通风与空调工程施工质量验收规范》（GB 50243—2002）的规定，空调工程质量验收记录用表分为分部工程的检验批质量验收记录（见表2-47～表2-63汇总）、分项工程质量验收记录（见表2-64）和分部（子分部）工程的质量验收记录（见表2-65～表2-72汇总）。以下介绍水系统施工验收记录用表。

1. 水系统检验批质量验收记录

通风与空调分部工程的检验批质量验收记录由施工项目本专业质量检验员填写，监理工程师（建设单位项目专业技术负责人）组织项目专业质量检查员等进行验收，并按各个分项工程的检验批质量验收表的要求记录。

1）空调水系统安装检验批质量验收记录表见表2-58、表2-59、表2-60。

2）防腐与绝热施工检验批质量验收记录表见表2-62。

3）工程系统调试检验批质量验收记录表见表2-63。

2. 水系统分项工程质量验收记录

通风与空调分部工程的分项工程质量验收记录由监理工程师（建设单位项目专业技术负责人）组织施工项目经理和有关专业设计负责人等进行验收，并按表2-64记录。

3. 水系统子分部工程质量验收记录

通风与空调分部工程的分部（子分部）工程的质量验收记录由总监理工程师（建设单位项目专业技术负责人）组织项目专业质量检查员等进行验收，并按各个分部（子分部）工程的质量验收记录表记录。空调水系统分部（子分部）质量验收记录见表2-71。

表 2-47 风管与配件制作检验批质量验收记录（金属风管）

工程名称		分部工程名称		验收部位	
施工单位		专业工长		项目经理	
施工执行标准 名称及编号					
分包单位		分包项目 经理		施工班组长	

	质量验收规范的规定		施工单位检查评定记录	监理（建设）单位验收记录
主控项目	1 材质种类、性能及厚度			
	2 防火风管			
	3 风管强度及严密性工艺性检测			
	4 风管的连接			
	5 风管的加固			
	6 矩形弯管导流片			
	7 净化空调风管			
一般项目	1 圆形弯管制作			
	2 风管的外形尺寸			
	3 焊接风管			
	4 法兰风管制作			
	5 铝板或不锈钢板风管			
	6 无法兰矩形风管制作			
	7 无法兰圆形风管制作			
	8 风管的加固			
	9 净化空调风管			
施工单位检查 结果评定		项目专业质量检查员：		年 月 日
监理（建设）单 位验收结论		监理工程师： （建设单位项目专业技术负责人）		年 月 日

表 2-48　风管与配件制作检验批质量验收记录（非金属、复合材料风管）

工 程 名 称		分部工程名称		验 收 部 位	
施工单位		专业工长		项目经理	
施工执行标准 名称及编号					
分包单位		分包项目 经理		施工班组长	

	质量验收规范的规定		施工单位检查评定记录	监理（建设）单位验收记录
主控项目	1 材质种类、性能及厚度			
	2 复合材料风管的材料			
	3 风管强度及严密性工艺性检测			
	4 风管的连接			
	5 复合材料风管的连接			
	6 砖、混凝土风道的变形缝			
	7 风管的加固			
	8 矩形弯管导流片			
	9 净化空调风管			
一般项目	1 风管的外形尺寸			
	2 硬聚氯乙烯风管			
	3 有机玻璃钢风管			
	4 无机玻璃钢风管			
	5 砖、混凝土风道			
	6 双面铝箔绝热板风管			
	7 铝箔玻璃纤维板风管			
	8 净化空调风管			
施工单位检查 结果评定	项目专业质量检查员：　　　　　　　　　　　　　　年　月　日			
监理（建设）单位 验收结论	监理工程师： （建设单位项目专业技术负责人）　　　　　　　年　月　日			

表 2-49　风管部件与消声器制作检验批质量验收记录

工 程 名 称		分部工程名称			验 收 部 位	
施工单位			专业工长		项目经理	
施工执行标准 名称及编号						
分包单位			分包项目 经理		施工班组长	

	质量验收规范的规定		施工单位检查评定记录	监理（建设）单位验收记录
主控项目	1 一般风阀			
	2 电动风阀			
	3 防火阀、排烟阀（口）			
	4 防爆风阀			
	5 净化空调系统风阀			
	6 特殊风阀			
	7 矩形防排烟柔性短管			
	8 消声弯管、消声器			
一般项目	1 调节风阀			
	2 止回风阀			
	3 插板风阀			
	4 三通调节阀			
	5 风量调节阀			
	6 风罩			
	7 风帽			
	8 矩形弯管导流片			
	9 柔性短管			
	10 消声器			
	11 检查门			
	12 风口			
施工单位检查 结果评定		项目专业质量检查员：　　　　　　　　　年　月　日		
监理（建设）单位 验收结论		监理工程师： （建设单位项目专业技术负责人）　　　　年　月　日		

表 2-50 风管系统安装检验批质量验收记录（送、排风，排烟系统）

工 程 名 称		分部工程名称		验 收 部 位	
施工单位		专业工长		项目经理	
施工执行标准 名称及编号					
分包单位		分包项目 经理		施工班组长	

	质量验收规范的规定	施工单位检查评定记录	监理（建设）单位验收记录
主控项目	1 风管穿越防火、防爆墙		
	2 风管内严禁其他管线穿越		
	3 室外立管的固定拉索		
	4 高于80℃风管系统		
	5 风阀的安装		
	6 手动密闭阀的安装		
	7 风管严密性检验		
一般项目	1 风管系统的安装		
	2 无法兰风管系统的安装		
	3 风管水平、垂直安装的质量		
	4 风管的支、吊架		
	5 铝板、不锈钢板风管的安装		
	6 非金属风管的安装		
	7 风阀的安装		
	8 风帽的安装		
	9 吸、排风罩的安装		
	10 风口的安装		
施工单位检查 结果评定	项目专业质量检查员：　　　　　　　　　　　　年　月　日		
监理（建设）单位 验收结论	监理工程师： （建设单位项目专业技术负责人）　　　　　　　　年　月　日		

表 2-51 风管系统安装检验批质量验收记录（空调系统）

工程名称		分部工程名称			验收部位	
施工单位		专业工长			项目经理	
施工执行标准名称及编号						
分包单位		分包项目经理			施工班组长	

	质量验收规范的规定		施工单位检查评定记录	监理（建设）单位验收记录
主控项目	1 风管穿越防火、防爆墙			
	2 风管内严禁其他管线穿越			
	3 室外立管的固定拉索			
	4 高于80℃风管系统			
	5 风阀的安装			
	6 手动密闭阀的安装			
	7 风管严密性检验			
一般项目	1 风管系统的安装			
	2 无法兰风管系统的安装			
	3 风管水平、垂直安装的质量			
	4 风管的支、吊架			
	5 铝板、不锈钢板风管的安装			
	6 非金属风管的安装			
	7 复合材料风管的安装			
	8 风阀的安装			
	9 风口的安装			
	10 变风量末端装置的安装			
施工单位检查结果评定		项目专业质量检查员：		年 月 日
监理（建设）单位验收结论		监理工程师：（建设单位项目专业技术负责人）		年 月 日

表 2-52　风管系统安装检验批质量验收记录（净化空调系统）

工程名称		分部工程名称		验收部位	
施工单位		专业工长		项目经理	
施工执行标准 名称及编号					
分包单位		分包项目 经理		施工班组长	

	质量验收规范的规定	施工单位检查评定记录	监理（建设）单位验收记录
主控项目	1 风管穿越防火、防爆墙		
	2 风管内严禁其他管线穿越		
	3 室外立管的固定拉索		
	4 高于80℃风管系统		
	5 风阀的安装		
	6 手动密闭阀的安装		
	7 净化风管的安装		
	8 真空吸尘系统安装		
	9 风管严密性检验		
一般项目	1 风管系统的安装		
	2 无法兰风管系统的安装		
	3 风管水平、垂直安装的质量		
	4 风管的支、吊架		
	5 铝板、不锈钢板风管的安装		
	6 非金属风管的安装		
	7 复合材料风管的安装		
	8 风阀的安装		
	9 净化空调风口的安装		
	10 真空吸尘系统的安装		
	11 风口的安装		
施工单位检查 结果评定	项目专业质量检查员：　　　　　　　　　　年　月　日		
监理（建设）单位 验收结论	监理工程师： （建设单位项目专业技术负责人）　　　　　　年　月　日		

表 2-53 通风机安装检验批质量验收记录

工程名称		分部工程名称		验收部位	
施工单位		专业工长		项目经理	
施工执行标准 名称及编号					
分包单位		分包项目 经理		施工班组长	

	质量验收规范的规定	施工单位检查评定记录	监理（建设）单位验收记录
主控项目	1 通风机的安装		
	2 通风机安全措施		
一般项目	1 离心风机的安装		
	2 轴流风机的安装		
	3 风机的隔振支架		
施工单位检查 结果评定	项目专业质量检查员：　　　　　　　　　　　　年　月　日		
监理（建设）单位 验收结论	监理工程师： （建设单位项目专业技术负责人）　　　　　　　年　月　日		

表 2-54 通风与空调设备安装检验批质量验收记录（通风系统）

工 程 名 称		分部工程名称		验 收 部 位	
施工单位		专业工长		项目经理	
施工执行标准名称及编号					
分包单位		分包项目经理		施工班组长	

	质量验收规范的规定		施工单位检查评定记录	监理（建设）单位验收记录
主控项目	1 通风机的安装			
	2 通风机安全措施			
	3 除尘器的安装			
	4 布袋与静电除尘器的接地			
	5 静电空气过滤器安装			
	6 电加热器的安装			
	7 过滤吸收器的安装			
一般项目	1 通风机的安装			
	2 除尘设备的安装			
	3 现场组装静电除尘器的安装			
	4 现场组装布袋除尘器的安装			
	5 消声器的安装			
	6 空气过滤器的安装			
	7 蒸汽加湿器的安装			
	8 空气风幕机的安装			
施工单位检查结果评定	项目专业质量检查员： 年 月 日			
监理（建设）单位验收结论	监理工程师： （建设单位项目专业技术负责人） 年 月 日			

表 2-55 通风与空调设备安装检验批质量验收记录（空调系统）

工 程 名 称			分部工程名称		验 收 部 位	
施 工 单 位			专业工长		项目经理	
施工执行标准 名称及编号						
分包单位			分包项目 经理		施工班组长	

	质量验收规范的规定		施工单位检查评定记录	监理（建设）单位验收记录
主控项目	1 通风机的安装			
	2 通风机安全措施			
	3 空调机组的安装			
	4 静电空气过滤器安装			
	5 电加热器的安装			
	6 干蒸汽加湿器的安装			
一般项目	1 通风机的安装			
	2 组合式空调机组的安装			
	3 现场组装的空气处理室安装			
	4 单元式空调机组的安装			
	5 消声器的安装			
	6 风机盘管安装			
	7 粗、中效空气过滤器的安装			
	8 空气风幕机的安装			
	9 转轮式换热器的安装			
	10 转轮式去湿机的安装			
	11 蒸汽加湿器的安装			
施工单位检查 结果评定		项目专业质量检查员：		年 月 日
监理（建设）单位 验收结论		监理工程师： （建设单位项目专业技术负责人）		年 月 日

表2-56　**通风与空调设备安装检验批质量验收记录**（净化空调系统）

工程名称		分部工程名称		验收部位	
施工单位		专业工长		项目经理	
施工执行标准 名称及编号					
分包单位		分包项目 经理		施工班组长	

	质量验收规范的规定		施工单位检查评定记录	监理（建设）单位验收记录
主控项目	1 通风机的安装			
	2 通风机安全措施			
	3 空调机组的安装			
	4 净化空调设备的安装			
	5 高效过滤器的安装			
	6 静电空气过滤器安装			
	7 电加热器的安装			
	8 干蒸汽加湿器的安装			
一般项目	1 通风机的安装			
	2 组合式净化空调机组的安装			
	3 净化室设备的安装			
	4 装配式洁净室的安装			
	5 洁净室层流罩的安装			
	6 风机过滤单元的安装			
	7 粗、中效空气过滤器的安装			
	8 高效过滤器的安装			
	9 消声器的安装			
	10 蒸汽加湿器的安装			
施工单位检查 结果评定	项目专业质量检查员：　　　　　　　　年　月　日			
监理（建设）单位 验收结论	监理工程师： （建设单位项目专业技术负责人）　　　年　月　日			

表 2-57　空调制冷系统安装检验批质量验收记录

工 程 名 称		分部工程名称		验 收 部 位	
施工单位		专业工长		项目经理	
施工执行标准名称及编号					
分包单位		分包项目经理		施工班组长	
	质量验收规范的规定		施工单位检查评定记录		监理（建设）单位验收记录
主控项目	1 制冷设备与附属设备的安装				
	2 设备混凝土基础的验收				
	3 表冷器的安装				
	4 燃气、燃油系统设备的安装				
	5 制冷设备的严密性试验及试运行				
	6 管道及管配件的安装				
	7 燃油管道系统的接地				
	8 燃气系统的安装				
	9 氨管道焊缝的无损检测				
	10 乙二醇管道系统的规定				
	11 制冷剂管路的试验				
一般项目	1 制冷设备的安装				
	2 制冷附属设备的安装				
	3 模块式冷水机组的安装				
	4 泵的安装				
	5 制冷剂管道的安装				
	6 管道的焊接				
	7 阀门安装				
	8 阀门的试压				
	9 制冷系统的吹扫				
施工单位检查结果评定		项目专业质量检查员：　　　　　　　年　月　日			
监理（建设）单位验收结论		监理工程师：（建设单位项目专业技术负责人）　　　　年　月　日			

表 2-58 空调水系统安装检验批质量验收记录（金属管道）

工 程 名 称		分部工程名称		验 收 部 位	
施工单位		专业工长		项目经理	
施工执行标准 名称及编号					
分包单位		分包项目 经理		施工班组长	

	质量验收规范的规定		施工单位检查评定记录	监理（建设）单位验收记录
主控项目	1 系统的管材与配件验收			
	2 管道柔性接管的安装			
	3 管道的套管			
	4 管道补偿器安装及固定支架			
	5 系统的冲洗、排污			
	6 阀门的安装			
	7 阀门的试压			
	8 系统的试压			
	9 隐蔽管道的验收			
一般项目	1 管道的焊接			
	2 管道的螺纹联接			
	3 管道的法兰联接			
	4 管道的安装			
	5 钢塑复合管道的安装			
	6 管道沟槽式连接			
	7 管道的支、吊架			
	8 阀门及其他部件的安装			
	9 系统放气阀与排水阀			
施工单位检查 结果评定	项目专业质量检查员：　　　　　　　　　　　　　　年　月　日			
监理（建设）单位 验收结论	监理工程师： （建设单位项目专业技术负责人）　　　　　　　　年　月　日			

表 2-59 空调水系统安装检验批质量验收记录（非金属管道）

工 程 名 称		分部工程名称			验 收 部 位	
施 工 单 位			专业工长		项目经理	
施工执行标准 名称及编号						
分包单位			分包项目 经理		施工班组长	

	质量验收规范的规定			施工单位检查评定记录	监理（建设）单位验收记录
主控项目	1 系统的管材与配件验收				
	2 管道柔性接管的安装				
	3 管道的套管				
	4 管道补偿器安装及固定支架				
	5 系统的冲洗、排污				
	6 阀门的安装				
	7 阀门的试压				
	8 系统的试压				
	9 隐蔽管道的验收				
一般项目	1 PVC-U 管道的安装				
	2 PP-R 管道的安装				
	3 PEX 管道的安装				
	4 管道的安装位置				
	5 管道的支、吊架				
	6 阀门的安装				
	7 系统放气阀与排水阀				

施工单位检查 结果评定	项目专业质量检查员： 年 月 日
监理（建设）单位 验收结论	监理工程师： （建设单位项目专业技术负责人） 年 月 日

表 2-60 空调水系统安装检验批质量验收记录（设备）

工 程 名 称		分部工程名称		验 收 部 位	
施工单位		专业工长		项目经理	
施工执行标准 名称及编号					
分包单位		分包项目 经理		施工班组长	

	质量验收规范的规定		施工单位检查评定记录	监理（建设）单位验收记录
主控项目	1 系统的设备与附属设备			
	2 冷却塔的安装			
	3 水泵的安装			
	4 其他附属设备的安装			
一般项目	1 风机盘管的管道连接			
	2 冷却塔的安装			
	3 水泵及附属设备的安装			
	4 水箱、集水缸、分水缸、储冷罐 等设备的安装			
	5 水过滤器等设备的安装			

施工单位检查 结果评定	项目专业质量检查员： 年 月 日
监理（建设）单位 验收结论	监理工程师： （建设单位项目专业技术负责人） 年 月 日

表 2-61 防腐与绝热施工检验批质量验收记录（风管系统）

工 程 名 称			分部工程名称		验 收 部 位		
施 工 单 位			专业工长		项目经理		
施工执行标准 名称及编号							
分包单位			分包项目 经理		施工班组长		
	质量验收规范的规定			施工单位检查评定记录		监理（建设）单位验收记录	
主控项目	1 材料的验证						
	2 防腐涂料或油漆质量						
	3 电加热器与防火墙 2m 管道						
	4 低温风管的绝热						
	5 洁净室内风管						
一般项目	1 防腐涂层质量						
	2 空调设备、部件涂装或绝热						
	3 绝热材料厚度及平整度						
	4 风管绝热粘接固定						
	5 风管绝热层保温钉固定						
	6 绝热涂料						
	7 玻璃布保护层的施工						
	8 金属保护壳的施工						
施工单位检查 结果评定		项目专业质量检查员： 					年 月 日
监理（建设）单位 验收结论		监理工程师： （建设单位项目专业技术负责人）					年 月 日

表 2-62　防腐与绝热施工检验批质量验收记录（管道系统）

工 程 名 称		分部工程名称		验 收 部 位	
施工单位		专业工长		项目经理	
施工执行标准 名称及编号					
分包单位		分包项目 经理		施工班组长	

	质量验收规范的规定		施工单位检查评定记录	监理（建设）单位验收记录
主控项目	1 材料的验证			
	2 防腐涂料或油漆质量			
	3 电加热器与防火墙 2m 管道			
	4 冷冻水管道的绝热			
	5 洁净室内风管			
一般项目	1 防腐涂层质量			
	2 空调设备、部件涂装或绝热			
	3 绝热材料厚度及平整度			
	4 绝热涂料			
	5 玻璃布保护层的施工			
	6 管道阀门的绝热			
	7 管道绝热层的施工			
	8 管道防潮层的施工			
	9 金属保护壳的施工			
	10 机房内制冷管道色标			

施工单位检查 结果评定	项目专业质量检查员：　　　　　　　　　　　年　月　日
监理（建设）单位 验收结论	监理工程师： （建设单位项目专业技术负责人）　　　　　　年　月　日

表 2-63 工程系统调试检验批质量验收记录

工 程 名 称		分部工程名称		验 收 部 位	
施工单位		专业工长		项目经理	
施工执行标准 名称及编号					
分包单位		分包项目 经理		施工班组长	

	质量验收规范的规定	施工单位检查评定记录	监理（建设）单位验收记录
主控项目	1 通风机、空调机组单机试运转及调试		
	2 水泵单机试运转及调试		
	3 冷却塔单机试运转及调试		
	4 制冷机组单机试运转及调试		
	5 电控防、排烟阀的动作试验		
	6 系统风量的调试		
	7 空调水系统的调试		
	8 恒温、恒湿空调		
	9 防、排烟系统调试		
	10 净化空调系统调试		
一般项目	1 风机、空调机组		
	2 水泵的安装		
	3 风口风量的平衡		
	4 水系统的试运行		
	5 水系统检测元件的工作		
	6 空调房间的参数		
	7 洁净空调房间的参数		
	8 工程的控制和监测元件和执行机构		
施工单位检查 结果评定		项目专业质量检查员： 年 月 日	
监理（建设）单位 验收结论		监理工程师： （建设单位项目专业技术负责人） 年 月 日	

表 2-64 **通风与空调工程分项工程质量验收记录**（分项工程）

工 程 名 称		结 构 类 型		检 验 批 数	
施 工 单 位		项 目 经 理		项目技术负责人	
分 包 单 位		分包单位负责人		分包项目经理	

序号	检验批部位、区、段	施工单位检查评定结果	监理（建设）单位验收结论

检查结论	项目专业 技术负责人： 年　月　日	验收结论	监理工程师： （建设单位项目 专业技术负责人） 年　月　日

表 2-65 通风与空调子分部工程质量验收记录（送、排风系统）

工 程 名 称		结 构 类 型		层 数	
施工单位		技术部门负责人		质量部门负责人	
分包单位		分包单位负责人		分包技术负责人	

序号	分项工程名称	检验批数	施工单位检查评定意见	验收意见
1	风管与配件制作			
2	部件制作			
3	风管系统安装			
4	风机与空气处理设备安装			
5	消声设备制作与安装			
6	风管与设备防腐			
7	系统调试			
质量控制资料				
安全和功能检验（检测）报告				
观感质量验收				

验收单位	分包单位	项目经理：			年 月 日
	施工单位	项目经理：			年 月 日
	勘察单位	项目负责人：			年 月 日
	设计单位	项目负责人：			年 月 日
	监理（建设）单位	总监理工程师： （建设单位项目专业负责人）			年 月 日

表2-66 通风与空调子分部工程质量验收记录（防、排烟系统）

工 程 名 称			结构类型		层 数	
施工单位			技术部门负责人		质量部门负责人	
分包单位			分包单位负责人		分包技术负责人	

序号	分项工程名称	检验批数	施工单位检查评定意见	验收意见
1	风管与配件制作			
2	部件制作			
3	风管系统安装			
4	风机与空气处理设备安装			
5	排烟风口、常闭正压风口安装			
6	风管与设备防腐			
7	系统调试			
8	消声设备制作与安装（合用系统时检查）			
质量控制资料				
安全和功能检验（检测）报告				
观感质量验收				

验收单位	分包单位	项目经理：	年 月 日
	施工单位	项目经理：	年 月 日
	勘察单位	项目负责人：	年 月 日
	设计单位	项目负责人：	年 月 日
	监理（建设）单位	总监理工程师： （建设单位项目专业负责人）	年 月 日

表 2-67　通风与空调子分部工程质量验收记录（除尘系统）

工 程 名 称		结 构 类 型		层　数	
施工单位		技术部门负责人		质量部门负责人	
分包单位		分包单位负责人		分包技术负责人	

序号	分项工程名称	检验批数	施工单位检查评定意见	验收意见
1	风管与配件制作			
2	部件制作			
3	风管系统安装			
4	风机安装			
5	除尘器与排污设备安装			
6	风管与设备防腐			
7	风管与设备绝热			
8	系统调试			
质量控制资料				
安全和功能检验（检测）报告				
观感质量验收				

验收单位	分包单位	项目经理：	年　月　日
	施工单位	项目经理：	年　月　日
	勘察单位	项目负责人：	年　月　日
	设计单位	项目负责人：	年　月　日
	监理（建设）单位	总监理工程师： （建设单位项目专业负责人）	年　月　日

表 2-68 通风与空调子分部工程质量验收记录（空调系统）

工 程 名 称			结构类型		层　数	
施工单位			技术部门负责人		质量部门负责人	
分包单位			分包单位负责人		分包技术负责人	

序号	分项工程名称	检验批数	施工单位检查评定意见	验收意见
1	风管与配件制作			
2	部件制作			
3	风管系统安装			
4	风机与空气处理设备安装			
5	消声设备制作与安装			
6	风管与设备防腐			
7	风管与设备绝热			
8	系统调试			
	质量控制资料			
	安全和功能检验（检测）报告			
	观感质量验收			

验收单位	分包单位	项目经理：	年　　月　　日
	施工单位	项目经理：	年　　月　　日
	勘察单位	项目负责人：	年　　月　　日
	设计单位	项目负责人：	年　　月　　日
	监理（建设）单位	总监理工程师： （建设单位项目专业负责人）	年　　月　　日

表 2-69 通风与空调子分部工程质量验收记录（净化空调系统）

工程名称		结构类型		层 数	
施工单位		技术部门负责人		质量部门负责人	
分包单位		分包单位负责人		分包技术负责人	

序号	分项工程名称	检验批数	施工单位检查评定意见	验收意见
1	风管与配件制作			
2	部件制作			
3	风管系统的安装			
4	风机与空气处理设备的安装			
5	消声设备的制作与安装			
6	风管与设备的防腐			
7	风管与设备的绝热			
8	高效过滤器的安装			
9	净化设备的安装			
10	系统调试			

质量控制资料	
安全和功能检验（检测）报告	
观感质量验收	

验收单位	分包单位	项目经理：	年 月 日
	施工单位	项目经理：	年 月 日
	勘察单位	项目负责人：	年 月 日
	设计单位	项目负责人：	年 月 日
	监理（建设）单位	总监理工程师： （建设单位项目专业负责人）	年 月 日

表 2-70 通风与空调子分部工程质量验收记录（制冷系统）

工 程 名 称		结 构 类 型		层 数	
施工单位		技术部门负责人		质量部门负责人	
分包单位		分包单位负责人		分包技术负责人	

序号	分项工程名称	检验批数	施工单位检查评定意见	验收意见
1	制冷机组的安装			
2	制冷剂管道及配件的安装			
3	制冷附属设备的安装			
4	管道和设备的防腐和绝热			
5	系统调试			
	质量控制资料			
	安全和功能检验（检测）报告			
	观感质量验收			

验收单位	分包单位	项目经理：	年　月　日
	施工单位	项目经理：	年　月　日
	勘察单位	项目负责人：	年　月　日
	设计单位	项目负责人：	年　月　日
	监理（建设）单位	总监理工程师： （建设单位项目专业负责人）	年　月　日

表 2-71　通风与空调子分部工程质量验收记录（空调水系统）

工 程 名 称		结 构 类 型		层　　数	
施 工 单 位		技术部门负责人		质量部门负责人	
分 包 单 位		分包单位负责人		分包技术负责人	

序号	分项工程名称	检验批数	施工单位检查评定意见	验收意见
1	冷热水管道系统的安装			
2	冷却水管道系统的安装			
3	冷凝水管道系统的安装			
4	管道阀门和部件的安装			
5	冷却塔的安装			
6	水泵及附属设备的安装			
7	管道与设备的防腐和绝热			
8	系统调试			

质量控制资料	
安全和功能检验（检测）报告	
观感质量验收	

验收单位	分包单位	项目经理：	年　　月　　日
	施工单位	项目经理：	年　　月　　日
	勘察单位	项目负责人：	年　　月　　日
	设计单位	项目负责人：	年　　月　　日
	监理（建设）单位	总监理工程师： （建设单位项目专业负责人）	年　　月　　日

表 2-72 通风与空调工程（分部工程）质量验收记录

工程名称		结构类型		层数	
施工单位		技术部门负责人		质量部门负责人	
分包单位		分包单位负责人		分包技术负责人	

序号	子分部工程名称	检验批数	施工单位检查评定意见		验收意见
1	送、排风系统				
2	防、排烟系统				
3	除尘系统				
4	空调系统				
5	净化空调系统				
6	制冷系统				
7	空调水系统				
质量控制资料					
安全和功能检验（检测）报告					
观感质量验收					

验收单位	分包单位	项目经理： 年　月　日
	施工单位	项目经理： 年　月　日
	勘察单位	项目负责人： 年　月　日
	设计单位	项目负责人： 年　月　日
	监理（建设）单位	总监理工程师： （建设单位项目专业负责人） 年　月　日

六、水系统的调试

中央空调水系统的调试包括冷却水系统与冷冻水系统的调试，主要是施工过程中的初调节。冷却水与冷冻水系统的调试准备工作内容为：

1）熟悉空调水系统施工图样，熟悉冷却水及冷冻水系统的形式、设备和工作程序及运行参数。

2）冷却水及冷冻水系统应试压和清洗完毕，检查清洗记录并通过验收。

3）试运行调试前，应对冷却水及冷冻水系统进行全面检查。试压和清洗时拆下的阀门和仪表应已复位，临时管道已拆除。设备、管道、阀门及仪表应完整，固定可靠。

4）根据编制的调试方案中对冷却水及冷冻水系统的调试要求，对操作人员进行技术交底。

5）做好仪器、工具、设备、材料的准备工作。对试运行调试所需要的工具、设备进行检修，在使用仪器前进行校正。

（一）水泵试运转

1. 试运转的准备工作

1）检查水和附属系统的部件应安装齐全。

2）需要冲洗的管路系统，其冲洗方案已确定，并与制冷设备的连接管路关闭。

3）检查水泵各紧固连接部位不得松动。

4）用手盘动叶轮应轻便灵活，不得有卡塞、摩擦和偏重等异常现象。

5）轴承处加注标号和数量均符合设备技术文件规定的润滑油脂。

6）检查水泵与附属管路系统阀门启闭状态，使系统形成回路。经检查和调整后应符合设计要求。

7）水泵运转前，开启入口处的阀门，关闭出口阀，将水泵起动后，再将出口阀门慢慢打开。

2. 水泵试运转

1）水泵不得在无水情况下试运行，起动前应排出水泵与吸入管内的空气。

2）水泵初次起动应采用点动方式，瞬时点动水泵，检查叶轮与泵壳有无摩擦声和其他不正常的声音，并观察水泵的旋转方向是否正确。

3）水泵起动时，应用钳形电流表测量电动机的起动电流，待水泵正常运转后，再测量电动机的运转电流，保证电动机的运转功率或电流不超过额定值。

4）在水泵运转过程中，利用金属棒或长柄螺钉旋具仔细监听轴承内有无杂音，以判断水泵轴承是否有损坏或润滑油中是否混入杂物。

5）水泵运转一段时间后，用表面温度计测量轴承温度，所测得的温度值不应超过设备说明书中规定的值。如果无规定值，可参照下列数值：水泵使用滚动轴承时，其轴承最高温度不应高于 75℃；使用滑动轴承时，其轴承最高温度不应高于 70℃。

6）水泵运转时，其填料的温升也应正常。在无特殊要求情况下，普通软填料允许有少量的泄漏，即每分钟不超过 10～20 滴，即为 15～60mL/h；机械密封的泄漏每分钟不超过 3 滴，即不大于 5mL/h。

水泵运转时的径向振动应符合设备技术文件的规定，无规定时，可参照表 2-73 所列的数值。对转速在 750～1500r/min 范围内的水泵，运转时手摸泵体应感到很平稳。

表 2-73 泵的径向振幅（双向值）

转速/(r/min)	<375	375～600	600～750	750～1000	1000～1500	1500～3000	3000～6000	6000～12000	>12000
振幅值/mm	<0.18	<0.15	<0.12	<0.10	<0.08	<0.06	<0.04	<0.03	<0.02

水泵运转经检查一切正常后，再进行 2h 以上的连续运转，运转中若未发现问题，水泵单机试运转即为合格。水泵试运转结束后，应将水泵出、入口阀门和附属管中系统的阀门关闭；在不能连续运转的情况下，应将泵内积存的水排净，防止锈蚀或冻裂。长期停泵时，应采取必要措施防止水泵锈蚀和损坏。试运行后，应检查所有紧固连接部位，不应有松动。

（二）冷却塔试运转

1. 冷却塔试运转的准备工作

1）清扫冷却塔内的夹杂物和尘垢，并用清水冲洗填料中的灰尘和杂物，防止冷却水管或冷凝器等堵塞。

2）冷却塔和冷却水管路系统供水时应先用水冲洗排污，直到系统无污水流出。在冲洗过程中不能将水通入冷凝器中，应采用临时的短路措施，待管路冲洗干净后，再将冷凝器与管路连接。管路系统应无漏水现象。

3）检查自动补水阀的动作状态是否灵活准确。

4）冷却塔内的补给水、溢水的水位应进行校验，使之准确无误，防止水源的损失。

5）对横流式冷却塔配水池的水位，以及逆流式冷却塔旋转布水器的转速等，应调整到进水量适当，使喷水量和吸水量达到平衡的状态。

6）确定风机的电动机绝缘情况及风机的旋转方向，必须达到电动机的控制系统动作正确。

2. 冷却塔试运转

冷却塔试运转时，应检查风机的运转状态和冷却水循环系统的工作状态，并记录运转情况及有关数据。如果无异常现象，连续运转时间不应少于 2h。

1）检查喷水量和吸水量是否平衡，并观察补给水和集水池的水位等运行状况，应达到冷却水不跑、不漏的良好状态。

2）检查布水器的旋转速度和布水器的喷水量是否均匀，若发现布水器运转不正常，应暂停运转，待故障排除后再运转进行考核。

3）测定风机的电动机起动电流和运转电流值，并控制运转电流在额定电流范围内。

4）运行时，冷却塔本体应稳固无异常振动。若有振动，应查出使其产生振动的原因。用声级计测量冷却塔的噪声，其噪声应符合设备技术文件的规定。

5）测量冷却塔出、入口冷却水的温度。如果冷却塔与空调制冷设备联合运转，可分析冷却塔的冷却效果。

6）测量风机轴承的温度，应符合设备技术文件的要求和验收规范对风机试运转的规定。

7）检查喷水的偏流状态，并找出产生的原因。

8）检查冷却塔正常运转后的飘水情况，如果有较大的水滴出现，应查明原因。

冷却塔在试运转过程中，管道内残留的及随空气带入的泥砂、尘土会沉积到集水池底部，因此试运转工作结束后，应清洗集水池，并清洗水过滤器。冷却塔试运转后长期不使用时，应将循环管路及集水池中的水全部放出，防止形成污垢和设备冻坏。

（三）水系统的调试过程

中央空调水系统的试运转与调试通常就是冷却水系统和冷冻（媒）水系统的试运转与调试，采用风冷式冷水机组的中央空调系统，只需调试冷冻水系统。对采用风冷屋顶式空调机组的小型中央空调系统而言，由于不存在水系统，因此不涉及水系统的调试。

冷却水系统与冷冻水系统的试运转与调试过程一般有以下几个阶段：

（1）系统试压　管路系统在安装完成后，应先进行水压试验。水压的试验压力可根据图样要求确定，或根据工作压力按照相应的标准确定。

（2）管路的清洗与水泵的试运转　由于施工过程中，管路中会产生杂质，所以在调试运行前必须对管路进行清洗。管路的清洗一般在整个中央空调系统施工完成后，在调试前进行，也可以在试压合格后进行。清洗时，可以先利用排污设备对系统进行灌洗，然后开启水泵，让水系统运行。此时，应同时进行水泵的试运转工作，检查水泵的转向和相关的联动是否正常。清洗时应采用主循环回路，对换热器、喷水室、冷却塔等应走旁路，以免管内杂质污染设备。清洗过程中，应反复拆洗过滤器（涉及的）并排污，直至水过滤器干净、排水清澈。

（3）水系统的试运转　在系统清洗完成后，开启各末端设备，关闭各旁路，进行水系统的试运转。试运转过程中，应检查各支路的工作状况，初步调节系统的平衡性；检查试验系统的联动是否正常，如备用泵的切换，带有冬夏转换的系统的季节切换等。水系统的试运转过程也是系统排除空气的过程，待系统中的空气排尽后便可对系统进行参数的调试，此时系统应运行平稳，且压力相对稳定。

（4）调整参数与水力平衡　参数调试在冷却水系统试运转后进行，在系统运转正常的情况下，水泵前、后的压力，水泵的运行电流应相对稳定，且数值在设计范围内。用流量计对各管路的流量进行调整，系统调整平衡后，水流量应符合设计要求，支路流量允许偏差为20%，总流量允许偏差不应大于10%。对于冷却水系统，应注意对布水器喷嘴前压力进行调整，压力不足会使水颗粒过大，影响降温效果；压力过大会产生雾化，增加水量消耗。对于冷冻水系统，有时很难通过测流量的方法来调平衡，而往往通过调节各支路压降的方法，使其流量达到设计要求。

对于新安装的系统，系统的流量总是要高于设计值，一方面是由于新的系统阻力最小，另一方面是设计所预留的必要的裕量。因此在系统调试时，往往更注重调节各支路的水力平衡。

（四）水质处理设备试运转

空调系统中的水质处理方法有化学处理法和物理处理法。化学处理法的水质处理设备种类较多，其试运转可参照设备技术文件进行。物理处理法的水质处理设备应在安装完成并对系统管道冲洗后进行试运转。试运转时应注意以下事项：

1）按照设备铭牌上的额定电压接通电源，指示灯应亮。

2）在空调水循环系统中，检查水处理设备的控制系统，确认控制动作正确。

3）设备的主机出厂前已调试过，在运转中不能随意再进行调整。

4）水处理设备的试运转应根据设备本身的要求进行操作。如果水处理设备安装在循环管道系统中或自动补水系统中，开机后会自动运行，不需要任何操作。如果水处理设备安装在手动补水系统中，应先开水处理设备，后补水。补水后，先关补水阀，后关水处理设备。

5）水系统运转一定时间后，应对水处理设备进行排污，以保证水处理的效果。新设备或已经除过垢的系统及已结垢的系统，每天应排污 1 次；结垢严重的系统，每天应排污 2 ~ 3 次。新设备的排污量为总流量的 0.5% ~ 1.0%；结垢设备的排污量可根据具体状况酌情增加。

第三篇（项目进阶）
空调工程施工管理

一般空调工程施工包括空调内、外机及冷媒管道施工安装，还包括水管系统的施工安装、风管系统的施工安装、控制系统的施工安装，并要对整个空调系统工程进行试压、清洗、调试运行、防腐、保温及测试验收，因此要求对空调工程进行严格的施工管理。在空调工程施工进场前，要根据国家及行业相关的规范及要求，掌握空调工程的施工技术，掌握空调工程的性质、要求和现场情况，从而选择正确的施工方法、施工机具，制订施工方案、安全措施、技术要求及质量管理制度；在空调工程施工过程中，要对工程进度、质量、成本及安全管理进行有效的控制，确保空调工程施工的质量和安全。只有保证空调工程有效正常地运行，才能顺利完成空调工程竣工验收。

本篇项目一介绍空调工程施工组织设计的组成，较为详细地叙述了空调工程施工组织的编制程序；项目二介绍空调工程成本管理、施工预算的相关概念，重点介绍了空调工程量清单计价方法；项目三介绍空调工程施工技术、质量管理，以及如何有效、严格地控制空调工程施工的质量及安全。

项目一　空调工程施工组织设计

📎 **学习目标**

1）了解空调工程施工组织设计的组成，掌握空调工程施工组织设计的要求。
2）能完成空调工程施工组织设计的编制。

📖 **工作任务**

进行空调工程施工组织设计的编制。
阅读某空调工程施工图，对该空调工程进行施工组织设计的编制。

🔍 **相关知识**

一、空调工程施工组织设计的组成
二、空调工程施工组织设计的编制程序
三、空调工程施工组织设计实例

施工组织设计是安排施工的技术、经济性文件，是指导工程施工的主要依据之一。施工组织设计是在一定的客观条件下，有计划地对劳动力、材料、机具综合使用过程的全面安排。编制施工组织设计是为了多、快、好、省地进行建设，精密地计算人力、物力，采用技术先进、经济合理的施工方法和技术组织措施，选定最有效的施工机具和劳动组织，按照最合理的施工程序，保证在合理的工期内将工程建成投产。

一、空调工程施工组织设计的组成

空调工程施工组织设计的编制内容包括：

1）工程概况（包括工程一般概况、工程量和工作量、土建工程结构、施工条件等）。
2）主要施工方法和技术措施。
3）施工进度计划。
4）资源计划（包括劳动需用量计划、材料和加工件供应计划、施工机具需用量及进场计划、专业技术学习及工人培训计划）。
5）施工平面布置图。
6）保证工程质量和安全施工的措施。
7）加强施工管理和降低工程成本的措施。

为便于指导现场施工，施工组织设计应直观明了，尽量减少文字叙述，多采用图表方式表达。其基本内容常采用"一图、一表、一案"，或"一图、一案、一算"即施工平面布置图、施工进度方案及施工图预算。

二、空调工程施工组织设计的编制程序

1. 编制依据

编制前应具备下列资料：

1）施工图，包括本工程的全套施工图样及所需要的标准图。

2）国家及上级机关对该工程下达的批示文件，以及建设单位对该工程的要求。

3）施工组织总设计对本工程规定的有关内容。

4）土建工程的施工进度对本工程的要求（如工期、进度、交叉配合要求等）。

5）国家的有关规定、规范、规程、标准及所在地区的操作规程等。

6）施工图预算，要求提供工程量和预算成本数据。

7）材料、加工件、设备的供应情况（包括引进设备的到货日期）。

8）有关技术革新成果及类似工程的经验资料等。

9）建设单位与施工单位对该工程签订的协议或合同。

2. 编制原则

编制施工组织设计，应针对工程特点，解决施工中的关键问题。编制过程中应考虑以下几点：

1）要遵守合同规定的开工、竣工期限。

2）合理安排施工程序，力争缩短施工周期。

3）采用工厂化、预制化、装配化施工方法，提高工作效率。

4）制订技术、组织措施要切合实际，讲究实效。

5）充分考虑协调施工和均衡施工，减少高峰期。

6）制订有力的安全措施，减少事故发生。

7）落实季节性施工安排，保证全年施工的连续性。

3. 编制程序

施工组织设计编制程序如图 3-1 所示。

4. 编制方法

（1）工程概况　工程概况相当于对工程施工中已定因素的总说明。其主要内容应根据工程对象的特征，既要简明地概括全貌，又要突出重点，通常从空调工程概况、土建工程结构及施工条件三方面内容进行分析，指出空调工程的施工特点和施工中的关键问题，以便在选择施工方案、组织物资供应和技术力量配备，以及在施工准备工作上采取相应的解决措施。

1）空调工程概况。

① 空调工程的规模，即工程中包括送风系统、净化系统、空调系统等实物工程量。

② 空调工程的服务对象、各系统的分布及服务情况，应根据生产工艺的不同要求确定。

③ 空调工程的技术要求，可以根据空调工程的服务对象从设计中详细了解。如全面或局部送风、全面或局部排风、除尘及废气处理的排放标准、空调系统或洁净空调系统的温湿度或洁净度等标准。

④ 通风空调工程的安装要求，包括工程中各系统风管采用的材质，风管咬口形式，洁净空调系统风管的制作要求，允许漏风量及风管防腐保温的要求等。

⑤ 通风空调工程施工的工期要求。

2）土建工程概况。应将与通风空调工程有关的土建工程概况加以说明，如工程的位置、建筑面积、平面形状、建筑层数及各层标高、土建结构形式混凝土预制和现浇的部位以及建筑物内、外装修等情况。

3）施工条件。施工条件包括材料、设备来源及供应情况，施工现场的水、电、气的供

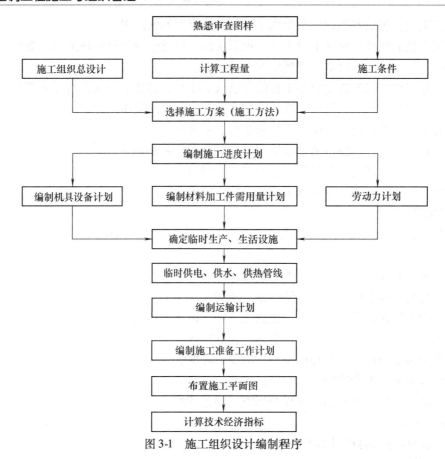

图 3-1 施工组织设计编制程序

应情况，通风空调设备、材料的运输条件，安装人员与土建配合的准备工作情况等。必须充分研究施工条件，才能作出符合实际情况且合理的施工组织设计。

（2）施工方案（施工方法）的选择 正确地选择施工方案（施工方法）是编制通风空调工程施工组织设计（作业设计）的关键，因为只有确定了施工方案（施工方法），才能作出设计中的其他内容。通风空调工程中的施工过程均可采用各种不同的方法进行施工，而每一种方法都有其优缺点，故在确定施工方案（施工方法）时，应根据工程特点、工期要求、施工条件等因素进行综合权衡，从若干个可能实现的施工方案（施工方法）中，选择适合本工程的最先进、最合理、最经济的施工方案（施工方法），以达到降低工程成本和提高劳动生产率的预期效果。

选择施工方案（施工方法）的重点在于本工程的主体施工过程，在制订时应注意突出重点。凡采用新工艺、新技术和对本工程的施工质量起关键作用的项目，及技术较为复杂、工人操作不够熟练的施工过程（或工序），均应详细说明施工方法及采取的技术措施，同时还应提出项目的质量标准及安全技术措施等。对于工人已熟练掌握的常规的施工方法，则不必详述。

例如，风管的制作是采用手工制作还是用机械预制；风管的制作安装是采用边制作边安装还是集中预制、现场安装；集中预制时是采用在施工现场集中预制加工还是在固定的地方建厂进行预制加工等的选择均须根据实际分析确定。手工制作的生产方式落后，产品质量差，劳动效率低，不能适应通风空调工程发展的需要，应采用先进的施工机械进行工厂化预制，以保证产品质量和提高生产率。当选用在施工现场集中预制加工的方法时，应选用成套且轻巧的风管加工机具，组成移动的通风管道生产线，但需要在现场建立临时预制加工场。如果在固定地方建厂进行预制加工，则应从长远考虑，建立机械化程度较高的加工生产线，生产插接按扣式和其他咬口形式的矩形风管及其他风管，供应一定范围内施工现场的需要。

（3）施工进度计划的编制

1）施工进度计划的作用。施工进度计划反映了从施工准备工作开始至工程竣工为止的全部施工过程，是控制工程施工进程和工程竣工期等各项施工活动的依据。施工组织设计中的其他有关问题，都要服从进度计划的要求。计划部门提出月、旬作业计划，劳动部门平衡劳动力，材料部门调配材料、加工件，机动部门安排施工机具等均需以施工进度为依据。同时，施工进度也是领导部门抓住关键、统筹全局、合理部署人力、物力，正确指导施工生产活动顺利进行的依据。

2）施工进度计划的编制依据。编制依据包括工程的全部施工图样及其他技术经济资料，上级规定的开工、竣工日期，主要施工过程的施工方案（施工方法），安装工程定额及施工预算，劳动力、材料的供应能力，土建工程施工进度计划。

3）施工进度计划的编制方法：

① 施工进度计划的编制步骤。

a. 研究施工图样及有关资料，研究施工条件。

b. 确定施工过程项目。为保证施工进度表明晰、准确，符合工程实际要求，真正达到控制工程进度、协调各项工作的目的，在确定施工过程项目时，应注意施工过程项目的粗细适当，施工过程项目应与施工方法一致。

c. 确定施工过程项目的先后顺序。确定时，应考虑施工工艺、施工方法、施工组织、施工质量对施工过程项目先后顺序的要求。

d. 确定施工过程项目的持续时间（作业工日数）。确定的步骤一般是：先确定施工过程项目劳动量和机械台班需用量，以及工作班制，再确定施工过程项目持续时间。当确定的持续时间不能满足工期要求时，应增减劳动力或机械台班数，或调整工作班制，以调整整个施工过程的持续时间。当然也可先按工期要求确定施工过程持续时间，然后计算投入的劳动力和机械台班数。

e. 设计施工进度计划。

f. 提出劳动力和物资需用量计划。

② 施工进度计划的表示方法。施工进度计划的表示方法通常有条形图法和网络图法。

条形图法是以表格表示施工进度的方法，其特点是简单明了，容易掌握。但它将各个施工过程项目孤立地罗列在施工进度表上，不能明确反映出各项目间的内在联系和相互影响，不能预见各工序变化而引起的不平衡，无法及时调整人力和物力。故此方法的应用越来越少。

网络图法是以网络图的形式表达各个项目的先后顺序和相互制约关系的方法。这种方法逻辑严密，主要矛盾突出，有利于计划的优化调整和电子计算机的应用，在各项工程中都得到了广泛的应用。

网络图种类很多，常用的网络图有双代号网络图、单代号网络图、带时间坐标网络图。通风空调工程中常采用带时间坐标的网络图，这里以某多段组成的空调工程施工进度计划表为例说明其表示方法。表3-1为某净化空调工程中施工进度计划安排。编制时，首先将空调

表3-1 某净化空调工程中施工进度计划安排

序号	工作内容	施工前准备工作	施工工期
1	现场测绘、决策		
2	出详细施工图		
3	施工图确认签字		
4	器械、器具制作		
5	土建方地平处理		
6	风管预留调的开设		
7	预埋件、水电管线到位		
8	场地清理		
9	现场放样		
10	施工材料进场		
11	地面龙骨组立		
12	三方框组立		
13	回风口、器械柜安装		
14	净化区域制作、风管制作、安装		
15	强、弱电管线安装		
16	静压厢安装		
17	手术层风管制作验收		
18	手术层墙体及吊顶内风管保温		
19	墙体部分隐蔽工程验收		
20	设备层涂料配件、风管制作及安装		
21	墙板安装		
22	吊顶龙骨立		
23	吊顶内隐蔽工程验收		
24	吊顶顶板进场安装		
25	现场喷涂防菌涂料		
26	灯带安装		
27	呼叫系统安装		
28	设备层风管制作验收		
29	空调机组进场安装		
30	设备层风管的保温		
31	吊塔安装调试		
32	地材敷设		
33	洗手地安装		
34	自动门安装调试		
35	电气调试		
36	过滤器、天花、回风口面层		
37	空调调试		
38	验收、整改		
39	出竣工图		
40	交付及人员培训		

进程日期表头（施工工期）：7天 7天 7天 7天 7天 7天 7天 7天 7天 7天 7天 7天 7天 7天 7天 5天 4天

工程划分出各个施工过程项目，包括上下水与卫生工程、电气工程、空调自动控制工程、空调配管工程、空调风管工程，并划分出各施工子项目（即工序，如上下水与卫生工程的子项目有配管、涂装、卫生设备安装），根据施工过程项目的工程量计算出施工所需工日数，然后根据由工艺关系与组织关系确定的施工顺序用横线条绘制于进度表中。此时，应对同一施工过程项目尽量安排连续施工，以便于平衡劳动力和施工机械。

三、空调工程施工组织设计实例

1. 工程概况

该工程地上 1~16 层为研究、实验、办公部分，通风空调采用风机盘管加新风系统，每层设 2 台新风机组，B1 层为设备部分，内设空调机房，采用大风道系统，南、北各设轴流风机 1 台。

2. 施工组织

1）劳动组织准备。本工程的总承包单位为北京××建设工程有限责任公司第××项目部。针对新承包的工程项目，配备相应施工人员，建立质量管理体系，对工程进度、质量、造价进行严格控制，保证施工顺利进行，各专业、项目设有专业人员专业管理。

2）技术准备。组织技术人员熟悉施工图样和有关的设计资料，对相关的技术、经济和自然条件进行调查分析，研究可行的施工方案。针对图样中存在的问题及时记录，为施工作出准确、科学的技术指导。

3）施工现场准备。施工道路、施工用水、施工用电和加工场地由总承包单位统一规划，生产、办公、生活用房等临时用房由总承包单位提供。

4）劳动力计划。空调系统由施工班组加工、制作、安装、保温，根据专业进程由项目负责人统一调配劳动力。劳动力的安排详见表 3-2。

表 3-2　劳动力计划表

工 种 名 称	计 划 人 数	工 种 名 称	计 划 人 数
通风工	30	保温	15
电气焊	5	钳工	5
空调水工	20	普工	15
油漆工	5	安全员	1
临电	2	材料、机械员	1

5）施工机具准备。具体施工用机具见表 3-3。

表 3-3　施工机具计划表

机 具 名 称	数 量	机 具 名 称	数 量
龙门剪板	2 台	电动剪刀	2 把
拆方机	2 台	手动电钻	6 把
联合咬口机	2 台	电锤	6 把
立式咬口机	2 台	倒链	2 个
单边咬口机	2 台	对讲机	5 组
电焊机	3 台	风速仪	1 台
砂轮切割机	4 台	转速仪	1 台
套螺纹机	2 台	风压测试仪	1 台
台钻	2 台	声级计	1 台
冲击钻	2 把	电动打击泵	1 台

3. 主要项目施工方法

（1）预留、预埋

1）通风预埋、预留洞的工作跟随土建结构工程进行，主要工作为竖井穿楼板洞和穿墙洞。为了便于拆除预留和预埋，应采用木盒预埋方式，按风管规格尺寸四边各放大 100mm，固定要稳固和方正，不影响合模，拆模后应立即剔出木盒。

2）空调水系统需要在楼板或墙体上用钢管预埋留洞，待土建打完混凝土达到一定强度时使钢管松动，并在混凝土能上人的时候把钢管拔出，拔出后及时清理干净，然后刷上机油以备下次使用。预埋要求详见表 3-4。

表 3-4　空调水管预埋、预留洞规格表　　　　（单位：mm）

空调水管规格	$D < 32$	$32 \sim 50$	$70 \sim 100$	$125 \sim 150$	200	250
洞口尺寸（钢管）	$\phi 100$	$\phi 150$	$\phi 200$	木盒		
木盒尺寸	100×100	150×150	200×200	250×250	300×300	400×400

注：地下 2 层人防洞的预留、预埋必须按人防有关要求执行。

3）预留、预埋部分需要有详细的控制方法。例如：墙体上要求在结构上弹控制标高线，顶板上弹控制轴线，预埋木盒、钢管基底要清理干净，用磨光机打磨，刷机油，保证不粘连混凝土，钢管应在打混凝土 $3 \sim 4h$ 内拔出。

4）设备基础预埋。对于风机、水泵、水箱、机组等设备，待到货后应核对好尺寸，才可作基础预埋，并按设计及施工规范要求施工。

5）空调水管和通风管道在穿楼板或穿墙体预埋、预埋洞时，需要由土建预留洞、暖通专业配合检验和报验，共同做好此部位预留。

（2）通风做法

1）施工技术人员要认真审图，能够分清不同用途的管径并采用不同壁厚的镀锌钢板制作风管，保证用料规格符合施工规范（GB 50243—2002）及设计要求，板材厚度见表 3-5（其他材质类风管见规范要求）。

表 3-5　通风板材厚度表　　　　（单位：mm）

风管直径 D 或长边尺寸 b	圆形风管	矩形风管		除尘系统风管
		中低、低风管系统	高压风管系统	
$D(b) \leqslant 320$	0.5	0.5	0.75	1.5
$320 < D(b) \leqslant 450$	0.6	0.6	0.75	1.5
$450 < D(b) \leqslant 630$	0.75	0.6	0.75	2.0
$630 < D(b) \leqslant 1000$	0.75	0.75	1.0	2.0
$1000 < D(b) \leqslant 1250$	1.0	1.0	1.0	2.0
$1250 < D(b) \leqslant 2000$	1.0	1.0	1.2	按设计
$2000 < D(b) \leqslant 4000$	按设计	1.2	按设计	

注：1. 螺旋风管的钢板厚度可适当减小 10% ~ 15%。

2. 排烟系统风管钢板厚度可按高压系统选用。

3. 特殊除尘系统风管钢板厚度应符合设计要求。

4. 不适用于地下人防与防火隔墙的预埋管。

5. 排烟风管按高压风管执行。

2）通风工程制作工艺流程：

领料→$\begin{bmatrix}下料→剪切→咬角制作→风管拆方→成形\\法兰下料→打铆钉孔→焊接→打螺栓孔→刷漆\end{bmatrix}$→铆法兰→翻边→检验→安装

3）法兰制作。本工程边长为 630mm 以上的风管采用角钢法兰联接方式，边长为 630mm 以下的风管采用插条连接方式，插条四周要求打高分子密封胶。风管使用法兰联接方式及用料见表 3-6。

表 3-6　矩形风管法兰用料表

矩形风管大边长/mm	法兰用料规格/mm
≥630	L25×4
800~1250	L30×4
1600~2500	L40×4

（3）通风管道及部件加工和连接

1）法兰焊接要求平整，焊缝余高不大于 1mm，边长不大于 3mm，铝铆钉孔应不大于 130mm，螺栓孔应不大于 150mm，以上数据都在允许偏差范围内，焊完法兰后先除去焊药再刷防锈漆。

2）风管交工板材剪切时必须进行下料的复核，以免有误，而后按划线形状用机械剪和手工剪进行剪切，下料时应注意留出翻边量。本工程板材采取的咬口方式有联合咬口和立式咬口，咬口后要求平整，咬口后的板按划好的线在拆方机上进行拆方、合缝。

3）矩形风管的弯头采用内、外弧制作，当边长大于 500mm 时，应在管内设置导流片，导流片的迎风侧边缘应圆滑，其两端与管壁的固定应牢固，同一弯管内导流片的弧长应一致。

4）风管与法兰联接翻边量应控制在 6~8mm。风管需要铆法兰时，先用固定划线尺把翻边线划出，然后将法兰套在划线部位进行钻空铆接，在铆接前要注意风管及法兰的方正及角度。

5）风管大边长大于或等于 630mm 和保温风管边长大于或等于 800mm，其管段长于 1.2mm 以上时均采取加固措施，本工程将采用角钢或角钢框加固，加固部位应取风管长度的中心位置。

（4）风管加工质量要求

1）风管加工所用板材必须符合规范及设计要求，风管的规格及尺寸必须符合设计要求，风管咬缝必须紧密、宽度均匀，无孔洞、半咬口和胀裂等缺陷。

2）风管外观应平直，表面凹凸不大于 5mm，且与法兰联接牢固，翻边平整。

3）成品保护。风管法兰加工好后应分类码放整齐，露天放置应采取防雨、雪措施，注意法兰的防腐，保护好风管的镀锌层。

（5）风管及部件安装

1）工艺流程。风管安装工艺流程如图 3-2 所示。

2）风管及部件应分系统逐层安装，支架采用吊杆支架，标高必须根据图样要求和土建基准线确定。吊架安装时，先按风管的中心线找出吊杆敷设位置，做上记号，再将加工好的吊杆固定上去，吊杆与横担用螺母拧上，以便于日后调整。当风管较长，需要安装一排支架时，可先将两端吊杆固定好，用接线法找出中间吊架的位置，然后依次安装。吊杆间距按表 3-7确定。

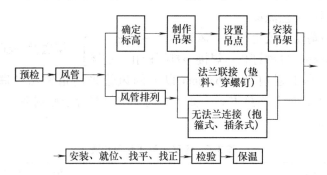

图 3-2　风管安装工艺流程

表 3-7　风管吊杆间距表　　　　　　　（单位：m）

圆形风管直径或矩形风管大边长的尺寸	水平风管间距	垂直风管间距
≤0.4	≤4	≤4
≤1	≤3	≤3.5
≥1	≤2	≤2

3）为了保证法兰处的严密性，法兰之间的垫料采用 8501 密封胶作密封材料，螺栓穿行方向要求一致，拧紧时应注意避免松紧不均造成风管的扭曲。根据现场情况可以在地面连成一定长度，再整体吊装，或将风管放在支架台上逐节连接。安装时，一般按先装干管，后装支管的顺序进行。需要安装防火阀或消声器时，各大边若超过 500mm，应单设吊架。

（6）安装质量要求

1）支、吊、托架的规格、间距必须符合设计要求，风口阀门等处不宜设置吊杆，风管吊杆必须牢固、位置标高及走向符合设计要求，部件安装要求方向正确，操作方便，防火阀检修必须便于操作。

2）本工程边长小于 630mm 的风管采用插条式连接方式，风管在插条接头处翻边20mm，插条用 0.8mm 镀锌钢板咬口。风管安装时，将插条与风管连接；风管吊装好时，打高分子密封胶密封。

3）风口安装位置应正确，外露部分平整、美观，排列整齐、一致。

4）风管及部件保温：粘贴保温钉前，应将风管壁上的尘土、油污清除，将粘贴剂分别涂抹在风管和保温钉上，稍干后再将其粘上，保温钉粘贴密度为 12 只/m²。保温板下料及铺设：下料要准确，切割要平齐，搭接要严密、平整，散材不可外露，板材纵横缝错开。

（7）风机盘管安装

1）工艺流程：施工准备→打压试验→单机试运→转吊杆制作→风机盘管安装→配管连接→接电源→单调试。

2）风机盘管整体向凝结水出口倾斜度为 3°～5°，应使水盘无积水现象。风机盘管两端与风管配管连接处加复合铝箔保温型软管，软管长度一般为 200mm，风机盘管、新风机组的送、回风管均需加软管接头。

（8）漏光及漏风量测试

1）漏光法检测是应用光线对小孔的强穿透力，对系统风管严密程度进行检测的方法。

漏光法检测采用具有一定强度的安全光源，如带保护罩的 100W 低压照明灯，或者其他低压光源。低压风管每 10m 不应大于 2 处且 100m 接缝平均不应大于 16 处，中压系统每 10m 不应超 1 处，且 100m 接缝平均不应大于 8 处，都为合格漏光。检测中如果发现条缝形漏光，应及时进行密封处理。

2）漏风量测试应采用检验合格的专用测量仪表或符合现行国家标准（流量测量节流装置）规定的计量元件搭设的测量装置。漏风管测试装置可采用风管式或风室式。风管式测试装置采用孔板作计量元件，风室式测试装置采用喷嘴作计量元件，最后测出的实测值与设计给定的数值偏差不大于 10% 为合格。

（9）空调冷却水系统

1）冷却水管采用焊接钢管连接。管道要求除锈并刷防锈漆 2 道；管道采用吊卡固定，穿墙或楼板时应加套管。管道安装完毕后，要进行水压试验和通水冲洗试验。

2）冷却塔安装前应在基础上预埋钢板，最后由厂家配合统一吊装就位。冷却循环泵基础应由土建砌筑，基础要加减振。水泵安装完成后应进行试运转，合格后再投入使用。

（10）空调水系统管道制作、安装、保温要求

1）空调水系统设计为双管制，按南、北分区，需从竖井外至各层的风机盘管，夏天供冷水，冬天供热水。空调水系统包括供水、回水、冷凝水。供、回水管对 $DN > 50mm$ 的管采用无缝钢管焊接方式，对 $DN \leqslant 50mm$ 的管采用焊接钢管焊接方式。冷凝水管采用镀锌管螺扣连接方式，其常规工艺为：

预制加工→卡架安装→干管安装→立管安装→支管安装→试压→冲洗→防腐→调试→保温。

2）水系统有压管道的坡度均为 3‰，无压管道（冷凝水管）的坡度均为 8‰，施工过程中应严格控制坡口和螺扣的质量及坡度。

3）空调管道系统安装完毕后，必须进行严密性试验。水压试验时，水系统的工作压力为 0.7MPa，试验压力为工作压力的 1.25 倍，在 10min 内压降不大于 0.02MPa 为合格。冷冻水管道应在系统最高处便于操作的部位设置排气阀，最低处应设置排露水阀，通过严密性试验合格后才可保温。冷凝水管应做灌、通水试验。

4）制冷管道、管件阀门等保温材料必须具有产品合格证明及质量鉴定文件等有关资料，报监理方验收合格后，才可应用于本工程。

5）空调供、回水管、冷凝水管、冷冻站水管保温材料均采用 PVC/NBR 橡胶海绵板不燃材料，其中 $DN \leqslant 159mm \times 4.5mm$ 时，$S = 20mm$；$DN \geqslant 159mm \times 4.5mm$ 时，$S = 25mm$；$DN < 73mm \times 4mm$ 时，$S = 10mm$。楼上空调水管保温材料用玻璃布绵保温管壳，厚度为 $DN \leqslant 159mm \times 4.5mm$ 时，$S = 30mm$；$DN > 219mm \times 6mm$ 时，$S = 40mm$。

（11）空调设备安装

设备到场后，首先开箱检验手续是否齐全，基础是否平整，减振器码放是否均匀。空调设备就位后应检查减振器受力是否均匀，使设备保持平稳状态，保证空调设备正确就位。

4. 工程质量要求

1）认真贯彻公司质量方针，做到工程质量分级管理，严把质量关，不得使用不合格产品，并及时处理。严格按照操作规程及施工质量验收规范，保证在竣工验收时达到一次性交验合格。

2）加强现场施工质量检查，做到自检、互检、班组检和抽检相结合。明确质检人员的职责，配备专职检查人员做好检查记录。

3）加强现场材料及设备的进场检验工作，做好记录；对设备、材料做到无合格证或无检验报告一律不许进入现场，坚持不合格产品不施工的原则。

4）隐蔽工程都要经有关部门验收，并做好记录；凡是有关设计变更、洽商，必须要有明确、具体的交底才可施工，必要时可附图示。

5. 安全文明施工要求

1）施工人员进入现场前必须经安全教育才可参加施工，进入施工现场时必须配戴安全帽，高空作业要系紧安全带，不允许穿拖鞋进入施工现场。

2）电器设备的电源线要悬挂固定，不得拖拉在地，下班后要拉闸断电。高空作业脚手架必须牢固可靠，起吊时严禁管下站人。

3）空调机组、主机及风机运输时，必须制订有效的安全措施。

4）所有人员在作业前和作业中不得酗酒。

5）风管加工咬口时，手不准放在咬口轨道口，工件要扶稳在距离滚轴不小于 50mm 的地方。

6）动用电气焊时必须持证上岗，要有良好的防火措施。

7）水电分公司项目经理部应建立本工程质量管理体系，有体系化程序文件，制订各种作业指导书并健全管理，加强对施工队伍的管理，保证文明、安全施工。

8）服从总承包单位的统一管理，协调好与监理、设计、建设等各方的关系，保证工程的顺利完成。

9）加强环境保护，减少粉尘、噪声污染，废料、渣土等废弃物要及时清理、妥善处置，做到"工完场清"。

项目二　空调工程施工成本管理

🖊 **学习目标**

1) 了解成本管理的基本概念。
2) 了解空调工程量清单计价的相关概念。
3) 了解空调工程量清单计价的计算规则。
4) 能完成空调工程量清单计价的编制。

📖 **工作任务**

1) 掌握空调工程量的计算。
阅读"某实验楼排风工程施工图"，掌握工程量的计算。
2) 掌握空调工程量清单计价。
阅读"某实验楼排风工程施工图"，掌握工程量清单计价。

🔍 **相关知识**

一、成本管理的基本概念
二、空调工程量清单计价概述
三、空调工程量清单计价计算规则
四、空调工程量清单计价实例

一、成本管理的基本概念

成本是指企业在安装施工过程中，为完成安装工程所消耗的实际费用总和。它是企业个别劳动耗费量。

预算成本是反映安装工程所需要的社会必要劳动量。它取决于社会生产力水平。

计划成本是企业实际成本期望值。它取决于企业的管理水平、技术水平和装备水平。

计划利润即预算成本与计划成本的差值。企业管理水平、技术水平、装备水平越高，劳动耗费量就越低，利润水平就越高；反之，利润水平就越低。

成本管理的目的是充分发挥企业的管理水平、技术水平、装备水平，最大程度地降低工程成本，提高利润水平。

空调工程计价分为定额计价和工程量清单计价两种。定额计价是指根据招标文件，按照国家建设行政主管部门发布的建设工程预算定额的工程量计算规则，同时参照省级建设行政主管部门发布的人工工日单价、机械台班单价、材料以及设备价格信息及同期市场价格，计算出直接工程费，再按规定的计算方法计算间接费、利润、税金，汇总后确定建筑安装工程造价。工程量清单计价是指由招标人依据工程施工图样，按照招标文件要求及现行的工程量计算规则为投标人提供事物工程量项目和技术措施项目的数量清单，供投标单位逐项填写单价，并计算出完成由招标人提供的工程量清单所需的全部费用，包括分部分项工程费、措施项目费、其他项目费、规费和税金。

由于我国地域辽阔，各地的经济发展状况不一致，市场经济的程度存在差异，空调工程造价计价模式将逐步由定额计价变为以工程量清单计价为主的计价模式。下面主要介绍空调工程清单计价费用。

二、空调工程量清单计价概述

通风空调工程量清单计价应按照《建设工程工程量清单计价规范》（GB 50500—2008）执行。

通风空调工程预算计价表适用于工业与民用新建、扩建通风空调工程，按国家标准图集（或其他部颁标准图集）为依据，共划分为十四章。其内容包括：薄钢板通风管，调节阀，风口、风帽、罩类，消声器，空调部件及设备支架，通风空调设备，净化通风管道及部件，不锈钢板通风管道及部件，铝板通风管道及部件，塑料通风管道及部件，玻璃钢通风管道及部件，复合型风管。各章以管道、部件、设备种类、型号、形状、功能及加工方式不同，分为147项；以各项的直径（或周长）、规格、质量、型号（或形式）等不同，划分为362个定额子目。套用通风空调工程预算计价表时，应注意以下规定。

1. 与其他有关计价表的关系

1）刷油、绝热、防腐部分使用第十一册《刷油、防腐蚀、绝热工程计价表》各有关章节。

2）计价表中的风机等设备是指一般通风空调使用的设备，计价表中未包括的项目（如除尘风机等）可执行第一册《机械设备安装工程计价表》有关项目。

3）两册计价表同时列有相同风机安装项目时，属于通风空调工程的均执行本计价表。

4）计价表中设备安装项目是按通风空调工程施工工艺考虑的，通风空调工程在计价表中已列的项目，都不得因计价表水平不同而套用其他计价表相同项目。玻璃钢冷却塔可执行第一册《机械设备安装工程计价表》相应子目。

2. 计价表中有关子目调整、换算的规定

1）各类通风管道，若整个通风系统设计采用渐缩管均匀送风，则圆形风管按平均直径、矩形风管按平均周长套用相应规格子目，其人工乘以系数 2.5。

2）制作空气幕送风管时，按矩形风管平均周长套用相应风管规格子目，其人工乘以系数 3，其余不变。

3）玻璃挡水板套用钢板挡水板相应子目，其材料、机械均乘以系数 0.45，人工不变。保温钢板密闭门套用钢板密闭门子目，其材料乘以系数 0.5，机械乘以系数 0.45，人工不变。

4）风管及部件子目中，型钢未包括镀锌费，如果设计要求镀锌，需另加镀锌费。

5）不锈钢风管及部件以电焊考虑的子目，如果需要使用手工氩弧焊，其人工乘以系数 1.238，材料乘以系数 1.163，机械乘以系数 1.673。

6）铝板风管及部件以气焊考虑的子目，如果使用手工氩弧焊，则人工乘以系数 1.154，材料乘以系数 0.852，机械乘以系数 9.242。

7）普通咬口风管通风系统有凝结水产生，如果设计要求对其咬口缝增加锡焊或涂密封胶，可按相应的净化风管子目中的密封材料增加 50%，清洗材料增加 20%，人工每 $10m^2$ 增加 1 个工日计算。

8）净化通风管道涂密封胶是按全部口缝外表面涂抹考虑的，如果设计要求口缝不涂抹而只在法兰处涂抹，则每 $10m^2$ 风管应减去密封胶 1.5kg，人工减 0.37 个工日。

9）设计要求净化风管咬口处用焊锡时，可按每 $10m^2$ 风管使用 1.1kg 焊锡，0.11kg 盐酸，减去计价表中密封胶使用量，其他不变。

10）各类通风管道子目中的板材，如果设计要求厚度不同，可以换算，但人工、机械不变。薄钢板通风管道制作和安装中的板材，计价表是按镀锌薄钢板编制的，如果设计要求不是镀锌薄钢板，则板材可以换算，其他不变。

11）各类通风管道、部件、管件、风帽、罩类子目中的法兰垫，如果设计要求使用材料品种不同，可以换算，但人工不变。若使用泡沫塑料，则每千克橡胶板可以换算为泡沫塑料 0.125kg；若使用闭孔乳胶海绵，则每千克橡胶板可以换算为闭孔乳胶海绵 0.5kg。

12）软管接头使用人造革或其他材料而不使用帆布时，可以进行换算。

13）管吊、托、支架子目是按膨胀螺栓联接考虑的，安装方法不同不得换算。

3. 计价表中有关子目套用的规定

1）薄钢板通风管道和净化通风管道制作安装子目中，包括弯头，三通、变径管、天圆地方等管件及法兰、加固框和吊、托、支架的安装，但不包括跨风管落地支架的安装，落地支架套用设备支架安装子目。

2）塑料通风管道制作安装子目中，包括管件、法兰、加固框的安装，但不包括吊、托、支架的安装，吊、托、支架的安装另套有关子目。

3）不锈钢板通风管道、铝板通风管道制作安装包括管件的安装，但不包括法兰和吊、托、支架的安装，法兰和吊、托、支架的安装单独列项计算，套用相应子目。

4）罩类制作安装子目中不包括各种排气罩，排气罩的安装可套用罩类中近似的子目。

5）清洗槽、浸油槽、晾干架、LWP 滤尘器支架的制作和安装套用设备支架子目。

6）风机减振台座的安装使用设备支架子目，计价表中不包括减振器用量，应依设备图样按实际用量计算。

7）通风机安装子目内包括电动机安装，其安装形式包括 A、B、C 或 D 型，也适用于不锈钢和塑料风机安装。

8）净化通风管及部件制作安装中，圆形风管套用本章矩形风管有关子目。

9）风管导叶不分单叶片和双叶片均使用同一子目。

10）诱导器安装套用风机盘管安装子目。

4. 使用第十一册《刷油、防腐蚀、绝热工程计价表》有关章节时应注意的事项

1）薄钢板风管刷油按其工程量套用管道刷油有关子目，仅外（或内）面刷油时，人工、材料、机械乘以系数 1.2；内、外均刷油时，人工、材料、机械乘以系数 1.1，但法兰、加固框、吊、托、支架等风管的零部件不再另计刷油工程量。

2）薄钢板部件刷油按其工程量套用金属结构刷油子目，人工、材料、机械乘以系数 1.15，如风帽等。

3）不包括在风管工程量内，单独列项的各种支架（不锈钢吊、托架除外），以质量为计量单位套用金属结构刷油有关子目。

4）薄钢板风管、部件以及单独列项的支架，其除锈不分锈蚀程度，一律按第一遍刷油的工程量使用有关除锈子目。

5）若绝热保温材料不需要粘结，套用有关子目时，须减去其中粘结材料，人工乘以系数 0.5。

5. 计价表计取有关费用的规定

1）脚手架搭拆费按人工费的 3% 计取，其中人工费占 25%，不论实际是否搭设，都可以计取。

2）超高增加费（指操作物高度距离地面 6m 以上的工程）按人工费的 15% 计取；使用第十一册的部分，人工费增加 30%，机械费增加 30%。

3）系统调整费按人工费的 13% 计算，其中工资占 25%。

4）安装与生产同时进行时，增加的费用按人工费的 10% 计取。

5）在有害身体健康的环境中，施工降效增加的费用，按人工费的 10% 计取。

6）安装工程在 6 层以上及单层厂房在 20m 以上时，按有关规定另计高层建筑增加费。

三、空调工程量清单计价计算规则

《通风、空调工程预算计价表》包括常用的风管、各种附件和设备安装等项目，有关工程量计算规则如下。

1. 风管制作安装

1）风管制作安装以施工图规格不同按展开面积计算，不扣除检查孔、测定孔、吸风口等所占面积。

圆管：
$$F = \pi D L$$

式中　F——圆形风管展开面积（m^2）；

　　　D——圆形风管直径（m）；

　　　L——管道中心线长度（m）。

矩形管按施工图示周长乘以管道中心线长度计算。

2）风管长度一律以施工图示中心线长度为准（主管与支管以其中心线交点划分），包括弯头、三通、变径管、天圆地方等管件的长度，但不得包括部件所占长度。直径和周长按施工图示尺寸为准展开。咬口重叠部分已包括在计价表内，不得另行增加。圆形风管展开面积如图 3-3 所示。

3）在计算风管长度时，应该减去的部分通风部件长度 L：

① 蝶阀：$L = 50mm$。

② 止回阀：$L = 300mm$。

③ 密闭式对开多叶调节阀：$L = 210mm$。

④ 圆形风管防火阀：$L = D + 240mm$。

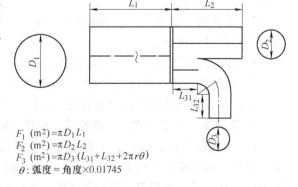

F_1 （m^2）$= \pi D_1 L_1$
F_2 （m^2）$= \pi D_2 L_2$
F_3 （m^2）$= \pi D_3 (L_{31} + L_{32} + 2\pi r \theta)$
θ：弧度 = 角度 × 0.01745

图 3-3　圆形风管展开面积

⑤ 矩形风管防火阀：$L = B + 240mm$。

⑥ 密闭式斜插板阀部件长度见表3-8。

表3-8　密闭式斜插板阀部件长度　　　　　　　　　　（单位：mm）

型号	1	2	3	4	5	6	7	8	9	10	11	12	13	14	15	16
D	80	85	90	95	100	105	110	115	120	125	130	135	140	145	150	155
L	280	285	290	300	305	310	315	320	325	330	335	340	345	350	355	360
型号	17	18	19	20	21	22	23	24	25	26	27	28	29	30	31	32
D	160	165	170	175	180	185	190	195	200	205	210	215	220	225	230	235
L	365	370	375	380	385	390	395	400	405	410	415	420	425	430	435	440
型号	33	34	35	36	37	38	39	40	41	42	43	44	45	46	47	48
D	240	245	250	255	260	265	270	275	280	285	290	300	310	320	330	340
L	440	445	450	455	460	465	470	475	480	485	490	500	510	520	530	540

注：D 为风管直径。

⑦ 塑料手柄式蝶阀部件长度见表3-9。

表3-9　塑料手柄式蝶阀部件长度　　　　　　　　　　（单位：mm）

型　号		1	2	3	4	5	6	7	8	9	10	11	12	13	14
圆形	D	100	120	140	160	180	200	220	250	280	320	360	400	450	500
	L	160	160	160	180	200	220	240	270	380	340	380	420	470	520
方形	A	120	160	200	250	320	400	500							
	L	160	180	220	270	340	420	520							

注：D 为风管直径，A 为方形风管外边宽。

⑧ 塑料拉链式蝶阀部件长度见表3-10。

表3-10　塑料拉链式蝶阀部件长度　　　　　　　　　　（单位：mm）

型　号		1	2	3	4	5	6	7	8	9	10	11
圆形	D	200	220	250	280	320	360	400	450	500	560	630
	L	240	240	270	300	340	380	420	470	520	580	650
方形	A	200	250	320	400	500	600					
	L	240	270	340	420	520	650					

注：D 为风管直径，A 为方形风管外边宽。

⑨ 塑料插板阀部件长度见表3-11。

表3-11　塑料插板阀部件长度　　　　　　　　　　（单位：mm）

型　号	1	2	3	4	5	6	7	8	9	10	11
D	200	220	250	280	320	360	400	450	500	560	630
L	200	200	200	200	300	300	300	300	300	300	300

（续）

型　　号	1	2	3	4	5	6
A	200	250	320	400	500	630
L	200	200	200	200	300	300

注：D 为风管直径。A 为方形风管外边宽。

4）风管导流叶片制作安装时按图示叶片的面积计算，如图 3-4 所示。

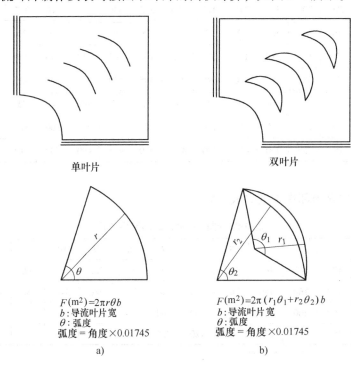

单叶片　　　　　　　　　　　　　双叶片

$F(\text{m}^2)=2\pi r\theta b$
b：导流叶片宽
θ：弧度
弧度＝角度×0.01745

a)

$F(\text{m}^2)=2\pi(r_1\theta_1+r_2\theta_2)b$
b：导流叶片宽
θ：弧度
弧度＝角度×0.01745

b)

图 3-4　导流叶片面积

a）单叶片导流叶片面积　b）双叶片导流叶片面积

5）整个通风系统设计采用渐缩管均匀送风时，圆形风管按平均直径、矩形风管按平均周长计算，如图 3-5 所示。

6）塑料风管、复合型材料风管制作安装计价表所列规格直径为内径，周长为内周长。

7）柔性软风管安装，应按施工图示管道中心线进行，长度以 m 为计量单位，柔性软风管阀门安装以个为计量单位。

8）软管（帆布接口）制作安装，按施工图示尺寸以 m² 为计量单位。

9）风管检查孔质量按"国标通风部件标准质量表"计算。

10）风管测定孔制作安装按其型号以个为计量单位。

11）薄钢板通过管道、净化通风管道、玻璃钢通风管道、复合型材料通风管道的制作

渐缩管

均匀排气系统

图 3-5　渐缩管均匀排风通风系统

安装中已包括法兰、加固框和吊、支架，不得另行计算。

12）不锈钢通风管道、铝板通风管道的制作安装中不包括法兰和吊、支架，可按相应计价表以 kg 为计量单位另行计算。

13）塑料通风管道的制作安装不包括吊、支架，可按相应计价表以 kg 为计量单位另行计算。

2. 部件制作安装

1）标准部件的制作按其成品质量以 kg 为计量单位，根据设计型号、规格，按"国标通风部件标准质量表"计算质量，非标准部件按施工图示成品质量计算。部件的安装按施工图示的规格和尺寸（周长或直径）以个为计量单位，分别执行相应计价表。

2）钢百叶窗及活动金属百叶风口的制作以 m^2 为计量单位，安装按规格和尺寸以个为计量单位。

3）风帽筝绳制作安装按图示规格、长度，以 kg 为计量单位。

4）风帽泛水制作安装按图示展开面积以 m^2 为计量单位。

5）挡水板制作安装按空调器断面面积计算。

6）钢板密闭门制作安装以个为计量单位。

7）设备支架制作安装按施工图示尺寸以 kg 为计量单位，执行第五册《静置设备与工艺金属结构制作安装工程计价表》的相应项目和工程量计算规则。

8）风机减振台座制作安装执行设备支架计价表，计价表内不包括减振器，减振器应按设计规定另行计算。

9）高、中、低效过滤器、净化工作台安装以台为计量单位，风淋室安装按不同质量以台为计量单位。

10）洁净室安装按质量计算，执行"分段组装式空调器"安装计价表。

3. 通风空调设备安装

1）风机安装按设计的不同型号以台为计量单位。

2）整体式空调机组安装，空调器按不同质量和安装方式以台为计量单位；分段组装式空调器按质量以 kg 为计量单位。

3）风机盘管安装根据安装方式不同以台为计量单位。

4）空气加热器、除尘设备安装根据质量不同以台为计量单位。

4. 刷油和保温

1）通风空调风管及部件刷油保温工程，均执行第十一册《刷油、绝热、防腐蚀工程计价表》相应项目及工程量计算规则。

2）薄钢板风管刷油与风管制作工程量相同。

3）薄钢板部件刷油按部件质量计算。

4）薄钢板风管部件及支架，其除锈工程量均按第一遍刷油工程量计算，按第十一册《刷油、绝热、防腐蚀工程计价表》相应项目及规则执行。

四、空调工程量清单计价实例

图 3-6～图 3-11 所示为某实验楼排风工程施工图。以该施工图为例，计算工程量并编制分部分项工程量清单。

②
③
Ⅰ
370
480
1200
1200
Ⓒ
Ⓐ
Ⅰ
a)
②
③
1800
Ⓒ
Ⓐ
b)

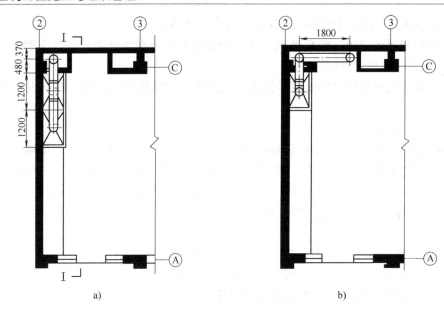

图 3-6　楼层平面图

a）1～3 层平面图　b）4 层平面图

ϕ600圆形瓣式起动阀
帆布接管
Ⅱ
6 号通风机
1800
200
300
330
200
1200
Ⅱ
②
③
④

图 3-7　屋面平面图

ϕ300
ϕ250
300
250
ϕ250
R300
ϕ250
1500
900
通风柜，另见
土建施工图
走道
±0.00

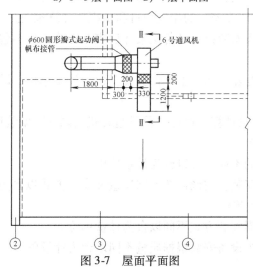

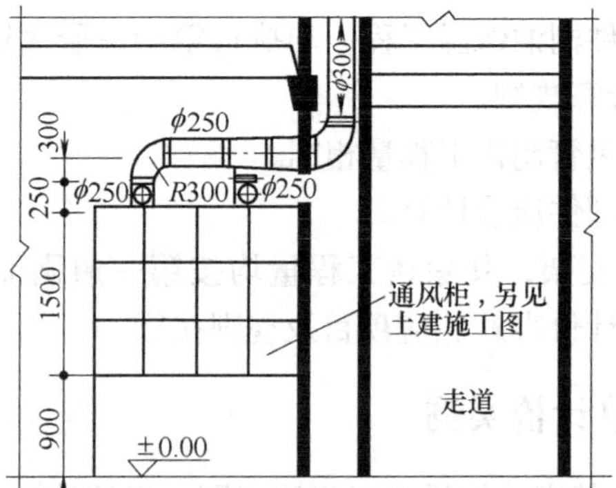

图 3-8　Ⅰ-Ⅰ剖面图（底层）

GB 50243—2002）确定。排气口电动风阀与通风机联锁。阀250mm厚墙留孔 1 个，浇混凝土以供百叶窗安装，660mm 露天套管留孔 1 个。

3）通风机组采用低噪声型设计。

4）风机引出室内排风方向，用 8 号槽钢上焊接底座。机房内外支架 $\phi100mm \times 40mm$ 圆钢。

5）安装排风设备。各排风风机及附件的安装应符合施工图设计及规范。排放口，各系统应采取防止雨水、杂物等进入的措施，排风系统上的调节风阀应调节灵活。本设备《工程量清单计价规范》及预算定额，计价预算工程量。

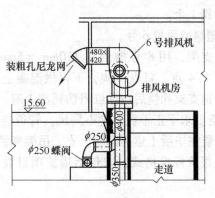

图 3-9 Ⅱ-Ⅱ剖面图

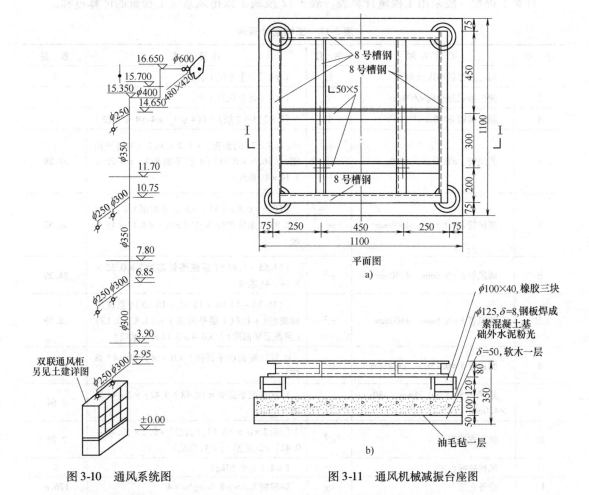

图 3-10 通风系统图　　　　图 3-11 通风机械减振台座图

施工图设计说明：

1）试验楼各试验室通风柜排风共采用 $P_1 \sim P_{44}$ 个系统。其风管规格、走向，风机规格、型号、安装方式等完全相同。故本施工图只绘制 P_1 系统。

2）排风管由镀锌钢板制成。镀锌钢板厚度按《通风与空调工程施工质量验收规范》

（GB 50243—2002）确定。在每个通风柜与风管连接处安装 $\phi250$mm 蝶阀 1 个，在通风机进口处安装 $\phi600$mm 瓣式起动阀 1 个。

3）通风机采用离心式塑料通风机 6 号。

4）通风机基础采用钢支架，用 8 号槽钢和 $L50$mm $\times5$mm 角钢焊接制成。钢架下垫 $\phi100$mm $\times40$mm 橡胶防振，共 4 点，每点 3 块，下再做混凝土基础及软木一层。在安放钢架时，基础必须校正水平。钢支架除锈后应涂红丹防锈漆 1 遍、灰调和漆 2 遍。

5）安装排风管支、干管要求平正垂直、绝不漏风。管道竖井部分的风管安装需与土建密切配合，在所有竖风管安装完毕后土建再砌墙。支、吊架搁置在每层地板上和风管竖井砌墙中（本案例未考虑清单及报价标准格式，未包括措施项目表、其他项目表、零星工作项目表等）。

1. 工程量计算表

计算工程量一般采用工程量计算表。表 3-12 反映了该排风系统工程量的计算过程。

表 3-12 工程量计算表

序 号	工程名称	单 位	计算公式	数 量
1	离心式塑料通风机 6#	台	1×4［每个系统 1 台］	4
2	圆形瓣式起动阀 $\phi600$mm	个	1×4［每台风机 1 个］	4
3	圆形蝶阀 $\phi250$mm	个	［2×3（1～3 层）+1（4 层）］×4（4 个系统）	28
4	圆风管 $\delta=0.5$mm，$\phi250$mm	m²	［0.3×7（剖面图）+1.2×3（1～3 层平面图）+（0.6+0.48）（4 层平面图）］×0.25×3.14×4（系统）	21.29
5	圆风管 $\delta=0.5$mm，$\phi300$mm	m²	［（0.6+0.8）×3（1-3 层平面图）+（6.85-2.95）（系统图标高差）］×0.3×3.14×4（系统）	30.52
6	圆风管 $\delta=0.6$mm，$\phi350$mm	m²	（14.65-6.85）（系统图标高差）×0.35×3.14×4（系统）	34.29
7	圆风管 $\delta=0.6$mm，$\phi400$mm	m²	［（15.35-14.65+16.65-15.35）（系统图标高差）+1.8（4 层平面图）+（1.8+0.15）（屋面层平面图）］×0.4×3.14×4（系统）	28.89
8	圆风管 $\delta=0.75$mm，$\phi600$mm	m²	0.3/2（屋面层平面图）×0.6×3.14×4（系统）	1.13
9	矩形风管 $\delta=0.75$mm，480mm×420mm	m²	1.2（层面平面图×（0.48+0.42）×2×4（系统）	8.64
10	帆布连接管	m²	［（0.2×0.6×3.14）（圆形）+0.2×（0.48+0.42）×2（矩形）］×4（系统）	2.95
11	风机减振台座	个	1×4（每个 55kg）	4
12	设备支架	kg	8#槽钢 5.5m×8.04kg/m×4	176.8
13	网式风口 480mm×420mm	m²	4	4
14	金属支架刷防锈底漆 1 遍	kg	55×4+176.8	396.8
15	金属支架刷防锈底漆 2 遍	kg	55×4+176.8	396.8
16	风管吊架刷防锈底漆 2 遍	kg	风管吊架含量×风管面积	

2. 工程量汇总表

工程量汇总表

工程名称：某试验楼排风工程

序　号	项目名称	计　算　式	单　位	工程量合计	备　注
通风机（030901002）					
1	离心式塑料通风机 6#	略	只	4	实体项目
	减振台座安装	略	kg	220	(1) 通风机附属项目
	帆布软管制作安装	略	m²	2.95	(1) 通风机附属项目
	设备支架制作安装	略	kg	396.8	(1) 通风机附属项目
	设备支架手工除锈	略	kg	396.8	(1) 通风机附属项目
	设备支架刷红丹防锈漆 1 遍	略	kg	396.8	(1) 通风机附属项目
	设备支架刷灰调和漆 2 遍	略	kg	396.8	(1) 通风机附属项目
通风管道制作安装（030902005）					
2	圆形风管 ϕ250mm，$\delta = 0.5$mm	略	m²	21.3	实体项目
	吊托支架手工除锈	略	kg		(2) 风管附属项目
	吊托支架刷红丹防锈漆 1 遍	略	kg		(2) 风管附属项目
	吊托支架刷灰调和漆 2 遍	略	kg		(2) 风管附属项目
3	圆形塑料风管 ϕ300mm，$\delta = 0.5$mm	略	m²	30.52	实体项目
	吊托支架手工除锈	略	kg		(2) 风管附属项目
	吊托支架刷红丹防锈漆 1 遍	略	kg		(2) 风管附属项目
	吊托支架刷灰调和漆 2 遍	略	kg		(2) 风管附属项目
4	圆形风管 ϕ350mm，$\delta = 0.6$mm	略	m²	34.29	实体项目
	吊托支架手工除锈	略	kg		(2) 风管附属项目
	吊托支架刷红丹防锈漆 1 遍	略	kg		(2) 风管附属项目
	吊托支架刷灰调和漆 2 遍	略	kg		(2) 风管附属项目
5	圆形风管 ϕ400mm，$\delta = 0.6$mm	略	m²	28.89	实体项目
	吊托支架手工除锈	略	kg		(2) 风管附属项目
	吊托支架刷红丹防锈漆 1 遍	略	kg		(2) 风管附属项目
	吊托支架刷灰调和漆 2 遍	略	kg		(2) 风管附属项目
6	圆形风管 ϕ600mm，$\delta = 0.75$mm	略	m²	1.1	实体项目
	吊托支架手工除锈	略	kg		(2) 风管附属项目
	吊托支架刷红丹防锈漆 1 遍	略	kg		(2) 风管附属项目
	吊托支架刷灰调和漆 2 遍	略	kg		(2) 风管附属项目
7	矩形风管 480mm×420mm，$\delta = 0.6$mm	略	m²	8.64	实体项目
	吊托支架手工除锈	略	kg		(2) 风管附属项目
	吊托支架刷红丹防锈漆 1 遍	略	kg		(2) 风管附属项目
	吊托支架刷灰调和漆 2 遍	略	kg		(2) 风管附属项目
风管阀门制作安装（030903005）					
8	圆形蝶阀 ϕ250	略	个	28	实体项目
9	圆形瓣式起动阀 ϕ600	略	个	4	实体项目
网式风口制作安装（030903009）					
	矩形尼龙网 480mm×420mm	略	m²	4	实体项目

3. 主要设备材料价格表

主要设备材料价格表

工程名称：试验楼排风工程　　　　　　　　　　　　　　　　**第 1 页　共 1 页**

序　号	材料名称	单　位	单价/元	备　注
1	硬聚氯乙烯板 $\delta = 4$mm	m^2	60	甲供
2	粗孔尼龙网	m^2	12	甲供
3	离心式通风机	台	2000	甲供
4	醇酸防锈漆 C53-1	kg	7.4	甲供
5	调和漆	kg	9.5	甲供
6	塑料圆形蝶阀 ϕ250mm	个	200	甲供
7	塑料圆形瓣式起动阀 ϕ600mm	个	600	甲供

_____试 验 楼 排 风_____工 程

工 程 量 清 单

招 标 人：_____ 工程造价咨询人：_____
　　　　　（单位盖章）　　　　　　　　　　　　　　（单位资质专用章）

法定代表人或其授权人：_____ 法定代表人或其授权人：_____
　　　　　（单位盖章）　　　　　　　　　　　　　　（单位盖章）

编 制 人：_____ 复 核 人：_____
　　　（造价人员签字盖专用章）　　　　　　（造价工程师签字盖专用章）

编制时间：_____年____月____日 复核时间：_____年____月____日

分部分项工程量清单与计价表

工程名称：试验楼排风工程　　　　标段：　　　　　　　　　　第1页　共2页

序号	项目编号	项目名称	项目特征	计量单位	工程数量	金额/元		
						综合单价	合价	其中：暂估价
1	030901002001	通风机	1. 形式：离心式通风机 2. 规格：6# 3. 支架材质、规格：型钢 4. 除锈、刷油设计要求：支架手工除锈、红丹防锈漆1遍、灰调和漆2遍	台	4			
2	030902001001	碳钢通风管道制作安装	1. 形式：镀锌钢板 2. 形状：圆形 3. 周长或直径：$\phi250$mm 4. 板材厚度：$\delta=0.5$mm 5. 除锈、刷油防腐绝热及保护层设计要求：支架手工除锈、红丹防锈漆1遍、灰调和漆2遍	m²	21.29			
3	030902001002	碳钢通风管道制作安装	1. 形式：镀锌钢板 2. 形状：圆形 3. 周长或直径：$\phi300$mm 4. 板材厚度：$\delta=0.5$mm 5. 接口形式：咬口 6. 除锈、刷油防腐绝热及保护层设计要求：支架手工除锈、红丹防锈漆1遍、灰调和漆2遍	m²	30.52			
4	030902001003	碳钢通风管道制作安装	1. 形式：镀锌钢板 2. 形状：圆形 3. 周长或直径：$\phi350$mm 4. 板材厚度：$\delta=0.6$mm 5. 接口形式：咬口 6. 除锈、刷油防腐绝热及保护层设计要求：支架手工除锈、红丹防锈漆1遍、灰调和漆2遍	m²	34.29			
5	030902001004	碳钢通风管道制作安装	1. 形式：镀锌钢板 2. 形状：圆形 3. 周长或直径：$\phi400$mm 4. 板材厚度：$\delta=0.6$mm 5. 接口形式：咬口 6. 除锈、刷油防腐绝热及保护层设计要求：支架手工除锈、红丹防锈漆1遍、灰调和漆2遍	m²	28.89			

工程名称：试验楼排风工程 　　　　　标段：　　　　　　　　　　　第 **2** 页　共 **2** 页

序号	项目编号	项目名称	项目特征	计量单位	工程数量	金额/元		
						综合单价	合价	其中：暂估价
6	030902001005	碳钢通风管道制作安装	1. 形式：镀锌钢板 2. 形状：圆形 3. 周长或直径：$\phi600\text{mm}$ 4. 板材厚度：$\delta=0.75\text{mm}$ 5. 接口形式：咬口 6. 除锈、刷油防腐绝热及保护层设计要求：支架手工除锈、红丹防锈漆 1 遍、灰调和漆 2 遍	m²	1.13			
7	030902001006	碳钢通风管道制作安装	1. 形式：镀锌钢板 2. 形状：矩形 3. 周长或直径：$480\text{mm}\times240\text{mm}$ 4. 板材厚度：$\delta=0.75\text{mm}$ 5. 接口形式：咬口 6. 除锈、刷油防腐绝热及保护层设计要求：支架手工除锈、红丹防锈漆 1 遍、灰调和漆 2 遍	m²	8.64			
8	030903009001	塑料风口、散流器制作安装（百叶窗）	1. 类型：网式风口 2. 规格：$480\text{mm}\times240\text{mm}$	个	4			
9	030903001001	碳钢调节阀制作安装	1. 类型：圆形瓣式起动阀 2. 规格：$\phi600\text{mm}$	个	4			
10	030903001002	碳钢调节阀制作安装	1. 类型：圆形瓣式起动阀 2. 规格：$\phi250\text{mm}$	个	28			
			合计					

措施项目清单与计价表（一）

工程名称：试验楼排风工程　　　　　标段：　　　　　　　　　**第1页　共1页**

序　号	项 目 名 称	计 算 基 础	费率（%）	金额/元
1	现场安全文明施工			
2	夜间施工			
3	冬雨季施工			
4	已完工程及设备保护			
5	临时设施			
6	材料与设备检验试验			
7	赶工措施			
8	工程按质论价			
	合计			

措施项目清单与计价表（二）

工程名称：试验楼排风工程　　　　　标段：　　　　　　　　　**第1页　共1页**

序　号	项 目 名 称	金额/元
1	二次搬运	
2	大型机械设备进退场及安拆	
3	施工排水	
4	施工降水	
5	地上、地下设施、建筑物的临时保护设施	
6	特殊条件下施工增加	
7	脚手架费用	
	合计	

其他项目清单与计价汇总表

工程名称：试验楼排风工程　　　　　标段：　　　　　　　　　**第1页　共1页**

序　号	项 目 名 称	计 量 单 位	金额/元	备　注
1	暂列金额	项		
2	暂估价			
2.1	材料暂估价			
2.2	专业工程暂估价	项		
3	计日工			
4	总承包服务费			
	合计			

规费、税金项目清单与计价表

工程名称：试验楼排风工程　　　　　标段：　　　　　　　　　**第1页　共1页**

序　号	项 目 名 称	计 算 基 础	费率（%）	金额/元
1	规费			
1.1	工程排污费	分部分项工程费＋措施项目费＋其他项目费		
1.2	安全生产监督费	分部分项工程费＋措施项目费＋其他项目费		
1.3	社会保障费	分部分项工程费＋措施项目费＋其他项目费		
1.4	住房公积金	分部分项工程费＋措施项目费＋其他项目费		
2	税金	分部分项工程费＋措施项目费＋其他项目费＋规费		

试 验 楼 排 风　　　工程

招 标 控 制 价

招标控制价（小写）：＿＿＿＿＿＿＿＿＿＿　32 841.69＿＿＿＿＿

（大写）：＿＿＿＿＿叁万贰仟捌佰肆拾壹圆陆角玖分＿＿＿＿＿

招 标 人：＿＿＿＿＿＿＿＿＿＿　工程造价咨询人：＿＿＿＿＿＿＿＿＿

　　　　（单位盖章）　　　　　　　　　　　（单位资质专用章）

法定代表人或其授权人：＿＿＿＿＿＿　法定代表人或其授权人：＿＿＿＿＿

　　　　　　（单位盖章）　　　　　　　　　　　（单位盖章）

编 制 人：＿＿＿＿＿＿＿＿　复 核 人：＿＿＿＿＿＿＿＿＿

　　（造价人员签字盖专用章）　　　　（造价工程师签字盖专用章）

编制时间：＿＿＿＿年＿＿月＿＿日　复核时间：＿＿＿＿年＿＿月＿＿日

工程项目招标控制价表

工程名称：试验楼排风工程　　　　标段：　　　　　　　　　　**第1页　共1页**

序　号	单项工程名称	金额/元	其　中		
			暂估价/元	安全文明施工费/元	规费/元
1	试验楼排风工程	32 841.69		430.76	913.18
		32 841.69		430.76	913.18

单项工程招标控制价表

工程名称：试验楼排风工程　　　　标段：　　　　　　　　　　**第1页　共1页**

序　号	单项工程名称	金额/元	其　中		
			暂估价/元	安全文明施工费/元	规费/元
1	试验楼排风工程	32 841.69		430.76	913.18
		32 841.69		430.76	913.18

单位工程招标控制价表

工程名称：试验楼排风工程　　　　标段：　　　　　　　　　　**第1页　共1页**

序　号	汇 总 内 容	金额/元	其中：暂估价/元
1	分部分项工程量清单计价合计	30 768.30	
2	措施项目清单费用	1049.97	
2.1	安全文明施工费	430.76	
3	其他项目清单		
3.1	暂列金额		
3.2	专业工程暂估价		
3.3	计日工		
3.4	总承包服务费		
4	规费	913.18	
5	税金	1125.96	
6	小计 = 1 + 2 + 3 + 4 + 5	33 857.41	
	建设工程招标价调整系数	0.03	
7	招标控制价 = 小计 × （1 - 调整系数）	32 841.69	

分部分项工程量清单与计价表

工程名称：试验楼排风工程　　　　　　　　**标段：**　　　　　　　　　　　**第 1 页　共 2 页**

序号	项目编号	项目名称	项目特征	计量单位	工程数量	金额/元		
						综合单价	合价	其中：暂估价
1	030901002001	通风机	1. 形式：离心式通风机 2. 规格：6# 3. 支架材质、规格：型钢 4. 除锈、刷油设计要求：支架手工除锈、红丹防锈漆 1 遍、灰调和漆 2 遍	台	4	2 847.30	11389.20	
2	030902001001	碳钢通风管道制作安装	1. 形式：镀锌钢板 2. 形状：圆形 3. 周长或直径：$\phi250mm$ 4. 板材厚度：$\delta=0.5mm$ 5. 除锈、刷油防腐绝热及保护层设计要求：支架手工除锈、红丹防锈漆 1 遍、灰调和漆 2 遍	m^2	21.29	82.04	1746.63	
3	030902001002	碳钢通风管道制作安装	1. 形式：镀锌钢板 2. 形状：圆形 3. 周长或直径：$\phi300mm$ 4. 板材厚度：$\delta=0.5mm$ 5. 接口形式：咬口 6. 除锈、刷油防腐绝热及保护层设计要求：支架手工除锈、红丹防锈漆 1 遍、灰调和漆 2 遍	m^2	30.52	82.04	2 503.86	
4	030902001003	碳钢通风管道制作安装	1. 形式：镀锌钢板 2. 形状：圆形 3. 周长或直径：$\phi350mm$ 4. 板材厚度：$\delta=0.6mm$ 5. 接口形式：咬口 6. 除锈、刷油防腐绝热及保护层设计要求：支架手工除锈、红丹防锈漆 1 遍、灰调和漆 2 遍	m^2	34.29	87.40	2 996.95	

序号	项目编号	项目名称	项目特征	计量单位	工程数量	综合单价	合价	其中：暂估价
5	030902001004	碳钢通风管道制作安装	1. 形式：镀锌钢板 2. 形状：圆形 3. 周长或直径：φ400mm 4. 板材厚度：δ=0.6mm 5. 接口形式：咬口 6. 除锈、刷油防腐绝热及保护层设计要求：支架手工除锈、红丹防锈漆1遍、灰调和漆2遍	m²	28.890	87.40	2 524.99	
6	030902001005	碳钢通风管道制作安装	1. 形式：镀锌钢板 2. 形状：圆形 3. 周长或直径：φ600mm 4. 板材厚度：δ=0.75mm 5. 接口形式：咬口 6. 除锈、刷油防腐绝热及保护层设计要求：支架手工除锈、红丹防锈漆1遍、灰调和漆2遍	m²	1.130	86.66	97.93	
7	030902001006	碳钢通风管道制作安装	1. 形式：镀锌钢板 2. 形状：矩形 3. 周长或直径：480mm×240mm 4. 板材厚度：δ=0.75mm 5. 接口形式：咬口 6. 除锈、刷油防腐绝热及保护层设计要求：支架手工除锈、红丹防锈漆1遍、灰调和漆2遍	m²	8.640	90.16	778.98	
8	030903009001	塑料风口、散流器制作安装（百叶窗）	1. 类型：网式风口 2. 规格：480mm×240mm	个	4	56.84	227.36	
9	030903001001	碳钢调节阀制作安装	1. 类型：圆形瓣式起动阀 2. 规格：φ600mm	个	4	647.42	2 590.48	
10	030903001002	碳钢调节阀制作安装	1. 类型：圆形瓣式起动阀 2. 规格：φ250mm	个	28	211.14	5 911.92	
			合计				30 768.30	

分部分项工程量清单综合单价分析表

工程名称：试验楼排风工程　　标段：

序号	项目编号	项目名称	计量单位	工程数量	综合单价/元						小计	项目合价/元
					人工费	材料费	机械费	主材费	管理费	利润		
1	030901002001	通风机	台	4	213.31	429.52	51.73	2022.66	100.24	29.84	2847.30	11389.20
	9-217	离心式通风机安装 6#	台	1	79.09	28.3	0	2000	37.17	11.07	2155.63	2155.63
	9-212	设备支架 CG327，50kg以上	100kg	0.992	75.82	321.97	18.53	0	35.64	10.61	462.57	458.87
	11-7	手工除锈，一般钢结构，轻锈	100kg	0.992	7.96	2.5	7.13	0	3.74	1.11	22.44	22.26
	11-117	一般钢结构，红丹防锈漆第1遍	100kg	0.992	5.38	1.14	7.13	8.58	2.53	0.75	25.51	25.31
	11-126	一般钢结构，调合漆第1遍	100kg	0.992	5.15	0.34	7.13	7.6	2.42	0.72	23.36	23.17
	11-127	一般钢结构，调合漆第2遍	100kg	0.992	5.15	0.3	7.13	6.65	2.42	0.72	22.37	22.19
	9-41	软管接口	m²	0.7375	48.2	105.19	6.88	0	22.65	6.75	189.67	139.88
2	030902001001	碳钢通风管道制作安装	m²	21.29	21.91	13.87	5.23	27.65	10.3	3.08	82.04	1746.63
	9-2	镀锌薄钢板圆形风管 δ=1.2mm，内咬口，直径 500mm以下	10m²	0.1	210.37	137.19	41.92	268	98.87	29.45	785.8	78.58
	11-7	手工除锈，一般钢结构，轻锈	100kg	0.03706	7.96	2.5	7.13	0	3.74	1.11	22.44	0.83
	11-117	一般钢结构，红丹防锈漆第1遍	100kg	0.03706	5.38	1.14	7.13	8.58	2.53	0.75	25.51	0.95
	11-126	一般钢结构，调合漆第1遍	100kg	0.03706	5.15	0.34	7.13	7.6	2.42	0.72	23.36	0.87
	11-127	一般钢结构，调合漆第2遍	100kg	0.03706	5.15	0.3	7.13	6.65	2.42	0.72	22.37	0.83

工程名称：试验楼排风工程　　标段：

序号	项目编号	项目名称	计量单位	工程数量	综合单价/元							项目合价/元
					人工费	材料费	机械费	主材费	管理费	利润	小计	
3	030902001002	碳钢通风管道制作安装	m²	30.52	21.91	13.87	5.23	27.65	10.3	3.08	82.04	2503.86
	9-2	镀锌薄钢板圆形风管 δ＝1.2mm，内咬口，直径500mm以下	10m²	0.1	210.37	137.19	41.92	268	98.87	29.45	785.8	78.58
	11-7	手工除锈，一般钢结构，轻锈	100kg	0.03706	7.96	2.5	7.13	0	3.74	1.11	22.44	0.83
	11-117	一般钢结构，红丹防锈漆第1遍	100kg	0.03706	5.38	1.14	7.13	8.58	2.53	0.75	25.51	0.95
	11-126	一般钢结构，调合漆第1遍	100kg	0.03706	5.15	0.34	7.13	7.6	2.42	0.72	23.36	0.87
	11-127	一般钢结构，调合漆第2遍	100kg	0.03706	5.15	0.3	7.13	6.65	2.42	0.72	22.37	0.83
4	030902001003	碳钢通风管道制作安装	m²	34.29	21.91	13.87	5.23	33.01	10.3	3.08	87.40	2996.95
	9-2	镀锌薄钢板圆形风管 δ＝1.2mm，内咬口，直径500mm以下	10m²	0.1	210.37	137.19	41.92	321.6	98.87	29.45	839.4	83.94
	11-7	手工除锈，一般钢结构，轻锈	100kg	0.03706	7.96	2.5	7.13	0	3.74	1.11	22.44	0.83
	11-117	一般钢结构，红丹防锈漆第1遍	100kg	0.03706	5.38	1.14	7.13	8.58	2.53	0.75	25.51	0.95
	11-126	一般钢结构，调合漆第1遍	100kg	0.03706	5.15	0.34	7.13	7.6	2.42	0.72	23.36	0.87
	11-127	一般钢结构，调合漆第2遍	100kg	0.03706	5.15	0.3	7.13	6.65	2.42	0.72	22.37	0.83

工程名称：**试验楼排风工程**　　标段：

第 3 页　共 4 页

序号	项目编号	项目名称	计量单位	工程数量	综合单价/元							项目合价/元
					人工费	材料费	机械费	主材费	管理费	利润	小计	
5	03090200 1004	碳钢通风管道制作安装	m²	28.89	21.91	13.87	5.23	33.01	10.3	3.08	87.4	2524.99
	9-2	镀锌薄钢板圆形风管 δ=1.2mm，内咬口，直径500mm以下	10m²	0.1	210.37	137.19	41.92	321.6	98.87	29.45	839.4	83.94
	11-7	手工除锈，一般钢结构，轻锈	100kg	0.03706	7.96	2.5	7.13	0	3.74	1.11	22.44	0.83
	11-117	一般钢结构，红丹防锈漆第1遍	100kg	0.03706	5.38	1.14	7.13	8.58	2.53	0.75	25.51	0.95
	11-126	一般钢结构，调合漆第1遍	100kg	0.03706	5.15	0.34	7.13	7.6	2.42	0.72	23.36	0.87
	11-127	一般钢结构，调合漆第2遍	100kg	0.03706	5.15	0.3	7.13	6.65	2.42	0.72	22.37	0.83
6	03090200 1005	碳钢通风管道制作安装	m²	1.13	16.67	15.19	3.52	41.11	7.83	2.34	86.66	97.93
	9-3	镀锌薄钢板圆形风管 δ=1.2mm，内咬口，直径1120mm以下	10m²	0.1	157.48	150.28	23.99	402.06	74.02	22.05	829.88	82.99
	11-7	手工除锈，一般钢结构，轻锈	100kg	0.03894	7.96	2.5	7.13	0	3.74	1.11	22.44	0.87
	11-117	一般钢结构，红丹防锈漆第1遍	100kg	0.03915	5.38	1.14	7.13	8.58	2.53	0.75	25.51	1
	11-126	一般钢结构，调合漆第1遍	100kg	0.03915	5.15	0.34	7.13	7.6	2.42	0.72	23.36	0.91
	11-127	一般钢结构，调合漆第2遍	100kg	0.03915	5.15	0.3	7.13	6.65	2.42	0.72	22.37	0.88

工程名称：试验楼排风工程　　标段：

序号	项目编号	项目名称	计量单位	工程数量	综合单价/元						小计	项目合价/元
					人工费	材料费	机械费	主材费	管理费	利润		
7	030902001006	碳钢通风管道制作安装	m²	8.64	16.46	17.19	5.38	41.09	7.73	2.31	90.16	778.98
	9-6	镀锌薄钢板矩形风管 δ=1.2mm，内咬口，周长2000mm以下	10m²	0.1	155.38	170.3	42.55	402.06	73.03	21.75	865.07	86.51
	11-7	手工除锈，一般钢结构，轻锈	100kg	0.03892	7.96	2.5	7.13	0	3.74	1.11	22.44	0.87
	11-117	一般钢结构，红丹防锈漆第1遍	100kg	0.03892	5.38	1.14	7.13	8.58	2.53	0.75	25.51	0.99
	11-126	一般钢结构，调合漆第1遍	100kg	0.03892	5.15	0.34	7.13	7.6	2.42	0.72	23.36	0.91
	11-127	一般钢结构，调合漆第2遍	100kg	0.03892	5.15	0.3	7.13	6.65	2.42	0.72	22.37	0.87
8	030903009001	塑料风口、散流器制作安装（百叶窗）	个	4	3.74	0.82	0	50	1.76	0.52	56.84	227.36
	9-160	网式风口 480mm×240mm	个	1	3.74	0.82	0	50	1.76	0.52	56.84	56.84
9	030903001001	碳钢调节阀制作安装	个	4	23.87	8.16	1.03	600	11.22	3.34	647.62	2590.48
	9-68	圆形瓣式起动阀 φ600mm	个	1	23.87	8.16	1.03	600	11.22	3.34	647.62	647.62
10	3090300I002	碳钢调节阀制作安装	个	28	4.91	2.2	1.03	200	2.31	0.69	211.14	5911.92
	9-72	风管蝶阀 φ250mm	个	1	4.91	2.2	1.03	200	2.31	0.69	211.14	211.14
工程总计												30768.30

工程量清单综合单价分析表

工程名称：试验楼排风工程　　标段：

项目编码 03090100200001　项目名称 通风机　计量单位 台

定额编号	定额名称	定额单位	数量	单价/元					合价/元				
				人工费	材料费	机械费	管理费	利润	人工费	材料费	机械费	管理费	利润
9-217	离心式通风机安装 6#	台	1	79.09	28.30		37.17	11.07	79.09	28.30		37.17	11.07
9-212	设备支架 CG327，50kg 以上	100kg	0.992	75.82	321.97	18.53	35.64	10.61	75.21	319.39	18.38	35.35	10.53
11-7	手工除锈，一般钢结构，轻锈	100kg	0.992	7.96	2.50	7.13	3.74	1.11	7.90	2.48	7.07	3.71	1.10
11-117	一般钢结构，红丹防锈漆第 1 遍	100kg	0.992	5.38	1.14	7.13	2.53	0.75	5.34	1.13	7.07	2.51	0.74
11-126	一般钢结构，调和漆第 1 遍	100kg	0.992	5.15	0.34	7.13	2.42	0.72	5.11	0.34	7.07	2.40	0.71
11-127	一般钢结构，调和漆第 2 遍	100kg	0.992	5.15	0.30	7.13	2.42	0.72	5.11	0.30	7.07	2.40	0.71
9-41	软管接口	m²	0.7375	48.20	105.19	6.88	22.65	6.75	35.55	77.58	5.07	16.70	4.98
	小计								213.31	429.52	51.73	100.24	29.84
综合人工工日 8.20 工日	未计价材料费									2022.66			
	清单项目综合单价									2847.3			

主要材料名称、规格、型号	单位	数量	单价/元	合价/元	暂估单价/元	暂估合价/元
醇酸防锈漆 C53-1	kg	1.1507	7.40	8.52	—	
调和漆	kg	1.488	9.50	14.14	—	
离心式通风机 6#	台	1	2000	2000	—	
其他材料费			—	429.52	—	
材料费小计			—	2452.18	—	0

材料费明细

工程量清单综合单价分析表

工程名称：试验楼排风工程　　　　标段：

| 项目编码 | 03090200 1001 | 项目名称 | | | 计量单位 | m² | | | | |

定额编号	定额名称	定额单位	数量	单价/元					合价/元				
				人工费	材料费	机械费	管理费	利润	人工费	材料费	机械费	管理费	利润
9-2	镀锌薄钢板圆形风管δ=0.5mm，内咬口，直径500mm以下	10m²	0.1	210.37	137.19	41.92	98.87	29.45	21.04	13.72	4.19	9.89	2.95
11-7	手工除锈，一般钢结构，轻锈	100kg	0.03706	7.96	2.50	7.13	3.74	1.11	0.29	0.09	0.26	0.14	0.04
11-117	一般钢结构，红丹防锈漆第1遍	100kg	0.03706	5.38	1.14	7.13	2.53	0.75	0.2	0.04	0.26	0.09	0.03
11-126	一般钢结构，调合漆第1遍	100kg	0.03706	5.15	0.34	7.13	2.42	0.72	0.19	0.01	0.26	0.09	0.03
11-127	一般钢结构，调合漆第2遍	100kg	0.03706	5.15	0.30	7.13	2.42	0.72	0.19	0.01	0.26	0.09	0.03
综合人工工日	0.8427					小计			21.91	13.87	5.23	10.3	3.08
						未计价材料费			27.65				
						清单项目综合单价			82.04				

材料费明细	主要材料名称、规格、型号	单位	数量	单价/元	合价/元	暂估单价/元	暂估合价/元
	醇酸防锈漆 C53-1	kg	0.043	7.40	0.32	—	—
	调和漆	kg	0.0555	9.50	0.53	—	—
	镀锌钢板δ=0.5mm	kg	1.138	23.55	26.80	—	—
	其他材料费			—	13.87		
	材料费小计			—	41.52		0.00

工程量清单综合单价分析表

第 3 页 共 3 页

工程名称：试验楼排风工程　　　　标段：

项目编码	030902001002	项目名称	碳钢通风管道制作安装	计量单位	m²

定额编号	定额名称	定额单位	数量	单价/元					合价/元				
				人工费	材料费	机械费	管理费	利润	人工费	材料费	机械费	管理费	利润
9-2	镀锌薄钢板圆形风管 δ=0.5mm，内咬口，直径500mm以下	10m²	0.1	210.37	137.19	41.92	98.87	29.45	21.04	13.72	4.19	9.89	2.95
11-7	手工除锈，一般钢结构，轻锈	100kg	0.03706	7.96	2.50	7.13	3.74	1.11	0.29	0.09	0.26	0.14	0.04
11-117	一般钢结构，红丹防锈漆，第1遍	100kg	0.03706	5.38	1.14	7.13	2.53	0.75	0.20	0.04	0.26	0.09	0.03
11-126	一般钢结构，调和漆，第1遍	100kg	0.03706	5.15	0.34	7.13	2.42	0.72	0.19	0.01	0.26	0.09	0.03
11-127	一般钢结构，调和漆，第2遍	100kg	0.03706	5.15	0.3	7.13	2.42	0.72	0.19	0.01	0.26	0.09	0.03
综合人工工日	0.84 工日			小计					21.91	13.87	5.23	10.3	3.08
				未计价材料费						27.65			
				清单项目综合单价						82.04			

材料费明细	主要材料名称、规格、型号	单位	数量	单价/元	合价/元	暂估单价/元	暂估合价/元
	醇酸防锈漆 C53-1	kg	0.043	7.40	0.32	—	
	调和漆	kg	0.0555	9.50	0.53	—	
	镀锌钢板 δ=0.5mm	m²	1.138	23.55	26.80	—	
	其他材料费			—	13.87	—	
	材料费小计			—	41.52	—	0.00

措施项目清单与计价表（一）

工程名称：试验楼排风工程　　　　　　标段：　　　　　　　　　**第1页　共1页**

序　号	项目名称	计算基础	费率（%）	金额/元
1	现场安全文明施工	基本费＋考评费＋奖励费		430.76
2	夜间施工	分部分项工程费	0.08	24.61
3	冬、雨期施工	分部分项工程费	0.09	27.61
4	已完工程及设备保护	分部分项工程费	0.05	15.38
5	临时设施	分部分项工程费	1.20	369.22
6	材料与设备检验试验	分部分项工程费	0.15	46.15
7	赶工措施	分部分项工程费		
8	工程按质论价	分部分项工程费		
	合计			913.73

措施项目清单与计价表（二）

工程名称：试验楼排风工程　　　　　　标段：　　　　　　　　　**第1页　共1页**

序　号	项目名称	金额/元
1	二次搬运	
2	大型机械设备进退场及安拆	
3	施工排水	
4	施工降水	
5	地上、地下设施，建筑物的临时保护设施	
6	特殊条件下施工增加	
7	脚手架费用	136.16
	合计	136.16

措施项目清单综合单价分析表

工程名称：试验楼排风工程　　　　标段：　　　　　　　　　第1页　共1页

项目编码	7	项目名称		脚手架费用		计量单位		项

清单综合单价组成明细

定额编号	定额名称	定额单位	数量	单价/元				合价/元				利润
				人工费	材料费	机械费	管理费	人工费	材料费	机械费	管理费	
11-F1	第11册安装脚手架搭拆费取人工费的5%，其中人工25%，材料75%，机械0%	元	1	2.69	8.08	0	1.26	2.69	8.08	0	1.26	0.38
9-F1	第11册安装脚手架搭拆费取人工费的5%，其中人工25%，材料75%，机械0%		1	26.85	80.52	0	12.62	26.85	80.52	0	12.62	3.76
综合人工工日		小计						29.54	88.6	0	13.88	4.14
工日		未计价材料费						0				
清单项目综合单价								136.16				

材料费明细	主要材料名称、规格、型号		单位	数量	单价/元	合价/元	暂估单价/元	暂估合价/元
	其他材料费				—	88.6	—	
	材料费小计				—	88.6	—	

其他项目清单与计价汇总表

工程名称：试验楼排风工程　　　　标段：　　　　　　　　　第1页　共1页

序　号	项目名称	计量单位	金额/元	备　注
1	暂列金额	项		
2	暂估价			
2.1	材料暂估价			
2.2	专业工程暂估价	项		
3	计日工			
4	总承包服务费			
	合　计			

规费、税金项目清单与计价表

工程名称：试验楼排风工程　　　　标段：　　　　　　　　　第1页　共1页

序　号	项目名称	计算基础	费率（%）	金额/元
1	规费			913.18
1.1	工程排污费	分部分项工程费＋措施项目费＋其他项目费	0.10	31.82
1.2	安全生产监督费	分部分项工程费＋措施项目费＋其他项目费	0.19	60.45
1.3	社会保障费	分部分项工程费＋措施项目费＋其他项目费	2.20	700
1.4	住房公积金	分部分项工程费＋措施项目费＋其他项目费	0.38	120.91
2	税金	分部分项工程费＋措施项目费＋其他项目费＋规费	3.44	1125.96
	合　计			2039.14

承包人供应材料一览表

工程名称：试验楼排风工程　　　标段：　　　　　　　　　　

序号	材料编码	材料名称	规格、型号	单位	数量	单价/元	合价/元
1	C303015	混凝土	C15	m³	0.12	297.18	35.66
2	C501011	扁钢	< -59	kg	67.348	3	202.04
3	C501024	槽钢	5~16	kg	313.829	3	941.49
4	C501086	角钢	<60	kg	480.637	3	1441.91
5	C501089	角钢	<63	kg	69.902	3	209.71
6	C502109	圆钢	$\phi5.5mm \sim \phi9mm$	kg	23.600	2.8	66.08
7	C502111	圆钢	$\phi10mm \sim \phi14mm$	kg	0.137	2.8	0.38
8	C508236	铸铁垫板		kg	15.6	3.21	50.08
9	C509007	焊条	结422、$\phi3.2mm$	kg	5.02	3.4	17.07
10	C509008	焊条	结422、$\phi4mm$	kg	2.262	3.4	7.69
11	C511252	精制六角带帽螺栓	M(2~5)×(4~20)	10套	4	0.82	3.28
12	C511261	精制六角带帽螺栓	M6×75	10套	110.414	1.44	159
13	C511266	精制六角带帽螺栓	M8×75以下	10套	22.871	3.9	89.2
14	C511281	精制六角带帽螺栓	M14×75	10套	0.825	9.39	7.75
15	C511298	精制六角带帽螺栓	M20×(101~150)	10套	0.413	23.89	9.86
16	C511466	膨胀螺栓	M12	套	24.464	1.18	28.87
17	C511535	铁铆钉		kg	3.543	4.09	14.49
18	C513100	钢丝刷子		把	1.292	3.17	4.09
19	C603010	润滑脂		kg	1.6	8.75	14

工程名称：试验楼排风工程 标段： 第2页 共2页

序 号	材料编码	材料名称	规格、型号	单 位	数 量	单价/元	合价/元
20	C603026	煤油		kg	3	4	12
21	C603030	汽油		kg	4.047	3.81	15.42
22	C606141	橡胶板	$\delta = 1 \sim 15mm$	kg	22.313	6.94	154.85
23	C608063	帆布		m^2	3.393	6.85	23.24
24	C608110	棉纱头		kg	0.24	6	1.44
25	C608132	破布		kg	1.292	5.23	6.75
26	C608154	铁纱布	0# ~ 2#	张	9.385	1.14	10.7
27	C613249	氧气		m^3	6.908	2.47	17.06
28	C613254	乙炔气		kg	2.473	13.41	33.16
29	C503064	镀锌钢板	$\delta = 0.75$	m^2	11.18	35.33	392.81
30	C503064	镀锌钢板	$\delta = 0.6$	m^2	71.899	28.26	2031.86
31	C503064	镀锌钢板	$\delta = 0.5$	m^2	58.96	23.55	1388.50
32	C902254.2	离心式通风机	6#	台	4	2000	8000
33	C903086	醇酸防锈漆	C53-1	kg	9.988	7.4	73.91
34	C903091	调和漆		kg	12.915	9.5	122.69
35	C930835	圆形瓣式起动阀	$\phi600mm$	个	4	600	2400
36	C930839	风管蝶阀	$\phi250mm$	个	28	200	5600
37	C930886	网式风口	480mm × 240mm	个	4	50	200
		合计					23787.05

项目三 空调工程施工技术管理与质量管理

学习目标

1）能根据规范要求编制空调工程施工技术管理的工作职责和制度。
2）能完成空调工程施工质量管理方案的制订。

工作任务

1）进行空调工程施工技术管理方案的设计。
针对某大厦空调工程施工进行空调工程施工技术管理方案设计。
2）进行空调工程施工质量管理方案的设计。
针对某大厦空调工程施工编制空调工程施工质量管理方案。

相关知识

一、技术管理的工作和制度
二、施工质量管理工作

一、技术管理的工作和制度

1）空调工程施工技术文件由施工单位负责编制，建设单位、施工单位负责保存，其他参建单位按其在工程中的相关职责做好相应工作。

2）实行总承包的工程项目，由总承包单位负责汇集、整理各分包单位编制的有关施工技术文件。

3）空调工程施工技术文件应随施工进度及时整理，所需表格应按本规定中的要求认真填写、字迹清楚、项目齐全、记录准确、完整真实。

4）空调工程施工技术文件中，应由各岗位责任人签认的必须由本人签字（不得盖图章或由他人代签）。工程竣工，文件组卷成册后必须由单位技术负责人和法人代表或法人委托人签字并加盖单位公章。

5）建设单位与施工单位在签订施工合同时，应对施工技术文件的编制要求和移交期限做出明确规定。建设单位应在施工技术文件中按有关规定签署意见。实行监理的工程应有监理单位按规定对认证项目的认证记录。

6）建设单位在组织工程竣工验收前，应向当地的城建档案管理机构提出申请，对施工技术文件进行预验收，若验收不合格，不得组织工程竣工验收。城建档案管理机构在收到施工技术文件7个工作日内提出验收，7个工作日内不提出验收意见视为同意。

7）不得任意涂改、伪造、随意抽撤或丢失文件，对于弄虚作假、玩忽职守而造成文件不符合真实情况的，由有关部门追究责任单位和个人的责任。

8）施工组织设计：

① 施工单位在施工之前，必须编制施工组织设计；大、中型的工程应根据施工组织总设计编制分部位、分阶段的施工组织设计。

② 施工组织设计必须经上一级技术负责人进行审批加盖公章才有效，并须填写施工组织设计审批表（合同另有规定的，按合同要求办理）。在施工过程中发生变更时，应有变更审批手续。

③ 施工组织设计应包括下列主要内容。

a. 工程概况：工程规模、工程特点、工期要求、参建单位等。

b. 施工平面布置图。

c. 施工部署和管理体系：施工阶段、区划安排；进度计划及工、料、机、运计划表和组织机构设置。组织机构中应明确项目经理、技术责任人、施工管理负责人及其他各部门主要责任人等。

d. 质量目标设计：质量总目标、分项质量目标，实现质量目标的主要措施、办法及工序、部位、单位工程技术人员名单。

e. 施工方法及技术措施（包括采用的新技术、新工艺、新材料、新设备等）。

f. 安全措施。

g. 文明施工措施。

h. 环保措施。

i. 节能、降耗措施。

9）施工图设计文件会审、技术交底。

① 工程开工前，应由建设单位组织有关单位对施工图设计文件进行会审，并按工程填写施工图设计文件会审记录。设计单位应按施工程序或需要进行设计交底。设计交底应包括设计依据、设计要点、补充说明、注意事项等，并做交底纪要。

② 施工单位应在施工前进行施工技术交底。施工技术交底包括施工组织设计交底及工序施工交底。各种交底的文字记录应有交底双方签认手续。

10）原材料、成品、半成品、构配件、设备的出厂质量合格证书、出厂检（试）验报告及复试报告。

① 必须有出厂质量合格证书和出厂检（试）验报告，并归入施工技术文件。

② 合格证书、检（试）验报告为复印件时必须加盖供货单位印章才有效，并应注明使用工程名称、规格、数量、进场日期、原件存放地点，且应有经办人签名。

③ 凡使用新技术、新工艺、新材料、新设备的，应有法定单位鉴定证明和生产许可证。产品要有质量标准、使用说明和工艺要求。使用前应按其质量标准进行检（试）验。

④ 进入施工现场的原材料、成品、半成品、构配件，在使用前必须按现行国家有关标准的规定抽取试样，交由具有相应资质的检测、试验机构进行复试，复试结果合格才可使用。

⑤ 对按国家规定只提供技术参数的测试报告，应由使用单位的技术负责人依据有关技术标准对技术参数进行判别并签字确认。

⑥ 进场材料复试不合格的，应按原标准规定的要求再次进行复试，再次复试的结果合格才可认为该批材料合格，两次报告必须同时归入施工技术文件。

⑦ 必须按有关规定实行有关见证取样和送检制度，其记录、汇总表纳入施工技术文件。

11）施工检（试）验报告。凡有见证取样及送检要求的，应有见证记录、见证试验汇总表。

12）施工记录。

13）测量复核及预检记录。

① 测量复核记录。

② 预检记录。

a. 主要结构的模板预检记录，预埋件和预留孔位置、模板牢固性和模内清理、清理口位置、脱模剂涂刷等检查情况。

b. 大型构件和设备安装前的预检记录应有预埋件和预留孔位置、高程、规格等检查情况。

c. 设备安装的位置检查情况。

d. 非隐蔽管道工程的安装检查情况。

e. 补偿器的安装情况。

f. 支（吊）架的位置、各部位的连接方式等检查情况。

g. 涂装工程。

14）隐蔽工程检查验收记录。

凡被下道工序、部位所隐蔽的，在隐蔽前必须进行质量检查，并填写隐蔽工程检查验收记录。隐蔽检查的内容应具体，结论应明确。验收手续应及时办理，不得后补。需复验的要办理复验手续。

15）工程质量检验评定资料。

① 工序施工完毕后，应按照质量检验评定标准进行质量检验与评定，及时填写工序质量评定表。表中内容应填写齐全，签字手续应完备规范。

② 部位工程完成后，应汇总该部位所有工序质量评定结果，进行部位工程质量等级评定。签字手续应完备、规范。

③ 单位工程完成后，应由工程项目负责人主持，进行单位工程质量评定，填写单位工程质量评定表。由工程项目负责人和项目技术负责人签字，加盖公章作为竣工验收的依据之一。

16）功能性试验记录。

① 一般规定：功能性试验是对空调工程在交付使用前进行的使用功能的检查。功能性试验应按有关标准进行，由有关单位参加，填写试验记录，并由参加各方签字，手续应完备。

② 空调工程功能性试验主要项目包括：

a. 压力管道的强度试验、严密性试验。

b. 风量的测定与调整、室内温、湿度的测定与调整、室内风速的测定与调整、压差的测定与调整、室内洁净度的测定与调整、噪声的测定与调整等。

其他施工项目如果设计有要求，按规定及有关规范做功能试验。

17）质量事故报告及处理记录。

发生质量事故时，施工单位应立即填写工程质量事故报告，质量事故处理完毕后须填写质量事故处理记录。工程质量事故报告及质量事故处理记录必须归入施工技术文件。

18）设计变更通知单、洽商记录。

设计变更通知单、洽商记录是施工图的补充和修改，应在施工前办理。其内容应明确、具体，必要时可附图。

① 设计变更通知单，必须由原设计人和设计单位负责人签字并加盖设计单位印章才有效。

② 洽商记录必须有参建各方共同签字确认才有效。

③ 设计变更通知单、洽商记录应原件存档。用复印件存档时，应注明原件存放处。

④ 分包工程的设计变更、洽商，由工程总包单位统一办理。

19）竣工总结与竣工图。

① 竣工总结主要包括下列内容：工程概况；竣工的主要工程数量和质量情况；使用新技术、新工艺、新材料、新设备的种类；施工过程中遇到的问题及处理方法；工程中发生的主要变更和洽商；遗留的问题及建议等。

② 竣工图。工程竣工后应及时进行竣工图的整理。绘制竣工图时须遵照以下原则：

a. 凡在施工中按图施工没有变更的，在新的原施工图上加盖"竣工图"的标志后，可作为竣工图。

b. 无大变更的，应将修改内容按实际情况描绘在原施工图上，并注明变更或洽商编号，加盖"竣工图"标志后作为竣工图。

c. 凡结构形式改变、工艺改变、平面布置改变、项目改变以及其他重大改变，或虽非重大变更，但难以在原施工图上表示清楚的，应重新绘制竣工图。

d. 改绘竣工图，必须使用不褪色的黑色绘图墨水。

20）竣工验收。

① 工程竣工报告。工程竣工报告是由施工单位对已完工程进行检查，确认工程质量符合有关法律、法规和工程建设强制性标准，符合设计及合同要求而提出的工程告竣文书。该报告应经项目经理和施工单位有关负责人审核签字并加盖单位公章。实行监理的工程，工程竣工报告必须经总监理工程师签署意见。

② 工程竣工验收证书。

21）施工技术文件要按单位工程进行组卷。文件材料较多时可以分册装订。

22）卷内文件排列顺序一般为封面、目录、文件材料和备考表。

① 文件封面应包括工程名称、开工日期、竣工日期、编制单位、卷册编号、单位技术负责人和法人代表或法人委托人签字并加盖单位公章。

② 文件材料部分宜按以下顺序排列：

a. 施工组织设计。

b. 施工图设计文件会审、技术交底记录。

c. 设计变更通知单、洽商记录。

d. 原材料、成品、半成品、构配件、设备出厂质量合格证书，出厂检（试）验报告和复试报告（必须一一对应）。

e. 施工试验资料。

f. 施工记录。

g. 测量复核及预检记录。

h. 隐蔽工程检查验收记录。

i. 工程质量检验评定资料。

j. 使用功能试验记录。

k. 事故报告。

l. 竣工测量资料。

m. 竣工图。

n. 工程竣工验收文件。

23）案卷规格及图样折叠方式按城建档案管理部要求办理。

二、施工质量管理工作

（一）质量保证体系及组织架构

1. 项目组织架构

项目组织架构如图 3-12 所示。

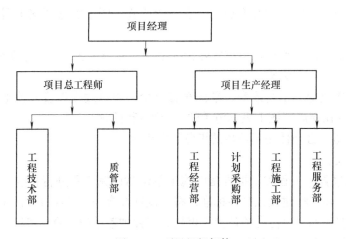

图 3-12　项目组织架构

2. 管理职责

（1）项目经理的职责

1）遵守国家工程建设管理的法律法规，认真执行企业的规章制度，严格履行企业与业主签订的工程承包合同，主动接受工程监理和质量监督部门的监督，确保完成项目各项指标。

2）自觉接受上级职能部门的业务指导及监督、检查，按管理要求定期向上级报告进度、质量、成本、安全文明及各项管理工作情况，遇重大问题、紧急情况等特殊事项要随时报告。

3）组织制订项目工期、工程质量、成本控制、安全消防、文明施工、环境保护等各项管理目标、措施及保证体系，并落实执行情况。

4）负责项目组织管理机构设置、人员配置、人事管理及各类管理人员的岗位职责和项目管理的各项规章制度的建立；组织编制各种激励措施，并组织实施。

5）组织实施企业战略，充分展示企业形象和社会信誉。

6）组织编制项目的总进度计划、区域进度计划，并以此作为劳务、材料、周转工具、机械设备、资金、技术支持工作、施工图样完善等生产要素的计划并组织落实。

7）强化项目的成本管理，严格控制项目的非生产性开支，严格财经纪律，正确处理国家、企业、项目和个人的利益关系。

8）根据工程特点，选择施工作业人员，并对作业层的进度、质量、成本、安全文明、资金使用等进行有效的控制与管理，及时解决施工中出现的问题和偶发事件。

9）坚持两个文明一起抓，加强精神文明建设，切实做好项目管理人员和施工人员的政治思想工作，教育全员遵纪守法，照章办事，严格执行奖罚制度，防止和纠正违纪、违法行为。

10）安全质量控制：编制、监督、落实质量和安全管理制度，严格执行安全、质量检查一票否决制度，项目经理为质量生产、安全生产的第一责任人，应领导重大质量事故、安全事故、安全事故的处理工作，并及时向上级领导汇报。

11）物资采购：按照物资供应计划，提供详细的物资（设备/材料）的原始数据、供应要求，组织、落实物资采购、谈判工作。

12）资金流动管理：组织、落实工程款的申请工作、物资付款工作、劳务费支付工作及项目管理费的资金流动平衡工作；参与与业主的谈判工作。

13）组织落实项目部人员与业主、监理、总包的协调工作。

（2）项目总工程师的职责

1）配合项目经理做好工程的技术管理工作、质量管理工作；参与重大质量事故、安全事故的处理工作。

2）协助项目经理具体负责项目质量体系的建立、运行和管理工作，重点参与项目质量计划的编制、审核工作及组织报批。

3）组织参加设计交底、图样会审，组织施工方案等技术文件的编制工作。

4）负责与业主、总包、监理、设计等各职能部门的联系，了解技术要求，并组织落实；组织落实工程技术资料管理办法及工程分部、分项和检验批的划分并实施。

5）负责监督检查项目质量计划、施工组织设计的贯彻执行。

6）负责组织重要材料的质量检验和试验工作；负责对工程的过程检验和试验、最终检验和试验的组织工作。

7）负责对工程不合格品的处置、组织和纠正，预防措施的落实工作。

8）组织工程资料的整理和编制工作，及时组织工程档案资料管理工作。

9）组织工程各项施工方案的编制工作，并组织实施。

10）协助项目经理组织职业健康安全管理体系、环境管理体系和质量管理体系的建立、运行和管理工作。

（3）项目生产经理的职责

1）协助项目经理组织本项目部工程施工管理工作细则的实施，负责处理工程质量中的技术和生产问题。

2）进行生产的组织，进度的控制，劳动力组织，安全管理及外施的资审；组织机械设备的调度和优化配置。

3）负责总控进度计划、月进度计划、周进度计划的审核、落实和实施工作，确保工程严格按计划组织进行。

4）重点抓好现场的工程质量、安全、文明施工、消防保卫和成品保护工作。

5）组织工程调度、统计工作，及时收集、整理各种施工技术资料，统计报表准确、及时、全面，并认真做好统计分析。

6）组织落实物资采购的原始数据的整理工作及设备材料的审核工作。

7）组织落实甲供设备的检验、接收、保管工作。

8）组织落实机具设备的使用计划，督促分包单位落实实施。

9）领导、落实、检查、督促企业战略的实施。

10）组织生产例会，汇总生产情况，及时向上级领导汇报。

11）参与重大质量事故、安全事故的处理工作，并及时向上级领导汇报。

12）协助项目经理组织职业健康安全管理体系、环境管理体系和质量管理体系的建立、运行和管理工作。

（4）工程施工部部长的职责

1）工程施工部部长是工程施工的直接组织者，对所施工的工程质量负直接责任。

2）认真贯彻执行国家和上级颁发的规范规程，技术规定和工艺标准及各项质量管理制度，并做好施工日志。

3）参加图样会审和设计交底。工程项目、部位如有变动，做到先办理变更手续，后安排作业。编制分项工程、分部工程质量设计，分项工程技术交底和安全、消防技术交底，经项目副经理批准后组织实施；同时，各交一份给技术质量科和安全技术科备查。

4）负责根据图样要求，按分项或部位编制出劳动力预算和设备、材料预算，经项目经理审核后交公司预算科审批。

5）每月及时将已完工程量汇总报至计划员，作为完成工程量收款报量的依据。

6）组织班组完成质量计划中规定的质量目标。

7）负责组织班组进行样板间安装，经鉴定合格后，组织施工。

8）深入现场指导施工操作，检查工程质量，组织班组进行自检、互检、交接检工作，保证所施工工程达到一次交验合格。

9）组织班组对回访和检查出来的质量问题进行及时处理。

10）负责组织工程隐检、预检并填写隐检、预检记录单，组织分项工程质量评定，填写分项工程质量验收表，参加分部工程的质量验收工作。

11）组织各种物资进场检验，及时提出检查意见，不符合质量标准的物资拒绝使用。

12）参加新技术、新工艺、新材料（设备）的推广应用工作，参加制订关键过程的质量保证措施，经批准后组织实施。

13）随工程进度及时同步地填写和整理施工资料（包括竣工图样）。

14）发生质量、安全事故时及时报告，参加质量、安全事故的调查、分析；认真组织实施技术处理方案。

15）组织班组开展质量管理活动，分析质量薄弱环节，并组织质量攻关，提出改进措施。

16）按照职业健康安全管理体系、环境保护管理体系和质量保证体系的具体要求，认真有效地执行并完成相关工作。

（5）质管部部长的职责

1）贯彻执行国家、上级和本公司颁发的技术规范、规程、规定和质量标准。

2）贯彻执行国家、上级和本公司的有关政策、法令，工程质量监督办法、条例，工程的质量方针目标。

3）参与各种物资的进场检验，及时提出检查意见，不符合质量标准的物资拒绝使用。

4）认真检查各专业工程质量，并做好施工检查记录；填写检验批质量验收记录。

5）负责工程质量信息的收集、整理和反馈工作。

6）负责工程质量保证资料的核查工作，填写分项、分部（子分部）工程质量验收记录。

7）参加工程的隐检、预检和样板间的检查和鉴定。

8）掌握安装工程质量及管理工作动态，参加技术质量科组织的业务会，并汇报工程质量情况，提出改进措施和意见。

9）参加工程回访工作，传递工程质量回访信息，参加工程质量问题的调查，分析和提出处理意见，及时按规定上报工程质量情况。

10）负责本项目部施工工程的质量奖惩工作。

11）按照质量保证体系的具体要求认真有效地执行并完成相关工作。

（6）安全员的职责

1）负责项目部的安全生产、消防安全和文明施工的监督检查，宣传贯彻有关劳动保护、安全技术的法律、法规条例和规章制度。

2）参加项目部施工方案和安全技术措施计划的编制，掌握安全生产情况，调查、预防和研究生产中的不安全问题，提出改进意见和措施；督促检查分部、分项工程安全技术措施的制订和施工班组班前安全讲话、安全活动的执行情况。

3）督促检查施工现场特种作业人员持证上岗情况。

4）负责对施工现场安全生产、消防安全和文明施工的监督检查，消除安全隐患，遇有严重违章冒险作业和不听劝导的违章者，有权立即停止其工作，签发"违章罚款通知书"、"重大隐患整改通知书"，限期整改，并以最快方式报项目部经理和公司安全技术科加以重点控制。

5）参加施工现场建设单位、土建单位和本单位等组织的定期安全生产、文明施工检查和不定期的抽查，对提出的隐患问题，监督整改。

6）负责监督检查施工人员劳保用品的使用。

7）参加项目部工伤事故的调查、分析，复查工伤事故的处理情况，督促落实责任处理和防范措施的实施。

8）按照职业健康安全管理体系和质量管理体系的具体要求认真有效地执行并完成相关工作。

（二）项目施工质量管理及目标

1. 施工总体部署

1）根据土建的当前施工进度情况，正式进场后，首先办理已预留、预埋的交接核查工作，配合结构预留孔洞的施工，组织通风空调管道的安装。施工过程中尽量加快材料的周转，以层或部位为单位，合理安排材料进场，减少施工材料的现场码放占地。先与总包及业主商议后确定样板层，进行样板层施工后，再进行标准层施工。综上所述，施工总体原则为：先交接，后施工；技术先行，先地下、竖井，后地上；先样板，后标准层施工，由下至上层层展开。

2）制订施工进度控制计划，制订相应的配套计划，严格控制关键线路的施工，并每周定期进行核对，及时做出调整，从而控制安装工程的总体进度。

3）由于工程施工配合量大，项目施工交接处要相互配合，并建立预留、预埋的专项交接记录。

4）抓好关键工序施工，以点带面。严格按施工流程及工序施工，严禁工序倒置。

5）先进行空调工程的样板层施工，经业主、监理等各方验收后，作为各标准层的施工及验收标准，再进行大面积施工。

6）组织好分部位施工的同时，集中力量保重点部分，各专业工种搞好协调配合，确保安装进度。

7）以精良的人员管理、充分的物力资源、完善的体系及制度保证安装工程流水施工的实施。

2. 机电各专业的施工部署

空调设备安装工程的施工部署需要根据合约要求并配合土建的施工部署来制订。按照建筑工程施工的不同阶段，机电设备安装可按顺序分为以下几个阶段（表3-13为建筑施工与空调工程施工时间对照表）：

1）通风空调专业依据施工流水段划分的原则，结合土建（结构）及装修的进度总体安排，组织好各施工流水段从工序到细部工艺的计划与实施。

2）制订详尽的相应配套计划，包括施工进度控制计划、劳动力计划、施工机具及检测设备计划、设备及材料的供货计划、施工用水用电量计划等，并在实施过程中进行细化，根据总体计划制订阶段计划和月计划，由阶段和月计划制订周计划，再由周计划制订日消项计划，层层落实总体计划。

3）在周密的部署、均衡安排施工的基础上，做好与预留、预埋单位的交接工作，服从业主、监理对工程的整体安排及各项意见，负责并确立通风空调与各专业的配合施工关系，划定其工作界面，创造良好的施工协作氛围，保证工程总体计划及各项目标的实现。

表3-13　建筑施工与空调工程施工时间对照表

建 筑 工 程	空 调 工 程
结构工程施工	预埋管件的安装
建筑结构封顶	机组安装定位
	水管施工及保温工程
	电气安装和控制系统的安装
	气密性试验
	风管安装
	隐蔽工程验收

（续）

建 筑 工 程	空 调 工 程
	风口安装
内装潢工程施工	面板安装
	控制设备安装
	安装检查
	真空干燥
空调设备正式运行前	制冷剂充填
	调试
	竣工验收
	交付使用说明

3. 施工配合与协调

服从及配合业主的管理，切实做好工程施工工作，并做好与土建总包的施工配合及各专业间配合，协调统一、综合安排，确保施工质量和工程总体进度。

4. 工程管理目标

（1）工程质量目标 整体工程达到合格。

（2）进度目标 空调工程要求工期：在接到中标通知书后，应开始施工准备并进入现场。某大厦多联机空调工程施工进度表见表 3-14。

表 3-14 某大厦多联机空调工程施工进度表

项 目		时 间	备 注
合同签订		3 月 1 日	
现场勘察		3 月 15 日到 16 日	
施工图（制作、甲方确认）		3 月 16 日到 25 日	
材料清单（所用的材料量）		3 月 24 日到 28 日	
设备（订货、送货、收款）		3 月 27 日到 4 月 5 日	
安装进度	内机安装	4 月 5 日	
	铜管安装	4 月 6 日到 8 日	
	排水/线管安装	4 月 9 日到 12 日	
	排水、试水	4 月 9 日到 12 日	
	氮气保压	4 月 10 日到 4 月 20 日	
	室外机安装	4 月 20 日	
退场、收尾	安装百叶风口	4 月 12 日	
	安装百叶风口	4 月 20 日	
	工程验收	4 月 20 日到 5 月 6 日	
竣工报告	竣工报告书	5 月 15 日	

（3）安全目标 杜绝工伤死亡、重大事故；杜绝重大与生产有关的机械设备事故。

（4）项目管理总体安排 项目以 ISO9001 标准建立完善的质量体系，按照"创精品、重环境、保安康，讲诚信、守法规、求发展"的管理方针，按照合同进行项目成本控制、质量控制、进度控制、安全管理，建立质量管理体系、职业健康安全管理体系和环境管理体系，建立科学、系统的项目管理机制，充分发挥企业的整体优势，以优质、高效的管理实现项目管理目标和对业主的承诺。

其次，项目以合同为管理依据，将业主指定的分包商、各类设备材料的分包方、自有分承包方全部按照合约关系纳入工程承包管理范畴。建立严格的现场管理制度，营造良好的机电工程环境秩序，确保管理目标的实现。

5. 质量管理措施

1）认真执行国家空调工程施工管理规定，并做好记录。

2）认真执行《建筑工程施工质量验收统一标准》GB 50300—2001。

3）施工人员认真做好自检、互检，并与工程施工进度同步。

4）施工员要认真做好预检、隐检及各种调试记录，及时报请业主检验，并与工程施工进度同步。

5）建立和完善质量保证体系，并认真执行、有效实施。

6）精心施工，消除质量通病。

7）施工人员要认真负责收集、编写、保存、整理好工程的技术质量资料，并于工程竣工前交项目负责人审核，合格后由资料员归档。

8）认真接受质量监督站的检查审核，对工程中的不合格项目，应立即制订整改措施，并按规定时间将整改措施的完成情况上报审核部门。

（三）安全生产措施

1）参加工程的施工人员，必须坚持"安全第一、预防为主"的方针，建立健全岗位责任制，增加职工安全意识。结合施工部位及施工内容认真做好安全交底工作，并监督施工班组认真执行。

2）开工前，认真学习施工现场的有关规定，根据工程特点、劳动组织、作业环境、施工方法、进度，对施工全过程的安全规范重点进行预测。制订以控制高处坠落、触电、物体打击、机械伤害等事故为重点内容，有针对性的防范措施，并制订有特殊要求的劳动保护用品计划，以及分部分项工程安全技术交底。认真组织施工人员学习，加强在施工生产全过程的有效控制和跟踪管理。

3）现场临时用电必须符合施工现场的有关规定，编制临时用电计划，定期检查，加强日常巡察管理。在施工过程中，要采取有效措施保证用电及机具的操作安全。

4）特殊工种作业人员必须持有特种作业人员操作证。合格分承包方人员有以上工种人员的，必须持有特种作业人员操作证，随身携带并佩戴好，才准上岗操作，严禁使用未成年工。

5）施工中各项安全防护措施、防护设施，必须达到规定要求，坚持安全制度检查，对检查中发现的事故隐患要采取措施，定人、定责、定时整改，严禁违章指挥和违章作业，对易出事故的隐患工序、部位、物品要制订稳妥的补充交底措施，并重点加强教育。对设备运输、吊装、高处作业、易燃易爆物品的使用和保管，要制订切实可行的措施，重点加以控制。

6）季节性施工，按规定制订具体的分部、分项技术安全交底。认真落实冬期、雨期施工安全措施，保证冬期、雨期的施工安全。

7）严格执行现场用电、施焊用火制度。施焊时，必须配备专人看火，并配有消防器材，电、气焊操作完毕后，要认真检查、消除隐患后才可离开。非生产不得使用电磁炉和电加热器。

8）安装期间要爱护其他专业的成品。安装后的设备及电焊机等施工机具要遮盖，防止砸伤损坏。

9）现场水平、垂直搬运各种材料设备时，应有专人指挥，步调一致，防止碰伤人员和损坏设备。

10）露天使用的电气设备，应上遮、下垫，并有良好的排水设施。

11）严格执行环保措施，认真做好消烟、防尘及降噪工作，并注意对施工现场四周绿地的保护。

（四）文明施工管理及环境保护措施

1）在计划、布置、检查、总评、评比安全生产工作的同时，要做好文明施工管理工作。

2）在编制分项工程施工交底时，除编制安全技术措施外，还需编制文明施工、材料节约、消防保卫、环境保护、机械管理、料具管理、环境卫生、成品保护等专项具体技术措施。

3）必须严格执行文明施工标准，搞好现场基础管理，创建文明安全工地。

4）搞好环境卫生，安排布置好材料场地和设施，区域划分清楚，责任明确，不留死角。

5）垃圾、包装物、下脚料要随时清理，杜绝材料浪费，做到"活完料净脚下清"。严格成品保护措施，切实加强现场管理。

6）严格执行环保措施，认真组织施工，依照标准做好消烟、除尘、防噪声工作。努力减轻对现场周边居民及环境的影响。

7）施工中严格按照国家有关规定，做到早 8 点至晚 10 点使用的机具噪声不超过 75dB，尽量减少夜间施工，以防干扰周边居民正常休息。必须使用强噪声机具时，应有防护措施。

8）必须根据实际情况，认真做好保卫消防方案，切实加强易燃易爆物品及明火作业管理，保证消防器材充分、完好、有效，保证消防车道畅通。

（五）冬期、雨期施工措施

空调工程安装施工要跨越冬期、雨期时，会对建筑及安装、施工带来一系列的季节性困难，对工程进度、工程质量、施工安全、工作效率以至经济效益影响很大。空调工程的冬期、雨期施工措施主要有以下方面：

1）结合冬期、雨期特点科学合理地安排生产。针对既定的生产计划制订切实可行的措施，以克服季节特点带来的困难，达到保证进度、工程质量和施工安全的目的。

2）结合各专业的特点、冬期和雨期的季节特点、工作环境条件与所施工项目的特点，制订相应的施工技术措施。例如，在 5 月 20 日之前制订出雨期施工技术措施，在 10 月 15 日前制订出冬期施工技术措施。

3）严格贯彻执行上级有关冬期、雨期施工技术措施与要求。进入季节性施工前分专业进行检查，将有关措施一一落实，对查出的问题应限期解决，不留隐患。

4）根据实际情况补充必要的技术措施与要求，书面下达到施工班组。冬期、雨期施工措施是综合性的管理，人、机、料、法、环都应认真考虑到。

参 考 文 献

[1] 孙见君. 空调工程施工与运行管理 [M]. 北京：机械工业出版社，2006.

[2] 刘庆山，刘屹立，刘翌杰. 暖通空调安装工程 [M]. 北京：中国建筑工业出版社，2003.

[3] 贾永康. 供热通风与空调工程施工技术 [M]. 北京：机械工业出版社，2005.

[4] 周崚. 中央空调施工与运行管理 [M]. 北京：化学工业出版社，2007.

[5] 郑兆志. 空调器原理与安装维修技术 [M]. 北京：人民邮电出版社，2008.

[6] 徐勇. 通风与空气调节工程 [M]. 北京：机械工业出版社，2005.

[7] 滕达. 中央空调系统安装技术与实例分析 [M]. 北京：中国电力出版社，2005.

[8] 本书编写组. 中央空调选型、调试、控制和维修 [M]. 北京：人民邮电出版社，2003.

[9] 劳动和社会保障部教材办公室. 空气调节与中央空调装置 [M]. 北京：中国劳动社会保障出版社，2002.

[10] 刘成毅. 空调系统调试与运行 [M]. 北京：中国建筑工业出版社，2005.

[11] 冯玉琪，王佳惠. 最新家用、商用中央空调技术手册——设计、选型、安装与排障 [M]. 北京：人民邮电出版社，2002.

[12] 张学助，张竞霜. 简明通风与空调工程安装手册 [M]. 北京：中国环境科学出版社，2005.

[13] 李峥嵘，等. 空调通风工程识图与施工 [M]. 合肥：安徽科学技术出版社，2003.

[14] 路诗奎，姚寿广. 空调制冷专业课程设计指南 [M]. 北京：化学工业出版社，2005.

[15] 李锐，邹盛国. 通风空调安装工程识图与预算入门 [M]. 北京：人民邮电出版社，2006.

[16] 瞿义勇. 实用通风空调工程安装技术手册 [M]. 北京：中国电力出版社，2006.

[17] 冯秋良. 通风空调工程施工监理实用手册 [M]. 北京：中国电力出版社，2005.

[18] 本书编委会. 简明通风与空调工程施工验收技术手册 [M]. 北京：地震出版社，2005.

[19] 王志勇. 通风与空调工程安全·操作·技术 [M]. 北京：中国建筑工业出版社，2006.

[20] 张秀德. 安装工程施工技术及组织管理 [M]. 北京：中国电力出版社，2002.

[21] 曹良春. 江苏省安装工程计价表 [M]. 北京：知识产权出版社，2004.

[22] 朱成. 《通风与空调工程施工质量验收规范》应用图解 [M]. 北京：机械工业出版社，2009.